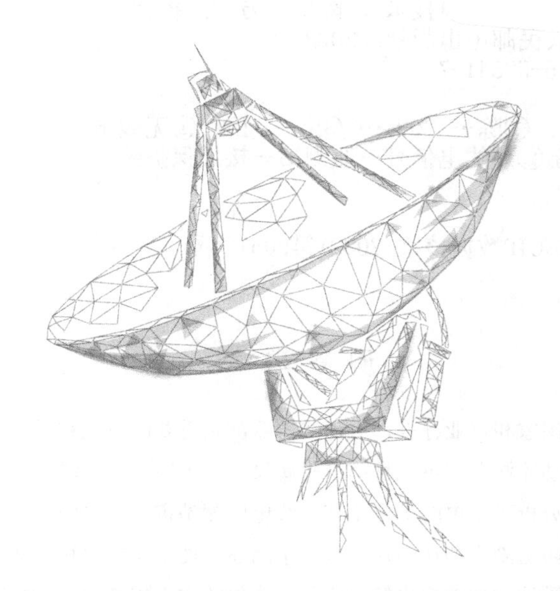

无线电监测站防雷与接地技术

陈良　万峻　杨朝文◎著

人民邮电出版社
北京

图书在版编目（CIP）数据

无线电监测站防雷与接地技术 / 陈良，万峻，杨朝文著. -- 北京 : 人民邮电出版社，2022.4
ISBN 978-7-115-58541-7

Ⅰ. ①无… Ⅱ. ①陈… ②万… ③杨… Ⅲ. ①无线电信号－监测站－防雷②无线电信号－监测站－接地保护装置 Ⅳ. ①TM862

中国版本图书馆CIP数据核字(2022)第005124号

内 容 提 要

本书结合相关的国家和行业标准，对无线电监测站重要的设施和系统，例如，综合监测楼、小型监测站、移动监测车、可搬移站、附属设施、天线及信号线、电源等的防雷与接地进行了详细介绍，还分析了雷电防护理论和无线电监测站雷击灾害的情况。同时针对无线电监测站中容易出现的防雷隐患和认识误区进行了阐述，便于无线电相关从业人员理解和掌握防雷与接地的要点，因地制宜地提出符合实际需要的防雷工程需求、对防雷工程施工和验收进行技术把关、做好防雷系统的日常维护管理。本书最后介绍了常用的防雷与接地产品和未来防雷产品的发展趋势，进一步扩充了相关从业人员的防雷知识，便于理论联系实际。

本书适合从事无线电管理、监测、通信、广播等相关工作的人员阅读，对帮助他们学习并掌握防雷技术具有较强的参考价值。

◆ 著　　　　陈　良　万　峻　杨朝文
责任编辑　刘亚珍
责任印制　马振武

◆ 人民邮电出版社出版发行　　北京市丰台区成寿寺路 11 号
邮编　100164　　电子邮件　315@ptpress.com.cn
网址　https://www.ptpress.com.cn
固安县铭成印刷有限公司印刷

◆ 开本：700×1000　1/16
印张：22.25　　　　2022 年 4 月第 1 版
字数：337 千字　　　2022 年 4 月河北第 1 次印刷

定价：129.80 元

读者服务热线：(010)81055493　印装质量热线：(010)81055316
反盗版热线：(010)81055315
广告经营许可证：京东市监广登字 20170147 号

前言

雷电是一种极为壮观却破坏力很强的自然现象。雷电过程产生的巨大电压高达上亿伏，产生的瞬间冲击电流可达几百千安。强烈的雷电流产生巨大的电磁效应、机械力以及热效应使其具有巨大的破坏性。另外，雷电活动具有分布广泛、发生频繁等特点，早在20世纪80年代，雷电就已经被联合国确定为对人类危害最大的十种自然灾害之一，也被中国电工委员会称为“电子时代的一大公害”。

气象、建筑、铁路、电力、通信、金融和石化等国家重要行业都会根据自身业务特点在雷击防护上进行研究和实践，并取得了一定的防护经验和效果，部分行业也制定了相应的无线通信行业标准，进而对雷电防护进行规范和指导，YD/T 3285—2017《无线电监测站雷电防护技术要求》就是针对性极强的行业标准，可以为无线电监测、通信、广播等业务设施设备提供可靠的防雷技术规范参考和有效的工程实践指导。

无线电监测站作为无线电管理机构的技术支撑部门，承担了无线电信号的监测测向、干扰查找、电磁环境测试等相关工作，在维护空中电波秩序、保障社会经济发展和国家安全稳定等方面起着重要作用。由于监测接收、信号分析等设备设施都是精密仪器，所以采用一般通用的防雷规范并不能有效地进行防护。近年来，无线电监测站遭受雷击的事件时有发生，给国家财产造成巨大的损失，严重影响了正常的监测工作开展。

例如，近10年来，无线电监测站的短波测向系统多次遭受直击雷和雷电感应高电压的损害，雷击损坏的重要设备和元件有电源变压器、工控机、天线、天线放大器和测向矩阵切换等，直接经济损失高达近百万元。其中，直击雷的破坏力惊人，铝制天线被熔穿，天馈线芯烧断，触目惊心。某无线电监测站的户外变压器曾经遭受直击雷，过电压从电源侵入机房，造成该无线电监测站监测机房大量工控机和接收机损坏，甚至部分工控机并未开机，其主板依然被损坏。

为有效地进行无线电管理，需要在全国各省、地市、县建设不同等级的无线电监测站，配套相应的监测设施设备，具有分布广、数目多、仪器精密、设备价值高等特点，一旦损坏更换难度大、维修周期长、经济损失大。而从 2012 年全国雷暴日数据来看，我国除了新疆、青海地区外，大部分地区处于多雷区、高雷区甚至是强雷区，随时随地存在遭受雷击损害的可能性，夏季更是高发期，所以各级无线电监测站需要高度重视并排除此项安全生产中存在的隐患。做好雷电防护工作具有极大的经济效益和社会效益。

本书介绍的主要内容是依照雷电及防雷接地技术的相关理论和国内的相应规范和标准，通过研究和分析无线电监测站经常遭受雷害事故的原因，以无线电监测站监测网防雷为例，提出符合无线电监测站的防雷和接地的有效措施。本书旨在有效减少无线电监测站雷电灾害事故的发生，降低灾害引起的经济损失和社会损失，主要内容如下。

第 1 章：概述。本章主要介绍本书撰写的目的与意义、防雷技术综述、防雷标准发展历程、本书主要内容和涉及的专业术语定义。

第 2 章：防雷与接地技术基础理论。本章对防雷与接地的基础理论进行介绍，主要包括雷击危害机理、雷电过电压产生的方式、雷电基本参数、雷电防护的基本方法、雷电防护区域划分、接地种类和接地方式。

第 3 章：无线电监测站雷击灾害调研及分析。本章以无线电监测站为主要调研对象，通过介绍实际雷击灾害事故，分析灾害产生原因，展示了雷击灾害的严重危害性和防范的重要性。

第 4 章：无线电监测站雷击风险评估。本章根据无线电监测站所在地区雷电活动时空分布特征及其灾害特征，结合现场情况进行分析，通过发生雷灾后果的严重程度等特点，对西南地区和华北地区两个具有代表性的监测站雷击风险评估计算，确定两个项目是否应该进行雷电防护以及需要雷电防护时的雷电防护等级。

第 5 章：综合监测楼的防雷与接地。本章对无线电监测站中最重要的综合监测楼进行了防雷与接地的设计介绍，主要包括系统分布结构、电源防护、直击雷防护、引下线设计、直击雷防护、接地网、屏蔽及布线、均压网的设计、内部接地连接方式、进站缆线的接地、监测设备接地、其他设施的接地。

第 6 章：小型监测站的防雷与接地。本章对站点数量多、分布广、监测功能单一、发挥了重要作用的小型监测站（主要形式为前置机房、遥控站）防雷与接地进行了介绍。主要包括直击雷防护、接地网、浪涌保护、典型的小型（前置、遥控）监测站防雷与接地方案、监测设备接地，以及对某高山监测站防雷工程设计方案和应用经验的分析和总结。

第 7 章：移动监测车的防雷与接地。本章对无线电移动监测车的防雷与接地进行了介绍，主要包括一般规定、直击雷防护、浪涌防护、实际应用、便携式直击雷防护区域确定装置。

第 8 章：可搬移站的防雷与接地。本章对日常野外监测临时架设的可搬移站的防雷与接地进行了介绍，主要包括直击雷防护、接地网、浪涌保护。

第 9 章：天馈系统及信号线的防雷与接地。本章对无线电监测站中常见的天线进行防雷与接地的介绍，主要包括扇锥天线、多模多馈天线、笼形天线，三线式通信天线、接收天线组、卫星收发天线、信号线的防雷与接地，介绍了提前式放电避雷针和临时架设式避雷系统对直击雷防护的前瞻性研究。

第 10 章：附属设施（备）的防雷与接地。本章对无线电监测站的附属设施的防雷与接地进行介绍，主要包括燃油库房、车库（充电桩）、高大树木、门卫室、食堂、宿舍、消防系统、安防系统、计算机网络系统的防雷与接地。

第 11 章：防雷与接地工程的施工要求。本章主要对无线电监测站新建防雷与接地工程施工的要求进行了介绍，主要包括一般规定、接闪器、引下线、接地装置、接地线、接地排、接地汇集线、等电位连接线、浪涌保护器、屏蔽和线缆敷设、施工检查。

第 12 章：防雷与接地工程的验收要求。本章对防雷与接地工程在验收时规定的要求进行介绍，主要包括项目验收、竣工验收、竣工验收检查的方法。

第 13 章：防雷与接地系统的维护和管理。本章对防雷与接地工程日常维护和管理进行介绍，主要包括维护要求、管理要求、日常维护方法、维护周期和常见故障、管理方法。

第 14 章：防雷与接地认识误区和安全隐患。结合实例对无线设施（备）新建、改建和维护当中出现的典型防雷与接地的认识误区和安全隐患进行介绍，便于读者进一步熟悉和掌握防雷理论和防雷措施。

第 15 章：主要防雷产品介绍。本章对防雷产品（器件）进行功能、技术参数和外观图片等介绍，提高读者的直观认识，便于今后在工作中更好地开展雷电防护的工作。

本书基于现有的防雷国家标准和行业规范介绍了防雷基础理论和措施，有针对性地介绍了无线电监测站各种类型设施和系统的防雷与接地技术，同时结合行业特点和在实际防雷接地工程中总结的经验，提出了一系列符合无线电监测站实际需要的防雷方法和注意事项，对无线电监测站防雷工作中遇到的一些难题也进行了探讨和展望。本书适用于从事无线电管理、监测、通信等相关工作人员快速学习和掌握防雷技术，对开展技术设备设施维护、工程项目建设有较强的参考价值和实践指导意义。本书的部分章节具有一定的科普性，可以供其他行业人员参考。

同时，本书介绍的防雷与接地技术与行业标准 YD/T 3285—2017《无线电监测站雷电防护技术要求》契合度较高，可以作为行业标准的条文解释，有助于相关技术人员进一步理解、推广和应用行业标准。

目录

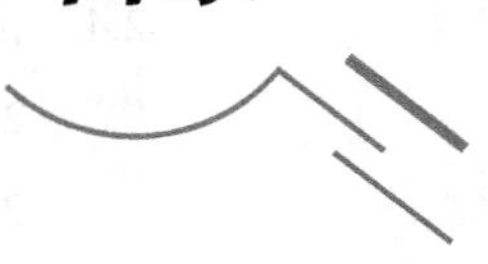

第1章　概述

1.1　防雷与接地技术综述

雷电是一种极为壮观，同时又破坏力很强的自然现象。雷电如图 1-1 所示。

图 1-1　雷电

人们对雷电现象的研究和探索源远流长，早在公元前 1500 年我国的殷商甲骨文中就有“雷”字。在欧洲，中世纪宗教认为雷电是“神”的意志。18 世纪中期，本杰明·富兰克林在著名的风筝试验后，于 1753 年在《穷理查历书》中正式介绍了避雷针，并做了详细的描述，防雷从避雷针发明之后才算进入真正的科学时代，人们很快普遍使用避雷针来保护建筑物免受雷击。

1876 年，贝尔发明电话后，电话通信的社会需求量很大，而雷电会带来架空长导线线路和终端设备损坏。为了保护通信设备和人员，19 世纪 80 年代出现了第二种避雷装置——导雷器，它实际上是一个火花放电间隙或火花放电间隙再串联一个熔断器，使雷电流在架空长导线上产生高电压，再通过导雷器击穿短路泄放到大地。

1914年，德国彼得森（Peterson）提出了用避雷线防雷理论，对于100kV以上的输电线路，避雷线是防直接雷的基本保护措施。

1934年，美国瓦斯和电力公司（American Gas and Electric Company，AGE）开始采用避雷针和避雷线来保护变电站。与此同时，在建筑物的避雷装置中出现了避雷带。

随着现代高楼钢筋结构的兴起，20世纪50年代英国防雷协会倡导的“法拉第笼”避雷网开始流行，它可以说是目前建筑物防雷较为完美的方式。

为防止电力上的雷电侵入，世界上出现了各种各样的避雷器，将雷电流分流到大地，以防止建筑物内部遭到雷击损坏。1907年美国出现了铝电解避雷器，曾用于100kV的高电压网中。1908年瑞士莫斯克（Moscick）提出利用高压电容与电抗线圈配合作为防雷吸波器。1927年美国出现一种非游离气体遮断续流的管型避雷器，主要保护发电厂和变电站进线段和线路上的绝缘弱点。20世纪50年代磁吹阀型避雷器问世，在电力系统广泛应用。1968年日本松下公司研制出新一代金属氧化物避雷器，此种避雷器利用氧化锌压敏陶瓷的非线性特性，没有放电间隙，目前已成为主流产品。

20世纪70年代后，随着通信、计算机、微电子和信息控制技术的迅速发展，大量高精电子设备得到普遍使用，雷击危害又变得广泛和严重起来。由于这些电子设备使用大量的大规模集成电路，耐压能力大大降低。电源线、信号线和控制线上的浪涌电流也会对设备造成严重的干扰和损害，弱电系统的雷击防护向人们提出了严峻挑战。

据有关统计，全球每年因雷电造成的人员伤亡超过1万人，所造成的经济损失在10亿美元以上。据中国气象局《全国雷电灾害汇编》统计，2012—2017年我国雷电灾害事故统计见表1-1，2012—2017年全国共发生13057起雷电灾害事故，造成1495人伤亡，雷电灾害造成的直接经济损失为5.817602亿元，因此，采取必要的技术措施降低雷电灾害给社会经济和人民生产生活造成的损失，推动雷电灾害防御管理是十分重要和紧迫的。

表 1–1　2012—2017 年我国雷电灾害事故统计

年份	雷电灾害数 / 起	火灾或爆炸 / 起	建筑物受损 / 起	办公和家用电子电器设备受损 / 起	农村雷电灾害数 / 起	人员伤亡雷灾数 / 起	受伤人数 / 人	死亡人数 / 人	直接经济损失 / 万元
2012	4589	70	302	3651	2300	224	192	199	14439.95
2013	3380	65	305	2588	1275	185	177	178	24605.38
2014	2076	31	155	1122	162	175	118	170	7226.71
2015	1346	21	112	875	69	107	68	106	5569.65
2016	981	15	91	689	52	80	79	78	3687.65
2017	685	16	87	443	113	68	67	63	2646.68
合计	13057	218	1052	9368	3971	839	701	794	58176.02

主要的雷电防护标准见表 1–2。

表 1–2　主要雷电防护标准

序号	标准名称	标准号	对应的国际标准
1	《雷电防护 第 1 部分：总则》	GB/T 21714.1	IEC 62305—1，IDT
2	《雷电防护 第 2 部分：风险管理》	GB/T 21714.2	IEC 62305—2，IDT
3	《雷电防护 第 3 部分：建筑物的物理损坏和生命危险》	GB/T 21714.3	IEC 62305—3，IDT
4	《雷电防护 第 4 部分：建筑物内电气和电子系统》	GB/T 21714.4	IEC 62305—4，IDT
5	《低压配电系统的电涌保护器（SPD) 第 1 部分：性能要求和试验方法》	GB/T 18802.1	IEC 61643—1，MOD
6	《低压配电系统的电涌保护器（SPD）第 12 部分：选择和使用导则》	GB/T 18802.12	IEC 61643—12，IDT
7	《低压电涌保护器 第 21 部分：电信和信号网络的电涌保护器（SPD）——性能要求和试验方法	GB/T 18802.21	IEC 61643—21，IDT
8	《低压电涌保护器 第 22 部分：电信和信号网络的电涌保护器（SPD）——选择和使用导则》	GB/T 18802.22	IEC 61643—22，IDT
9	《低压电涌保护器元件 第 311 部分：气体放电管（GDT）规范》	GB/T 18802.311	IEC 61643—311，IDT
10	《复合接地体技术条件》	GB/T 21698	—
11	《信息系统雷电防护技术术语》	GB/T 19663	—
12	《风力发电机组雷电防护》	GB/Z 25427	IEC TR 61400—24，MOD
13	《光伏发电站设计规范》	GB 50797	—

续表

序号	标准名称	标准号	对应的国际标准
14	《雷击电磁脉冲的防护》	GB/T 19271.1	IEC 61312—1，IDT
15	《建筑物防雷设计规范》	GB 50057	—
16	《建筑物防雷装置检测技术规范》	GB/T 21431	—
17	《建筑物电子信息系统防雷技术规范》	GB 50343	—

从近 30 年来新发生的雷击灾害来看，雷击电磁脉冲（Lightning Electro Magnetic Pulse，LEMP）无孔不入，波及的空间范围大，微电子设备越先进，耗能越小、越灵敏，则 LEMP 的危害范围越大。无线电监测站配备的大量精密的监测设施设备容易遭受 LEMP 的损坏，针对各类监测站所在的地理、天气和设施设备情况采取不同等级的防雷措施已是当务之急。

我国的防雷技术研究起步较晚，从中华人民共和国成立之初到 20 世纪 80 年代末期的第一家防雷企业诞生，再到 2002 年深圳第一届防雷技术论坛的召开，我国防雷技术领域越来越走向成熟。目前，我国防雷理论研究在世界上处于领先地位。我国总结出的一套“综合防雷技术”经过防雷界 30 多年的实践和不断完善，已得到国内外防雷界的认可。实践证明，“综合防雷技术”是我国防雷界对雷电防护最重要、最科学的总结，也是重要的贡献。

我国先后颁布了 GB 50057—1994《建筑物防雷设计规范》和 GB 50343—2004《建筑物电子信息系统防雷技术规范》两大防雷通用标准，为我国防雷技术发展提供了方向性的行业指导。

中华人民共和国住房和城乡建设部与国家质量监督检验检疫总局在 2011 年 4 月 2 日联合发布了《通信局（站）防雷与接地工程设计规范》，并于 2012 年 5 月 1 日正式实施。该规范是通信局（站）防雷接地工程设计的唯一国家标准，适用于新建、改建、扩建通信局（站）防雷与接地工程的设计。该标准主要包含的内容有综合通信楼、交换局、传输局、大型数据中心、模块局、市话接入网点、宽带接入点、移动通信基站、卫星地球站、光缆中继站、微波站等通信局（站）的防雷、接地、雷电过电压保护工程的设计。

在现有的国家和行业标准基础上，国家无线电监测中心结合无线电监测行业自身特点、防雷工程实践经验和雷电防护的实际需要，历经 3 年制定了第一个无线电监测站防雷与接地行业标准：YD/T 3285—2017《无线电监测站雷电防护技术要求》。该标准经中华人民共和国工业和信息化部审批于 2017 年 11 月 7 日正式发布，2018 年 1 月 1 日正式实施。该标准规定了无线电监测站综合监测楼、小型（前置、遥控）监测站、可搬移站、天线、移动监测车和附属设施的防雷和接地要求，适用于新建、扩建、改建的无线电监测站及维护保养相关设施，这对无线电监测站雷电防护工作起到了科学的指导作用。

1.2 防雷标准发展历程

《中华人民共和国标准化法》将标准划分为 5 种，即国家标准、行业标准、地方标准、企业标准和团体标准。各层次之间有一定的依从关系和内在联系，形成一个既覆盖全国又层次分明的标准体系。标准按是否具有强制性分为强制性标准和推荐性标准。其中，具有法律属性，在一定范围内通过法律、行政法规等手段强制执行的标准被称为强制性标准；其他标准被称为推荐性标准，是指生产、交换、使用等方面，通过经济手段或市场调节而自愿采用的标准，又称为非强制性标准或自愿性标准。

国际防雷技术标准的编制工作主要由国际电工委员会（International Electrotechnical Commission，IEC）和国际电信联盟（International Telecommunication Union，ITU）进行。根据协议，国际电工委员会（IEC）与国际标准化组织（International Organization for Standardization，ISO）紧密协作。各国电工委员会（IEC 国家委员会）参加 IEC 关于电气和电子领域标准化的国际合作并履行义务，将 IEC 标准等效（Equivalent，Eqv）或等同（Identical，Idt）采用为本国国家标准。

最早的国际防雷技术标准工作是由国际电工委员会雷电防护技术委员会（IEC/TC81）在 1980 年进行的，最初的目标是制定建筑物防雷标准和指南。中国是 25 个参与成员之一，属于积极参加工作、承担对标准草案投票表决义务的国家。

随着电子设备遭受雷电过电压和操作过电压的损失日趋严重，IEC 有关委员会专家又邀请电信方面的专家制定防雷标准，使各学科技术得以相互渗透。由于工作方向侧重不同，在防雷技术标准的颁布上，除了 TC81，相关的组织还有国际电工委员会第 64 技术委员会（IEC/TC64）、国际电工委员会第 37 技术委员会（IEC/TC37）、国际电工委员会第 77 技术委员会（IEC/TC77）颁布的建筑物电气装置、过电压保护装置、电磁兼容（Electro Magnetic Compatibility，EMC）等有关标准。国际电信联盟（ITU）和国际大电网会议（Conference International des Grands Reseaux Electriques，CIGRE）也分别从电信行业和供电系统行业特点，颁布涉及本行业的防雷技术标准，其原则是在与 IEC 标准不矛盾的情况下制定更具体可行的技术标准。

在 ISO 的协调下，各国专家得以充分发挥各自力量，自 1990 年 IEC 1024—1《外部防雷装置》颁布后，国际上出台了大量防雷技术标准。

我国的建筑物防雷标准最早为 GBJ 57—83《建筑物防雷设计规范》，1994 年 11 月由起草人林维勇先生按 IEC 1024—1《外部防雷装置》进行了修订，即 GB 50057—94《建筑物防雷设计规范》，在防雷技术规范汇编中，许多行业的直击雷防护技术标准均源自 GBJ 57—83 或 GB 50057—94。从现在的角度看，GB 50057—94《建筑物防雷设计规范》是符合 IEC 1024—1《外部防雷装置》的原则的，但有些规定已经落后了，当时林维勇先生也认为：分开接地不是方向，等电位连接（包括 50Hz 人身安全）将是首选措施，它的作用和意义正逐渐为人们所接受。

1996 年 10 月，我国的防雷专家们在北京开研讨会时呼吁：只要正确遵循防雷设计规范的各个环节，就可以大大减少雷电灾害，把雷击造成的损失限制到可以接受的程度。IEC/TCSI 当时正在编制雷击电磁脉冲（LEMP）防护的一系列标准，其中对敏感电子装置的防护占有相当多的条款，1995 年已正式出版 IEC 1312—1《雷击电磁脉冲的防护第一部分：一般原则（通则）》，我国应给予足够的关注并制定相应的规范参照执行。

1998 年，当时的国家计划委员会批准中国气象局科研项目“气象台站现代防雷技术的研究”，其中一项为“防雷技术标准”的制定，同时，还有与公安部联合编制的《计算机信息系统雷电防护技术规范》。这两个标准是我国国内首次参照IEC 标准综合制定的系统防雷标准，为后续标准的制定起到了积极的作用。

GB 50057—94《建筑物防雷设计规范》大量引用 IEC 相关标准的术语和定义，例如，防雷装置在 IEC 标准中为“用于对需要防雷的空间作防雷电效应的整个装置，它由外部防雷装置和内部防雷装置组成”“外部防雷装置由接闪器、引下线和接地装置组成”“内部防雷装置是除外部防雷装置以外的全部附加措施，它们可能减小雷电流在需要防雷的空间内所产生的电磁效应”。GB 50057—94 中的名词解释是：“防雷装置：接闪器、引下线、接地装置，过电压保护器及其他连接导体的总和。”

我们可从 IEC 1024 系列标准的标题上得知，目前已颁布的 IEC 1024—1 和 IEC 1024—2 都是外部防雷标准，但均与内部防雷关联。例如，1998 年 5 月颁布的 IEC 1024—1—2 附录 B 的标题为：“内部装置中抗感应电流影响的防护”，内容涉及除外部防雷装置的线路屏蔽，适合的内部线缆布线路径和内部电气与通信装置的定位，同时示例说明一个建筑物上一次雷击造成的电压和能量的估算方法。IEC 1024—2 对高于 60m 的建筑物提出了防雷的附加条件，IEC 1024—3 对易燃易爆场所提出了附加条件。

IEC 外部防雷标准规定较为详细，有些国外标准，例如，美国防火协会（National Fire Protection Association，NFPA）颁布的 *Standard for the Installation of Lightning Protection Systems*（NFPA 780—1992）的“雷电防护规程”，英国标准 *Protection of structures against lightning*（BS 6651—1992）的“构筑物避雷的实用规程”，日本工业标准（Japanese Industrial Standards，JIS）JISA 4201—1992《建筑物的雷电防护》的“构筑物等的避雷设备”也同样细致地对船舶、风力发电站、体育场、大帐篷、树木、桥梁、停泊的飞机、储罐、海滨游乐场、码头乃至露天家畜养殖场的外部防雷做出规定。特别要提出的是，一些标准对石头山地的接地装置在很难达到规定的低接地电阻值时做出这样的规定：在地面平铺环形扁钢，并与被保护物的引下线在 4 个方向连接，环形地的半径不应小于 5m，这种等电位连接方式同样能起作用。

在日常工作中，作为电子信息系统国内主要相关的雷电防护技术标准如下。

- GB 50057—2010《建筑物防雷设计规范》。
- GB 50343—2012《建筑物电子信息系统防雷技术规范》。
- GB 50689—2011《通信局（站）防雷与接地工程设计规范》。
- YD 5078—1998《通信工程电源系统防雷技术规定》。
- GB 50174—2008《电子计算机机房设计规范》。
- YD/T 3285—2017《无线电监测站雷电防护技术要求》。

1.2.1 直击雷的防护（外部防雷）

1990 年，IEC 1024—1 是第一个国际防雷标准，它适用于高度 60m 及以下建筑物防雷装置的设计和安装，不适用于铁路系统、建筑物外的输电系统和电信系统、移动的船舶、车辆和飞机。标准中第一句话是："防雷装置不能阻止雷闪的形成。" IEC/TC81 之后对其进行了如下修改："应该注意到，到目前为止还没有一种装置（或方法）能阻止雷电的产生，也没有能阻止雷击到建筑物上的器具和方法。采用金属材料接闪（电）、引下并导入大地是目前唯一有效的外部防雷方法。"

关于外部防雷，国家标准和国外标准一致认为：外部防雷的标准是建立在对雷电的统计规律上的，是在绝对保护与防雷装置耗费之间取的折中方案。这也正是 GB 50057—94 中所讲的："按照本规范设计的防雷装置的防雷安全度不是 100%。" 采用滚球法后，保护范围比过去小很多，因此需要增加避雷针和架空线的高度或数量，最后 GB 50057—94 将 IEC 规定的滚球半径加大，一类由 20m 加大到 30m，二类由 30m 加大到 45m。

1.2.2 雷击电磁脉冲的防护（内部防雷）

IEC 61312 系列标准在 1995 年正式颁布 IEC 61312—1《雷击电磁脉冲防护 第 1 部分：一般原则》。此标准介绍了内部防雷的原则，同时对 1992 年版的 IEC 1024—1—1 标准公布的雷电流参数进行确认和给出雷电波形图。

IEC 61312—2《建筑物的屏蔽、内部等电位连接及接地》交各国 IEC 委员会投票，

这项标准对建筑物的屏蔽计算、等电位连接网络和共用接地做出了详细的规定。

- IEC 61312—3 的主要内容是电涌保护器（Surge Protection Device，SPD）。
- IEC 61312—4 主要是介绍关于对已建好的建筑物如何完善内部防雷的规定。
- IEC 61312—5 是内部防雷的应用指南。

针对通信线路的防雷，IEC 编制了 61663 系列标准。

从以上标准可看出，内部防雷的主要内容有雷电流参数和雷电波形、防雷保护区的划分、屏蔽、等电位连接及接地、合理的布线位置和电涌保护器（SPD），它们与外部防雷形成综合防雷体系。

2001 年 4 月，IEC 81/170/NP 新工作项目建设中提出对 IEC/TC81 原五大系列标准（61024、61312、61663、61662 和 61819）全面重新编写的新工作项目建议。这一建议于 2001 年 10 月在佛罗伦萨 IEC 举行的年会上得到确认，由此 IEC 62305 系列标准的起草工作启动。IEC 62305 系列标准共分为 5 个部分。

- IEC 62305—1《雷电防护 第1部分：总则》。
- IEC 62305—2《雷电防护 第2部分：风险管理》。
- IEC 62305—3《雷电防护 第3部分：建筑物的实体损害和生命危险》。
- IEC 62305—4《雷电防护 第4部分：建筑物内电气和电子系统》。
- IEC 62305—5《雷电防护 第5部分：公共设施》。

浪涌防护主要是使用浪涌保护器（SPD）又称电涌保护器或过电压保护器，对线路入侵的雷电过电压 / 电流进行雷电防护的方式。有些厂商将浪涌保护器称作避雷器是不妥当的，叫作防雷保安器也是错误的，但在普通用户日常的交流中，“避雷器”已成为常用词。IEC 的标准中关于浪涌保护器（SPD）主要有以下内容。

- IEC 61312—3《雷电电磁冲击的防护 第3部分：过电压保护装置的要求》。
- IEC 61644—1《通信系统用SPD》。
- IEC 61647—1《SPD的元件 GDT》。
- IEC 61647—2《SPD的元件 ABD》。
- IEC 61647—3《SPD的元件 MOV》。
- IEC 61647—4《SPD的元件 TSS》。

- IEC61643—1《低压系统的电涌保护器 第1部分：电浪涌保护器的技能要求及测试方法》。
- IEC 61643—2《低压系统的电涌保护器 第 2 部分：选择和使用原理》。
- IEC 61643—3《低压系统的电涌保护器 第 3 部分：在电信系统中 SPD 的应用》。
- IEC 60364—5—534《过电压保护器件》。
- IEC 60364—4—443《大气或操作过电压的保护》。

在电磁兼容（Electro Magnetic Compatibility，EMC）领域里还涉及对浪涌保护器（SPD）进行模拟试验的方法。这个方面的问题相当复杂，只能在此介绍一下相关标准。浪涌保护器（SPD）产品主要执行 / 参照执行标准：GB/T 18802.21《低压电涌保护器 第 21 部分：电信和信号网络的电涌保护器（SPD）—— 性能要求和试验方法》。

1.2.3 低压系统内设备的绝缘配合

GB 50054—2011《低压配电设计规范》和近年来 IEC 标准规定解决了很多低压电气装置的损坏和人身伤亡问题。IEC 60364—5—534：1997 标准中“过电压保护装置”一节提出了建筑物电气装置的浪涌保护器（SPD）的选择和安装要求。这些要求与 IEC/TC81 的标准原则是一致的，如果为防止暴露地区受到 10/350 μs 波形的大能量浪涌冲击，在多级保护中第一级浪涌保护器（SPD）均可采用开关型浪涌保护器（SPD），即使用放电间隙，第二级采用氧化锌压敏电阻（Metal Oxide Varistor，MOV）为主要元件的浪涌保护器（SPD）。为解决氧化锌压敏电阻（MOV）因老化而寿命终止带来的短路故障，在 IEC 60364—5—534 中均在并联在低压线路中的 SPD 前端加装了保险丝、熔断器、剩余电流装置（Residual Current Device，RCD）。

1.2.4 电磁兼容、ITU 及其他标准及资料情况介绍

电磁兼容（EMC）的定义是：设备或系统在其电磁环境中能正常工作，且不对该环境中任何事物产生不允许的电磁骚扰的能力，IEC/TC77 出版了大量电磁兼容（EMC）文件。由于雷电和操作过电压都是常见的外部干扰源，因此 EMC 文件

中有许多与设备或系统的雷击电磁脉冲防护标准和测试标准。

国际电信联盟（ITU）结合电信系统的防护制定了大量的相关标准，一般称为“蓝皮书”或“K 建议系列”。ITU 的“K 建议系列”不仅直接对电信系统有效，其原理与方法也可以在其他系统参考使用。

从事防雷减灾工作不仅要了解防雷技术标准，而且应了解服务对象的相关标准。例如，中国工程建设标准化协会标准颁布的 CECS 72—1997《建筑与建筑群综合布线系统工程设计规范》、CECS 89—1997《建筑与建筑群综合布线系统工程施工及验收规范》主要服务对象为城市建设和工业企业相关部门。再如，人民邮电出版社出版了大量“YD 系列标准”：涉及综合电信营业厅设计、城市住宅区和办公楼电话通信设施验收、卫星通信地球站工程设计、本地网通信线路工程验收、共用计算机互联网工程设计、同步数字系列（SDH）微波接力通信系统工程设计等邮电工程设计和验收规范。

1.2.5 IEC 防雷及相关技术标准文件

IEC 防雷及相关技术标准文件主要涉及的内容如下。

（1）IEC/TC64 标准

- IEC 60364—1 1992《建筑物的电气装置 第 1 部分 适用范围、目的和基本原则》。
- IEC 60364—2 1993《建筑物的电气装置 第 2 部分 定义》。
- IEC 60364—3 1993《建筑物的电气装置 第 3 部分 一般性能评估》。
- IEC 60364—4 1992《建筑物的电气装置 第 4 部分 安全保护》。
- IEC 60364—4—43 1977《过电流保护》。
- IEC 60364—4—442 1995《低压电气装置防止高压系统与地之间故障的保护》。
- IEC 60364—4—443 1997《大气或操作过电压的保护》。
- IEC 60364—4—444 1996《防电磁干扰（EMI）的保护》。
- IEC 60364—4—473 1997《过电流保护措施》。
- IEC 60364—5 1993《建筑物的电气装置 第 5 部分 电气装置的选择与安装》。
- IEC 60364—5—534 1997《过电压保护器件》。

- IEC 60364—5—548 1996《信息技术装置的接地安排和等电位联结》。
- IEC 60364—6 1997《检验》。
- IEC 60364—7 1996《特殊装置与场所的要求》。
- IEC 60479 1994《电流通过人体的效应》。
- IEC 60536 1976《按照电压保护划分电气和电子设备等级》。
- IEC 60536—2 1992《防止电击保护导则（已等效为：GB/T 12501.2—1997）》。
- IEC 61200—52 1993《电气装置导则 第 52 篇 电气设备的选择和安装布线系统》。

（2）IEC/TC81 标准

- IEC 61024—1 1990《建筑物的雷电防护 第 1 部分 通则》。
- IEC 61024—2 1990（草案）《建筑物的雷电防护 第 2 部分 建筑物高于 60m 的附加要求》。
- IEC 61024—3 1990（草案）《建筑物的雷电防护 第 3 部分 爆炸危险建筑物和易受火灾危险建筑物的附加要求》。
- IEC 61024—1—1 1993《建筑物的雷电防护 第 1 部分：一般原则 第 1 节：导则 A：防雷装置保护级别的选择》。
- IEC 61024—1—2 1992《建筑物的雷电防护 第 1 部分：一般原则 第 2 节：导则 B：防雷装置的设计、施工、维护和检测》。
- IEC 61312—1 1995《雷击电磁脉冲防护 第 1 部分 通则》。
- IEC 61312—2 1998《雷击电磁脉冲防护 第 2 部分 建筑物的屏蔽、内部等电位联结和接地（讨论投票稿）》。
- IEC 61312—3 1996《雷击电磁脉冲防护 第 3 部分 电涌保护器（SPD）的要求（草案）》。
- IEC 61312—4（草案）《雷击电磁脉冲防护 第 4 部分 现有建筑物的保护》。
- IEC 61312—5（草案）《雷击电磁脉冲防护 第 5 部分 应用指南》。
- IEC 61663—1（草案）《通信线路防雷 第 1 部分 光纤装置》。
- IEC 61663—2（草案）《通信线路防雷 第 2 部分 采用金属导线的用户线路》。
- IEC 61662 系列《雷击损害危险度的确定》。

- IEC 61819 系列（草案）《模拟防雷装置（LPS）各部件效应的测量参数》。

（3）IEC/TC37 标准

- IEC 61643—1 1998—3《低压系统的电涌保护器 第 1 部分 电涌保排器的技能要求及测试方法》。
- IEC 61643—2 1997—7《低压系统的电涌保护器 第 2 部分 选择和使用原理（在低压配电系统中）》。
- IEC 61643—3（草案）《低压系统的电涌保护器 第 3 部分 在电信系统中 SPD 的应用》。
- IEC 61644—1 1997《（37A/48/CD）通信系统用 SPD》。
- IEC 61647—1 1996《SPD 的元件 GDT》。
- IEC 61647—2 1996《SPD 的元件 ABD》。
- IEC 61647—3 1996《SPD 的元件 MOV》。
- IEC 61647—4 1996《SPD 的元件 TSS》。

（4）IEC/TC77 标准

① 防护标准

- IEC 61000—1《关于一般性的内容》。
- IEC 61000—1—1《关于基本定义和术语的说明及适用性》。
- IEC 61000—2《关于电磁环境及 EMC 的电平》。
- IEC 61000—2—3《关于辐射现象和非电源频率相关传导的环境表达》。
- IEC 61000—2—5《电磁环境的等级分类（TYPE2）技术报告》。
- IEC 61000—4《关于各种防护的试验和测试方法》。
- IEC 61000—4—1《防护试验概述》。
- IEC 61000—4—2《静电放电防护的试验方法》。
- IEC 61000—4—3《辐射、射频、电磁场防护试验方法》。
- IEC 61000—4—4《电气瞬态过程的防护试验方法》。
- IEC 61000—4—5《浪涌防护试验方法》。
- IEC 61000—4—6《高频射频电磁场感应的传导干扰的防护试验方法》。

- IEC 61000—4—9《脉冲性电磁场防护试验方法》。
- IEC 61000—4—10《衰减振荡性磁场防护试验方法》。
- IEC 61000—4—11《电压短时间突然下降、短期中断和电压防护性能测试方法》。
- IEC 61000—4—12《振荡波防护型试验方法》。
- IEC 61000—4—20《采用 TEM 单元的试验方法》。
- IEC 61000—4—21《采用反射箱的辐射、射频电磁场防护试验方法》。
- IEC 61000—5《防护配置方法和预防方法》。
- IEC 61000—5—1《配置方法和预防方法指南—— 一般性讨论条件》。
- IEC 61000—5—2《配置方法和预防方法指南——接地方法和布线方法》。
- IEC 61000—5—6《配置方法和预防方法指南——防止外部影响方法》。
- IEC 61000—6—1《住宅、商业及轻工业环境中通用防护标准》。
- IEC 61000—6—2《工业环境中通用防护标准》。

② 辐射标准

- CISPR 11《工业、科学、医疗、射频设备电磁干扰测量方法和极限值》。
- CISPR 12《车辆、摩托艇、会产生火花的发动机驱动装置的射频干扰特性的测量方法》。
- CISPR 13《音像广播接收机及相关设备射频干扰测量方法和极限值》。
- CISPR 14《电动马达、家用电热设备、电动工具和类似电气器具的射频干扰测量方法和极限值》。
- CISPR 15《电气照明和类似设备射频干扰测量方法和极限值》。
- CISPR 22《信息技术设备射频干扰测量方法和极限值》。
- IEC 61000—3—2《谐波电流辐射的极限值（设备输入电压每相小于 16A）》。
- IEC 61000—3—3《低压供电设备电压波动和闪烁的极限值（设备输入电压每相小于 16A）》。
- IEC 61000—6—3《住宅、商业及轻工业环境中通用辐射标准》。
- IEC 61000—6—4《工业环境中通用辐射标准》。

③ ITU 相关标准：K 系列干扰的防护

- ITU TS K11:1990《过电压和过电流防护的原则》。
- ITU TS K12:1988《电信装置保护用气体放电管的特性》。
- ITU TS K15:1995《远供系统和线路中继电器对雷电和邻近电力线路引起的干扰的防护》。
- ITU TS K20:1990《电信交换设备耐过电压和过电流的能力》。
- ITU TS K21:1988《用户终端耐过电压和过电流的能力》。
- ITU TS K22:1995《连接到 ISDN T/S 总线的设备的耐过电压能力》。
- ITU TS K25:1988《光缆的防雷》。
- ITU TS K27:1991《电信大楼内的连接结构和接地》。

1.2.6 无线电监测站雷电防护技术标准介绍

无线电监测站拥有大量的接收天线和精密设备，很容易成为雷击的目标，近年来，无线电监测站雷击事件时有发生，雷击灾害已经成为无线电监测站不容忽视的问题，给国家财产和日常监测工作带来了巨大的损失和严重的影响。在 2017 年以前 IEC、ITU 等国际组织以及国内有关的防雷标准委员会都已对雷电防护的一般原则和基础技术形成相关标准（国际 IEC 62305 系列标准、国内 GB 50057、GB 50343 和 GB 50689系列标准等），也对普通建筑物以及通信局（站）等部分行业设备的雷电防护提出了解决方案，可以为无线电监测站雷电防护提供指导和借鉴。当时，由于国际国内尚没有针对无线电监测站的专门的防雷技术标准，无线电监测站建设和维护只能借用相近标准，缺乏专业性和系统性，使无线电监测站雷电防护没有分类清晰的参考依据，防护水平参差不齐，设备设施得不到有效保护。

无线电监测站有一定的自身行业特点，具体如下。

- 具有大量的接收天线和发射天线。
- 测向天线场为保证测向精度不允许做金属直击雷防护。
- 具有精密的监测设备、抗雷电磁脉冲能力弱。
- 具有大量的监测、测向和通信设备。

- 具有大量的不同类别的无线电监测站，例如，一、二、三类站，遍布全国各地，且大多数监测站处于多雷、高雷甚至是强雷区。
- 系统较多，例如，短波监测系统、超短波监测系统、卫星监测系统、可搬移监测系统、移动监测系统、无线电监测管理系统、应急指挥系统等。
- 往往位于郊区、城市区域的位置较高点和山顶，易成为雷击的目标。
- 设备价值高（经济价值和社会价值）。
- 设备维修周期长，更换难度大。
- 设备全天候运行，雷击风险高。
- 部分监测站运营时间较久，自然老化及灾害（地震等）容易造成接闪器锈蚀、引下线断裂或锈蚀、接地网性能下降、接地电阻升高、电源和天馈线避雷器失效等。

基于以上原因，2015 年，国家无线电监测中心结合无线电监测站实际情况，历时 3 年制定了我国第一个符合无线电监测站实际需要的雷电防护行业技术规范，即 YD/T 3285—2017《无线电监测站雷电防护技术》，用于指导无线电监测站新建、扩建、改建时的设计、施工、验收、维护和管理，用科学的方法，最大限度地降低雷击灾害对无线电监测站造成的经济损失，保障监测设备的稳定运行。

1.3 术语和定义

下列术语和定义适用于本书，主要引用于国家无线电办公室于 2006 年发布的《VHF/UHF 无线电监测设施建设规范和技术要求（试行）》YD/T 1765—2008《通信安全防护名词术语》和 YD/T 3285—2017《无线电监测站雷电防护技术》。

（1）无线电监测

无线电监测（Radio Monitoring）是对无线电信号进行搜索、测量、分析、识别，以及对无线电波发射源测向和定位，以获取其技术参数、功能、类别、位置和用途。

（2）无线电监测站

无线电监测站（Radio Monitoring Station）执行无线电监测任务的技术设备及

附属设施，分为一、二、三级。

（3）固定监测站（Fixed Monitoring Station）

设置在固定地点实施监测的无线电监测站。

（4）移动监测车（Mobile Monitoring Vehicle）

设置在运载工具中，可在移动状态下实施监测的无线电监测站。

（5）可搬移监测系统（Mobile Monitoring System）

可在不同地点临时设置、实施监测的无线电监测系统。

（6）便携式监测设备（Portable Monitoring System）

可方便携带、手持的无线电监测设备。

（7）小型无线电监测站

小型无线电监测站（Compact Radio Monitoring Station）包括测向系统前置机房、高山（偏远）遥控站以及其他小型无线电监测站点。

（8）Ⅰ级无线电监测站

I 级无线电监测站（Radio Monitoring Station of Class Ⅰ）具有测量、测向和监听功能，主要性能指标符合《VHF/UHF 无线电监测设施建设规范和技术要求（试行）》第 4.4 要求的固定监测站、移动监测站。

（9）Ⅱ级无线电监测站

II 级无线电监测站（Radio Monitoring Station of Class Ⅱ）具有测量、测向和监听功能，主要性能指标符合《VHF/UHF 无线电监测设施建设规范和技术要求（试行）》第 4.5 要求的固定监测站、移动监测站。

（10）Ⅲ级无线电监测站

III 级无线电监测站（Radio Monitoring Station of Class Ⅲ）具有测量、测向和监听功能，主要性能指标符合《VHF/UHF 无线电监测设施建设规范和技术要求（试行）》第 4.6 要求的固定监测站。

（11）无线电监测指挥控制中心

无线电监测指挥控制中心（Radio Monitoring Command Center）具有联合无线电测向交会、监听和指挥调度的控制中心。

（12）扇锥天线

扇锥天线（Fan-shaped Antenna）由3座支撑的铁塔（钢杆）、拉线和天线体组成的宽频带、全向天线。

（13）多模多馈天线

多模多馈天线（Multi-mode Multi-feed Antenna）由阻抗变换器、主桅杆、支撑杆和网络匹配器等组成倒伞形结构的较复杂的四振子对数螺旋天线阵。

（14）笼形天线

笼形天线（Cage Antenna）的天线两臂通常由6～8根细导线构成，每根导线通常为3～5mm，笼形直径通常为1～3m，特性阻抗250～400Ω，具有宽带、输入阻抗平缓和架设方便的特点的天线。

（15）三线式通信天线

三线式通信天线（Three-line Communication Antenna）是一种常见的应急通信天线，主要有倒“V”式架设（全向通信）和平拉式架设（定向通信）方式。

（16）接地系统

接地系统（Earthing System）是接闪系统、雷电引下线、接地网、接地汇集线（排）、接地线、建筑物钢筋、接地金属支架以及接地电缆屏蔽层和接地体相连的设备外壳或裸露金属部分的总称。

（17）共用接地系统

共用接地系统（Common Earthing System）使站内各建筑物的基础接地体和其他专设接地体相互连通形成一个共用地网，并将电子设备的工作接地、保护接地、逻辑接地、屏蔽体接地、防静电接地以及建筑物防雷接地等共用一组接地系统的接地方式，也称联合接地。

（18）自然接地极

自然接地极（Natural Earthing Electrodes）兼有接地功能但不是为此目的而专门设置的与大地有良好接触的各种金属构件，例如，钢筋混凝土中的钢筋、埋地金属管道和设备等。

（19）接地端子

接地端子（Earthing Terminal）是接地线的连接端子或接地排。

（20）接地排

接地排（Earthing Terminal Block）是将多个接地端子连接在一起的金属排。

（21）接地汇集线

接地汇集线（Main Earthing Conductor）作为接地导体的条状铜排（或扁钢等），在站内通常作为接地系统的主干（母线），可以敷设成环形或线形。

（22）屏蔽

屏蔽（Shielding）用导电材料减少交变电磁场向指定区域穿透的措施。

（23）标称放电电流

标称放电电流（Nominal Discharge Current）用于划分 SPD 等级的、具有 8/20ms 波形的放电电流峰值，用于动作负载预备性试验。

（24）最大放电电流

最大放电电流（Maximum Discharge Current）（I_{max}）能流过 SPD 等级的、具有 8/20μs 波形的最大放电电流峰值。

（25）冲击电流

冲击电流（Impulse Current）规定了幅值电流 I_{peak} 和电荷 Q 持续时间很短的非周期瞬时电流。

（26）最大持续工作电压

最大持续工作电压（Maximum Continuous Operating Voltage）（U_c）是连续施加在 SPD 端子间不会引起 SPD 性能下降的最大电压（直流或均方根值）。

（27）电压保护水平

电压保护水平（Voltage Protection Level）（U_p）表征一个 SPD 限制其两端电压的特征参数。这个电压数值不小于浪涌电压限制的最大实测值，是由生产商确定的。

（28）有效保护水平

有效保护水平（Effective Protection Level）（U_p/f）是浪涌保护器连接导线的感

应电压降与浪涌保护器电压保护水平 U_p 之和。

（29）额定冲击耐压

在规定的试验条件下，额定冲击耐压（Rated Impulse Withstand Voltage）（U_w）是设备能承受而不被击穿的一定波形和极性的冲击电压的峰值。

（30）插入损耗

插入损耗（Insertion Loss）是传输系统中插入一个浪涌保护器所引起的损耗，其值等于浪涌保护器插入前后的功率比。插入损耗常用分贝（dB）来表示。

（31）接闪器

接闪器（Air-terminal System）用于承接无线电监测站外部空间的雷闪，并通过无线电监测站的避雷接地系统泄放入地的防雷装置，它包含避雷针、避雷带、避雷网等。

（32）雷击风险

雷击风险（Risk of Lightning Strike）（R）是雷击导致的年平均可能损失与受保护对象的总价值之比。

（33）雷暴日

一天中可听到一次以上的雷声则称为一个雷暴日（Thunder Storm Day）。

（34）少雷区

少雷区（Low Keraunic Zones）是一年平均雷暴日数不超过 25 天的地区。

（35）中雷区（Middle Keraunic Zones）

一年平均雷暴日数在 26 ～ 40 天的地区。

（36）多雷区

多雷区（High Keraunic Zones）是一年平均雷暴日数在 41 ～ 90 天的地区。

（37）强雷区

强雷区（Ultra-high Keraunic Zones）是一年平均雷暴日数超过 90 天的地区。

（38）雷击电磁脉冲

雷击电磁脉冲（Lightning Electro Magnetic Pulse，LEMP）是与雷电放电相联系的电磁辐射。它所产生的电场和磁场能够耦合到电气或电子系统中，并可能产生破坏性的浪涌电流或浪涌电压。

（39）电磁感应过电压

电磁感应过电压（Electromagnetic Induction Overvoltage）属于电感性耦合过电压，主要是指雷击电磁场的剧烈场强变化，通过电磁感应耦合到系统中的过电压。

（40）静电感应过电压

静电感应过电压（Electrostatic Induction Overvoltage）属于电容性耦合过电压，主要是指在雷雨云电荷积累的过程中，由于线路（或设备）的分布电容使线路上集聚的异性电荷在雷云对大地或云内放电后，在系统中形成的过电压。

（41）闪络

闪络（Flashover）是通过物体（固体或液体）周围空气或流经物体绝缘表面的击穿放电现象。

（42）首次雷击

首次雷击（Initial Lightning Strike）是当下行先导头部与地面上行先导相遇开始的对地雷击。

（43）损坏概率

损坏概率（Probability of Damage）是雷击造成损害的概率。

（44）外部防雷装置

外部防雷装置（External Lightning Protection System）由接闪器、引下线和接地装置组成，主要用于防直击雷的防护装置。

（45）直击雷

直击雷（Direct-strike Lightning）是直接击在监测设施上的雷闪。

（46）直击雷保护

直击雷保护（Direct-strike Protection）是防止雷闪直接击在监测设施上。

（47）综合防雷

综合防雷（Comprehensive Lightning Strike Protection Technology）是对建筑物及内部电子信息系统进行直击雷防护、联合接地、等电位连接、电磁屏蔽和雷电过电压保护的一系列措施。

（48）标称放电电流

标称放电电流（Nominal Discharge Current）用于划分 SPD 等级的、具有 8/20 μs 波形的放电电流峰值，用于动作负载预备性试验。

（49）标称直流击穿电压

标称直流击穿电压（Nominal DC Sparkover Voltage）是间隙型过电压保护器件直流击穿电压的标称值。由生产厂家规定直流击穿电压的额定值，并且指出它在被保护设备使用条件下的应用范围。

（50）冲击击穿电压

冲击击穿电压（Impulse Sparkover Voltage）是从施加给定波形的冲击起直至开始有电流流通的这段时间内，间隙型过电压保护器件上出现的最高电压。

（51）冲击耐受能力

冲击耐受能力是表征 SPD 容许通过规定波形、峰值和次数的冲击电流的特性。

（52）冲击电流

冲击电流（Impulse Current）规定了幅值电流 I_{peak} 和电荷 Q 持续时间很短的非周期瞬时电流。

（53）电流响应时间

电流响应时间（Current Response Time）是在特定的电流和特定的温度下限流元件动作所需要的时间。

（54）电压保护水平

电压保护水平（Voltage Protection Level）是表征一个 SPD 限制其两端电压的特性参数。这个电压数值不小于浪涌电压限制的最大实测值，是由生产商确定的。

（55）电力线感应

电力线感应（Power Transmission Line Induction）是电力线路或电气化铁道系统对相邻通信线路的电磁干扰。

（56）告警功能（Warning Function）

- SPD 正常或故障时能正确表示其状态的标志或指示灯。
- SPD 具备远程集中监测或集中告警的接口。

（57）交流耐受能力

交流耐受能力（AC Durability）是表征 SPD 允许通过规定幅值的交流电流，并耐受规定次数的特性。

（58）开关型浪涌保护器

开关型浪涌保护器（Switching-type SPD）是在无电涌或电涌未达到响应水平时呈高阻态，但对电涌响应时，其阻抗突变为低阻值的一种 SPD。开关型 SPD 常用的器件有火花间隙、气体放电管等。

（59）开关组合型浪涌保护器

开关组合型浪涌保护器（Switching-combination-type SPD）是由电压开关型器件和限压型器件组合而成的一种 SPD。依据所加电压的特性，它可呈现电压开关特性或限压的特性或者二者均有的特性。

（60）雷电等电位连接

雷电等电位连接（Lightning Equipotential Bonding）是将不同的电气装置、导电物体等用接地导体或浪涌保护器以某种方式连接起来，以减小雷电流在它们之间产生的电位差。

（61）雷电抗扰度

雷电抗扰度（Lightning Immunity）是指系统和设备经受雷电浪涌而不降低其运行性能的能力。

（62）浪涌

浪涌（Surge）是对电气或电子电路的瞬态电磁干扰。

（63）浪涌保护器

浪涌保护器（SPD）是通过抑制瞬态过电压以及旁路电涌电流来保护设备的一种装置。它至少含有一个非线性元件，也称为电涌保护器。

（64）限流

限流（Current Limiting）是将过电流降低所有超过预定电流值的一种功能。

（65）限压

限压（Voltage Limiting）是降低所有超过预定电压值的一种功能。

（66）限压型浪涌保护器

这种浪涌保护器（Voltage-limiting-type SPD）在无浪涌时呈现高阻抗，但随浪涌电流和电压的增加其阻抗会不断减小。这类非线性装置的常见器件有压敏电阻和箝位管二极管。这类浪涌保护器有时也称为“箝位型”。

（67）信号浪涌保护器

信号浪涌保护器（Signal Surge Protecting Device）用于模拟信号、数字信号、控制信号等信息网络通道的防雷装置。

（68）限制电压

限制电压（Measured Limiting Voltage）是施加规定波形和幅值的冲击电压时，在SPD规定端子间测得的最大电压峰值。

（69）最大持续工作电压

最大持续工作电压（Maximum Continuous Operating Voltage，U_c）是连续施加在SPD端子间不会引起SPD性能下降的最大电压（直流或均方根值）。

（70）最大放电电流

最大放电电流（Maximum Discharge Current，I_N）是能够流过SPD等级的、具有8/20μs波形的最大放电电流峰值。

（71）保护接地

保护接地（Protective Earthing/Protective Grounding）是为了电气安全的目的，将系统、装置或设备的一点或多点接地。

（72）保护接地线（PE线）

保护接地线（Protective Earthing Conductor）是为防电击用来与下列任一部分做电气连接的导线：外露可导电部分、装置外可导电部分、总接地线或总等电位连接端子、接地极、电源接地点或人工中性点。

（73）保护中性线

保护中性线（PEN Conductor）是具有中性线和保护接地线双重功能的导体。

（74）冲击接地阻抗

冲击接地阻抗（Impulse Earthing Impedance）是冲击电流流过接地装置时，接

地装置对地电压的峰值与通过接地极流入地中电流的峰值的比值。

（75）垂直接地电极

垂直接地电极（Vertical Earth Electrode）是垂直安装在土壤中的接地电极。

（76）垂直接地主干线

垂直接地主干线（Vertical Grounding Truck Line）（垂直接地汇集线）是一组在监测设备和主接地端子间提供工程低电阻路径的垂直导体，垂直贯穿于无线电监测站建筑体各层楼的接地主干线。

（77）搭接

搭接（Bonding）是将设备、装置或系统的外露可导电部分或外部可导电部分连接在一起，以减小雷电流经过时它们之间的电位差，也称连接或联结。

（78）单点接地

单点接地（Single-point ground）是指网络中只有一点被定义为接地点，其他要接地的部分直接接在该点上。

（79）等电位连接

等电位连接（Equipotential Bonding）是通过可靠的电气连接，使两个彼此分离的导体间的电位差趋于零。

（80）等电位连接带

等电位连接带（Equipotential Bonding Bar，EBB）的电位用作共同参考点的一个导电带，使要接地的导电物体、电力和通信线路以及其他物体可与之连接。

（81）等电位连接导体

等电位连接导体（Equipotential Bonding Conductor）是将分开装置的各部分互相连接以减小雷电流经过时它们之间的电位差的导体。

（82）等电位连接网络

等电位连接网络（Equipotential Bonding Network）是将一个系统的外露可导电部分做等电位连接的导体所形成的网络。

（83）地（Earth/Ground）

- 导电性的土壤具有等电位，且任意点的电位可以看作零电位。

- 导电体，例如，土壤或钢车（船）的外壳，作为电路的返回通道，或作为零电位参考点。
- 电路中相对于地具有零电位的位置或部分。

（84）地电流

地电流（Earth Current/Telluric Current）是在大地或接地极中流过的电流。

（85）地回电路

地回电路（Ground-return Circuit）是利用大地形成回路的电路。

（86）多点接地

多点接地（Multi-point ground）是每个子系统的“地”都直接接到距它最近的基准面上。通常情况下，基准面是指贯通整个系统的粗铜线或铜带，它们和机柜与地网相连，基准面也可以是设备的底板、构架等，这种接地方式的接地引线长度最短。

（87）电缆入口接地排

电缆入口接地排（Cable Entrance Earthing Bar，CEEB）是可以通过接地排将电缆入口设施的各个户外电缆与MET或环形接地体进行连接的接地排叫作电缆入口接地排（CEEB）。

（88）电缆入口设施

电缆入口设施（Cable Entrance Facility，CEF）是将电缆内接地和金属外皮连接接地，根据实际情况尽可能靠近户外电缆入口处的设施，例如综合监测大楼进线室。

（89）工频接地电阻

工频接地电阻（Power Frequency ground Resistance）是工频电流流过接地装置时，接地体与远方大地之间的电阻。其数值等于接地装置相对远方大地的电压与通过接地体流入地中电流的比值。

（90）公共接地网

公共接地网（Common Bonding Network，CBN）是无线电监测站内实施接地连接的重要方式，它是一组被特意互连或者偶然互连的金属物体。这些物体包括连接到地网的建筑物钢结构、建筑钢筋、金属管道、交流电力线槽道和PE线、金属支架以及连接导体。

（91）局部等电位汇流排

局部等电位汇流排（Local Equipotential Earthing Terminal Board，LEB）是在电子信息系统各机房内，作局部等电位连接的接地汇流排。

（92）基础接地体

基础接地体（Foundation Earthing Electrode）是建 / 构筑物基础上地下混凝土结构中的接地金属构件和预埋的接地体。

（93）接地

接地（Earthing/Grounding）是一种有意或非有意的导电连接，由于这种连接可使电路或电气设备接到大地或接到代替大地的某种较大的导电体。接地的目的是使连接到地的导体具有等于或近似于大地（或代替大地的导电体）的电位；引导入地电流流入和流出大地（或代替大地的导电体）。

（94）接地导体

接地导体（Earthing Conductor）是指构成地的导体，该导体将设备、电气器件、布线系统或其他导体（通常指中性线）与接地极连接。

（95）接地基准点

接地基准点（Earthing Reference Point，ERP）是共用接地系统与系统的等电位连接网络之间的唯一连接点。

（96）接地极

接地极（Earthing Electrode）是埋入土壤或混凝土基础上作散流用的导体，也称为接地体。

（97）接地极有效冲击长度

接地极有效冲击长度（Effective Length of Impulse over Earthing Electrode）是特定幅值及波形的雷电冲击电流在某电阻率土壤中的接地极上流动，雷电流衰减到小于某百分数（例如 1%）时所对应的长度。

（98）接地均压网

接地均压网（Earthing Mat）是位于地面或地下、连接到地或接地网的一组裸导体，用以防范危险的接触电压。

（99）接地网

接地网（Ground Grid）由一组或多组接地体在地下相互连通构成，为电气设备或金属结构提供基准电位和对地泄放电流的通道。

（100）接地引入线

接地引入线（Earthing Connector）是接地网与接地总汇集线（或总汇流排）之间相连的导电体。

（101）接地装置

接地装置（Earthing Device）是接地引入线和接地极的总和。

（102）均压带

均压带（Ring Conductor）是围绕建筑物形成一个回路的导体，它与建筑物雷电引下导体间互相连接并且使雷电流在各引下导体间的分布比较均匀。

（103）跨步电压

跨步电压（Step Voltage）是大地表面一步距离（取0.8m）的两点之间的电压。

（104）雷电引下线

雷电引下线（Lightning Down-conducting System）是连接接闪器与接地装置的金属导体。

（105）楼层汇流排

楼层汇流排（Floor Equipotential Earthing Terminal Board，FEB）是建筑物内各楼层的第一级接地汇流排。

（106）设备接地系统

设备接地系统（Device Earthing System）是电气连接在一起的导体或导电性部件构成的系统，能够提供多条电流入地的途径。设备接地系统包括接地极子系统、雷电保护子系统、信号参考子系统、故障保护子系统。建筑物钢筋结构、设备外壳、金属管道等导电部件都可以作为设备接地系统。

（107）土壤电阻率

土壤电阻率（Earth Resistivity）是表征土壤导电性能的参数，它的值等于单位立方体土壤相对两面间的电阻，通常使用单位欧姆·米（Ω·m）。

（108）信号地

信号地（Signal Ground）是电路中各信号的公共参考点，即电气及电子设备、装置及系统工作时信号的参考点。

（109）引下线

引下线（Down-conducting System）是连接接闪器与接地装置的金属装置，用于将雷电流泄放入地。

（110）自然接地极

自然接地极（Natural Earthing Electrode）是具有兼作接地功能但不是为此目的而专门设置的各种金属构件。钢筋混凝土中的钢筋、埋地金属管道和设备等统称为自然接地极。

（111）总接地汇流排

总接地汇流排（Main Earth Terminal，MET）是在单点接地的星形接地系统中，系统的第一级主汇流排。

第 2 章　防雷与接地技术基础理论

雷击是因强对流天气在雷云层之间，以及雷云与大地之间瞬间强烈放电的具有极强破坏力的自然现象，每个季节都可能出现，尤其以夏季出现的频率最高，常常给人类的生产和生活带来较大危害。**自然界的雷击主要有直接雷击和雷击电磁脉冲两类。**

直接雷击声光并发，电闪雷鸣，它以强大的雷击电流、炽热的高温、猛烈的冲击波、瞬变的电磁场等损坏放电通道上的建筑物、输电线，会击死、击伤人、畜。而雷击电磁脉冲则悄然发生，不易察觉，后果同样严重。雷击放电时在周围空间产生脉冲形式的电磁场感应作用，使建筑物上的金属物件、内部金属管道、钢筋、金属构件、电源线缆、信号线缆等感应出雷电高电压、大电流，通过电源线路、信号线路、天馈线路和接地线的“地电位反击”以及空间等途径被引入室内，损坏电气、电子系统设备。雷击感应高电压和过电流的幅值与雷击点的距离呈反比，与雷击电流的幅值和陡度呈正比。雷击点越近，雷电流的陡度越大，感应脉冲过电压、过电流就越大，也就越危险，对电气、电子系统设备的破坏性就越大。雷击后果既可能是火灾、机械破坏、人员伤亡、电子系统设备损坏，也可能危及供电、计算机控制及调节系统，造成系统设备供电中断、数据丢失、生产停顿，因此建筑物的重要敏感电子设备需要特殊的防雷保护。

雷击发生地点取决于 3 个条件：一是易于形成雷云；二是易于形成雷电通道；三是易于引起先驱放电电场的畸变。上述 3 个条件中的第一个是必备条件，后两个只具备其中之一就有落雷的机会。雷电通道总是沿着电阻最小的路径发展，因此电阻率低的地方、高层建筑物会促使放电电场畸变而将放电引向自己，遭受雷击。

进入21世纪，随着科学技术的迅速发展，微电子技术、计算机通信网络系统、各种先进的信息系统得到了广泛应用，但它们都工作在低电压和小电流状态下，其电磁兼容能力低，抗雷击电磁脉冲过电压、过电流的能力十分脆弱，在闪电环境下的易损性较高。因此，雷电已成为电子化时代的一大公害，引起人们的普遍关注。为了消除这一公害，保护电气、电子系统设备安全，采用现代防雷保护措施是必须和迫切的。

由于直击雷和雷击电磁脉冲的侵害渠道不同，所以其保护措施也不同。防直击雷主要是采用避雷针、避雷网格、避雷带等传统的避雷装置，只要设计规范、安装合格，这些避雷设施便能对直击雷进行有效防御。但是系统完善的避雷针、避雷网格和避雷带，对雷击电磁脉冲产生的感应过电压和过电流的防护收效甚微，因为雷击感应是由电气、电子系统设备的电源线路、信号线路、天馈线路等招引而致。因此仅靠避雷针、避雷网格、避雷带防雷已经远远不能满足今天信息社会的实际需求。为了适应如今的实际需求，一方面要做好直击雷防护设计，另一方面要把防雷击电磁脉冲作为电子化时代雷电防护设计的重点。

我国的防雷理论在世界上处于领先地位，我国总结的“综合防雷技术”根据实际需要，综合考虑采用直击雷防护技术、屏蔽技术、等电位连接技术、综合布线技术、共用接地系统，以及设置、安装线路浪涌保护器等措施。这6项技术和措施相互配合、相互补充、缺一不可，经过防雷界30多年的实践和不断完善，形成了一套完整的防雷体系，现在已被国际防雷界认可，并有效指导防雷工程工作。实践证明，“综合防雷技术”是我国防雷界对雷电防护最重要、最科学的总结，也是重要的贡献，能防止和减少雷电对建筑物、电气、电子系统造成的危害，保护人们的生命和财产安全，保护电气、电子等系统设备的安全。

防雷与接地是一项工程，各个设计环节都必须重视，例如，项目的前期需求调研、可行性分析、项目实施的管控、验收、后期的日常维护和项目的资金投入等。要想合理使用经费，设计和实施一项符合实际需要的防雷与接地工程，管理技术人员有必要了解雷电的危害原理和表现形式，以及被保护设施中可能产生的危害和入侵途径。这就需要管理技术人员具备一定的防雷与接地技术的

基础知识，从而更好地发挥在需求调研、可行性分析、项目施工和后期日常维护中的重要作用，使防雷与接地工程设计规范、科学、合理，最大限度地实现被保护设施的雷电防护。

2.1　雷电危害机理

积雨云或雷云所带电荷在云间或云地之间产生一定的电位差，发生自然放电，并产生巨大声响，被称为雷电。据气象部门统计，全球每年大约要发生 10 亿次雷电，平均每小时大约 20000 次，平均每分钟发生 300 次，就地球表面而言，落地闪电每秒有 30 ～ 100 次。

雷电放电的电压高（可达 500kV 以上），闪电电流的幅值大（可达 100 ～ 300kA），闪电电流变化快，波形陡度大，电磁脉冲辐射强。雷电产生强大的电流、炽热的温度、猛烈的冲击波、剧变的电场，以及强大的电磁脉冲辐射等，会给人类的生命、财产（经济设施和电子设备）造成一定程度的伤害和损害。

雷电放电的危害就其物理原理来说可以分为以下几类。

2.1.1　雷电热效应

当雷云对地放电击中地面物体时，雷云蕴藏的能量在短短几十微秒内释放出来，瞬间巨大的电功率与地面物体之间传输形成热效应，雷电放电通道的温度高达 6000℃～ 10000℃。因此，放电通道上遇到易燃物体很容易造成火灾。而雷电流冲击波的破坏作用更大，当雷电通道的温度高达几千度甚至几万度时，空气受热急剧膨胀，并以超声速度向四周扩散，其外围附近的冷空气被强烈压缩，形成“激波”。被压缩空气层的外界称为“激波波前”。“激波波前”到达的地方，空气的密度、压力和温度都会突然增加；“激波波前”过去后，该区压力下降，直到低于大气压力。这种“激波”在空气中传播，产生巨大的爆炸力，这种冲击波的破坏后果与炸弹爆炸时附近的物体、人、畜受到的损害类似。

2.1.2 雷电电效应

很多人会想到，既然全球每年发生多达约 10 亿次的雷电，那么如果把雷电用一根结实的粗导线引下来将电能存储起来，不就是一种很好的发电方式吗？仔细探究就会发现，其实一次雷电放电的电量并不多，通常是 20 库仑左右，最大为 100 库仑，能量跟几千克石油燃烧所释放出的能量相近，并没有想象中的那么多。因此想靠雷电放电来获取电能是不经济的。另外，每次雷电释放的电荷虽然不多，但雷电放电的通道上端与大地之间电位差却高达 $10^7 \sim 10^8$V。雷电放电持续时间太短，放电太快，导致雷电的功率很高，雷电的峰值脉冲电流典型值为 10kA。因此雷电放电时产生的数万伏的冲击电压和万安的电流可以造成绝缘击穿、电气设备损坏，破坏威力相当巨大，而且这种破坏作用主要表现在雷电的电流特性而不在于高电位。雷电的电效应造成油库爆炸起火如图 2-1 所示。

图 2-1　雷电的电效应造成油库爆炸起火

2.1.3 雷电的机械效应

雷电的机械效应表现在雷电流经过金属物体时产生的电动力和自压缩力上，当导体表面磁场强度达到每米几兆安数量级时，导体就会产生剧烈的机械扭曲，这会使物体爆炸或被破坏，主要原因如下。

（1）雷电流经过金属物体时产生的电动力

由电磁学可知，载流导体周围的空间存在磁场，在磁场中的载流导体又会受到电磁力的作用。将两根载有相同方向雷电流的长直导体分别用导体 A 和导体 B 表示。导体 A 上的电流在其周围空间产生磁场，导体 B 在这一磁场中将受到一个电磁力的作用，其方向垂直指向导体 A。同理，载流导体 A 也受到一个电磁力的作用，方向垂直指向导体 B，两根平行载流导体之间就存在电磁力的相互作用，

这种相互作用力称为电动力。在这种电动力的作用下，两根导体之间相互吸引，有靠拢的趋势；同理，如果导体 A 中的电流 I_1 与导体 B 中电流 I_2 反向，则两根导体在电动力的作用下就会相互排斥，有分离的趋势。因此，在雷电流的作用下，载流导体就有可能会变形，甚至会被折断。按安培定律和两根长直平行载流导体之间的电动力计算公式，凡含有拐弯部分的载流导体或金属构件，其拐弯部分将受到电动力的作用，拐弯处的夹角越小，受到的电动力就越大。因此，当拐弯夹角为锐角时，受到的电动力相对较大，而当拐弯处的夹角为钝角时，受到的电动力相对较小。在防雷施工中，布设为平行、锐角或绕直角的避雷引下线会受到雷电的机械效应的损坏。雷电的机械效应造成女儿墙损坏如图 2-2 所示。

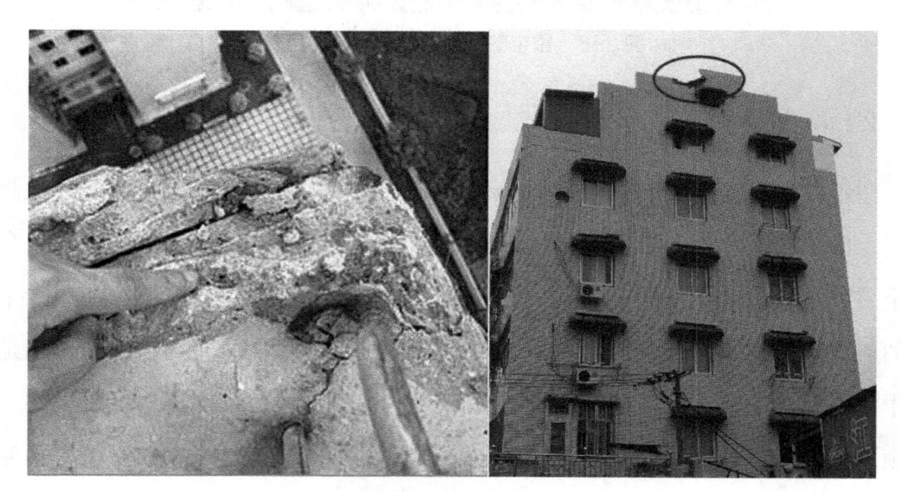

图 2-2　雷电的机械效应造成女儿墙损坏

（2）雷电流注入树木或建筑构件时在它们内部产生的内压力

被击物体内部产生内压力是雷电机械效应破坏作用的另一种表现形式。由于雷电流幅值很高且作用时间又很短，所以当雷击于树木或建筑构件时，在它们的内部将瞬间产生大量热量，在短时间内，热量来不及散发出去，以致这些内部的水分大量蒸发变成水蒸气，并迅速膨胀，产生巨大的内压力，这种内压力是一种爆炸力，能够使被击树木劈裂，使建筑构件崩塌。因此雷暴云对地放电时，强大的雷电机械效应表现为击毁杆塔和建筑物，劈裂电力线路的电杆，这也就解释了现实中经常有雷电造成建筑物外观损坏甚至倒塌等现象。雷电的机械效应造成树木劈裂如图 2–3 所示。

图 2–3　雷电的机械效应造成树木劈裂

2.1.4　静电感应

在各种金属屋顶或架空线路上，会因为其上空的带电雷暴云层的存在产生静电感应，使它们带上与云层相反的电荷，当这个静电感应电压达到一定值时，会造成金属物上积聚大量的电荷，因此该金属具有很高的静电感应电压，造成数十厘米的空气间隙被击穿，产生电火花。当先导雷电到达地面时，回击发生，先是通道中的电荷与金属屋顶或架空线路上的异性电荷迅速中和，如果雷击发生在金属屋顶上，在金属屋顶上未被中和的电荷就会形成对地的高电位；如果没有通路泄放金属屋顶上的电荷，金属屋顶上与屋内的人或金属设备之间就会发生击穿放电，危害人的生命和损坏设备；如果有金属屋顶上静电感应的电荷泄放的通路，但泄放通路不畅，电阻值过大，电流通过接触不良处，则会产生火花放电，点燃易燃易爆物体，发生火灾；如果雷击发生在架空线路上，未被中和的电荷失去束缚就可以自由运动，形成过电压波，会沿架空导线两侧传播，当它沿线路进入建筑物内部时，将会对建筑物内的信息系统和电气设备造成损坏，同时还可能引燃物品。

2.1.5　雷电波侵入

如果雷电直接击中架空电线或埋地电缆，则雷电流以光速的 1/20 ～ 1/2，

以波的形式向线路两端移动，对电力设备及用电设施构成危害。雷击时电流高达几十千安，最高达 200 ～ 300kA，一般在 20 ～ 40kA，时间极短，一般仅为 10 ～ 100μs。实践证明，在埋有电缆的地方，沿电缆埋设的线路落雷率要比其他地方落雷率高，在土壤电阻率高的地方尤为明显。这是由于在土壤中埋下一条电缆就相当于在土壤中有一条土壤电阻率特别低的带，即在土壤电阻率高的地方，如果中间存在一块低土壤电阻率的地区，该地区受雷击率就特别高，这便是雷电直击电缆的原因。据有关资料报道，雷电直击点的地面会出现大的孔洞，洞深可直达电缆。因此发生雷电时，雷电流会沿线路或管道迅速传播，当入侵到建筑物内部时，可造成配电装置或电气线路绝缘层被击穿，产生短路或造成设备损坏，更为严重的是造成物品的燃烧或爆炸。如果机房室外的输电线或者变压器遭受了雷电波侵入，而机房电源的配电房又无相应的防雷措施，例如，未安装或参数不恰当的浪涌保护器，那么整个机房将受到严重的大面积的雷击损坏，这也解释了第 1 章中提到的某无线电监测站的户外变压器曾经遭受直击雷，造成该无线电监测站监测机房大量工控机和接收机损坏。

2.1.6　电磁感应效应

雷电具有很高的电压和很大的电流，而且发生时间极短，因此在其周围会产生强大的交变磁场。这样不仅使周围导体感应出较大的电动势，还会使构成闭合回路的金属产生感应电流，如果回路中有些地方接触的电阻较大，那么会造成局部发热或者发生电火花，损坏电气设备，还可以引发火灾或爆炸。电磁感应一般有两种传播途径：空间感应和线路感应。

（1）空间感应

空间感应不需要任何介质，因此一般防护等级较高的机房在条件允许的情况下可选择地下、低楼层、建筑物中心位置，同时要注意地下防潮问题，机房可以采用设置金属网格或金属板的方式进一步提高防电磁感应的效果。

（2）线路感应

真正需要提防的电磁感应是进入机房的线路感应过电压的侵入，过电压不仅可以在架空线路上产生，也可以在埋地电缆中产生。除了直接雷击在架空线上形成极高的过电压向电缆流入雷电流，云间放电通过电磁感应，也能在电缆上诱发感应电压和电流。如果放电通道与电缆线路平行，那么电磁感应将使电缆的导体产生一定的纵向电动势，并随之流过一定的电流。实际上，电缆上的过电压冲击，绝大多数是感应产生的，过电压大小与雷击距离、强度、线路的波参数有关，但因其能量一般较小、电压低、电流弱，通常对电缆本身造成的危害较小，只能对电缆相连接端的设备造成危害。地下电缆的感应过电压与雷击点入地雷电流幅值、雷击土壤电阻率，电缆与雷击点的距离、电缆掩埋深度、电缆屏蔽及其接地状况等因素有关。感应过电压分为静电感应和电磁感应两个部分，对于输电线路来讲，其过电压以静电感应为主。国内外实验表明，如果有 5kA 雷电流流入接地网，在其附近 5 ～ 10m 远的无屏蔽电缆上将感应到 5 ～ 7.5kV 的过电压。但如果电缆有金属护套，并且两端做良好接地，则感应过电压幅值可降至 250 ～ 750V。

2.1.7 “地电位反击”

建筑物的外部防雷装置（例如，接闪针、接闪网等）接闪（电）后，接地网的地电位会在数微秒之内被抬高数万或数十万伏，形成高度破坏性的雷电流，雷电流通过接地装置流向供电系统与监测和通信系统的各种设备，或者击穿大地绝缘层，流向其他设施的供电系统或通信网络信号系统，从而反击损坏电子设备，同时，在未实行等电位连接的导线回路中，可能诱发高电位而产生火花放电的危险。外部防雷装置接闪后产生的危险过电压，由设备的接地线、建筑物或附近的其他建筑物的外部防雷系统或其他自然接闪物（各种管道、电缆屏蔽管等）引入设备，也会造成设备的损坏。

“地电位反击”通常存在两种形式：一是雷电流流入大地时，接地电阻的存在使地电位抬高，产生较大的电位差，反向击穿设备；二是两个地网之间，由于没有离开足够的安全距离，其中一个地网接受了雷电流，产生高电位，向没有接受雷击的地网产生反击，使该接地系统上带有危险的过电压。建筑物在遭受直接雷击时，雷电流将沿建筑物防雷系统中各引下线和接地体进入大地，在此过程中，

雷电流将在防雷系统中产生暂态高电压，如果引下线与周围网络设备绝缘距离不够，且设备的电源系统 PE 线接地及信号系统逻辑接地与避雷系统不共地，则将在两者之间出现很高的电压差，并会发生放电击穿，导致设备严重损坏，甚至威胁到人身安全。

地电位暂态高电压不仅危害本建筑物内的设备，还会危及相邻建筑物内的设备。该相邻建筑物内的设备虽然没有遭直接雷击，但在附近建筑物遭雷击后，暂态高电压将沿地下管道传至相邻建筑物内的设备接地系统中对线路发生反击，使与这些线路相连接的设备受到暂态高电压的损害。“地电位反击”可达几千伏至数百千伏的反击电压。这种反击电压会沿着电力系统的零线、保护接地线和各种形式的接地线，以波的形式传入室内或传播到其他地方，造成大面积的危害。如果防雷装置与建筑物内外的电气设备、电气线路或其他金属管道离得很近时，它们之间会发生空气击穿放电，引起电气设备的绝缘损坏，引发燃烧或爆炸。

2.1.8　伤害人身安全

雷电流迅速通过人体，可立即导致人呼吸中枢麻痹，心脏骤停，脑组织及一些主要器官受到严重伤害，出现休克或突然死亡。另外，雷击时造成的电火花，还可以造成人员烧伤。近年来，雷击造成人员伤亡的事件时有发生，国家气象局的统计表明，我国每年有将近 100 人遭雷击伤亡，虽然说雷电直接击中某个固定目标的概率较小，但在我国，雷电灾害发生的范围非常广。东南地区包括海南、广东、福建等沿海地区，甚至贵州、云南、重庆、四川等都是雷电高发区，很多山区也是雷电灾害多发区，即使是一些雷电活动低发区域，也零星分布一些高发点，例如，东北和西北地区的部分山区和林区等。就全球而言，每秒要发生 30 ～ 100 次雷电，虽然每一次雷击事件都是小概率事件，但是由于分布范围广，因此从全国或全球的角度讲可能就变成一种高概率事件，尤其是农村地区，开阔场所比较多，农民在露天活动的时间也比较多，避雷相对困难。无线电监测站往往处于空旷的郊区、地势较高的山顶或者高建筑物顶层，也容易成为雷击目标，因此无线电管理和监测从业人员在日常工作中，特别是野外或建筑物楼顶执行监测任务时，既要注重设备的防雷安全，也要注重雷击的人身防范。

2.2　雷电过电压产生的方式

雷电过电压是通过直击雷、雷电感应高电压、线路来波和“地电位反击”4种方式产生的。

2.2.1　直击雷

直击雷是带电云层（雷云）与建筑物、其他物体、大地或防雷装置之间发生的迅速放电现象，由此伴随产生电效应、热效应或机械效应等一系列破坏效应，主要危害建筑物、建筑物内电子设备和人。地球上每年如果发生10亿次雷电，对地雷击占其中的1/6～1/5。直击雷放电电流可达200kA以上，并有1MV以上的高电压。雷云放电大多具有重复放电的性质，一次雷电的全部时间一般不超过500ms，大约50%的直击雷每次雷击会有三四个冲击，最多能出现几十个冲击。直击雷的破坏力不仅非常大，而且损坏范围也非常广，无线电监测站必须重视建筑物、设施设备和外出执行监测任务工作人员的防护，综合维护人员也需要每年在雷雨季节来临前和雷暴天气过后检查直击雷防护措施是否完好。

直击雷如图2–4所示。

图2–4　直击雷

2.2.2 雷电感应高电压

雷电主要的破坏力来源于直击雷，直击雷的威力形象直观，然而我们可能会忽视雷电感应高电压，大部分的雷电灾害都是因为雷电感应高电压（俗称“感应雷”）引起的，而雷电所产生的感应高电压看不到，摸不着，有种“神秘杀手”的感觉，让人们觉得不可思议，不知道它是如何产生的，又如何对设施设备造成损坏和对人身造成伤害的。

雷电感应高电压分为静电感应高电压和电磁感应高电压。静电感应高电压是由带电积云接近地面，在架空线路导线或其他导电凸出物顶部感应出大量电荷引起的，它将产生很高的电位。电磁感应高电压是由雷电放电时，巨大的冲击雷电流在周围空间产生迅速变化的强电磁场引起的，邻近的导体在这种迅速变化的电磁场内会感应出很高的电动势，雷电感应能量如果不及时泄入大地，则可能产生放电火花，引起火灾、爆炸或造成触电事故。

2.2.3 线路来波

线路来波是指雷电流顺着金属导线（例如，电源线、天馈线、信号线和控制线）侵入设备。雷电流有可能直接击中室外金属导线，传导进入建筑物机房设备，也可能在室外金属导线周围通过感应高电压产生雷电流的方式进入建筑物机房设备。

对于无线电监测站而言，雷电流最多的传导线路是天线的馈线（简称为“天馈线”），天馈线由室外高处的天线引入室内机房，机房里有大量的接收设备，容易成为线路来波的损坏目标。一般天馈线进入机房前会埋入地下，这样会避免雷电直接击中线路，但天线接口至埋地这段架空馈线很容易遭受雷电感应产生的高电压，造成损坏设备。特别值得注意的是，对于电子监测和通信系统，电源线使用最为广泛，电源线路来波侵入后破坏力最强、损坏范围最广，因此必须做好电源线的重点雷电防护。

2.3 雷电基本参数

雷击根据时间特点分为短时首次雷击、后续雷击和长时间雷击。雷电中可能出现的 3 种雷击波形如图 2–5 所示。

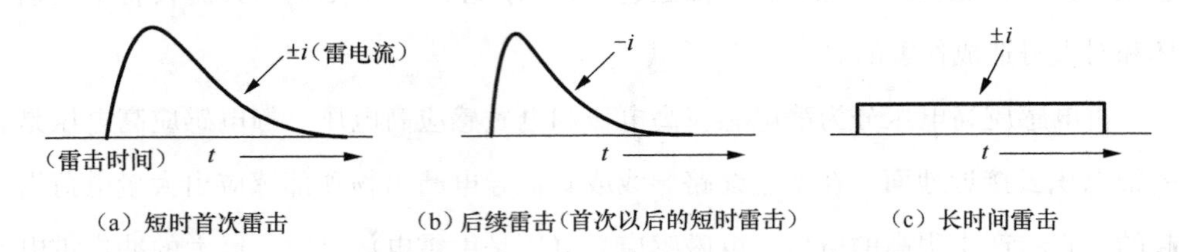

图 2–5　雷电中可能出现的 3 种雷击波形

短时首次雷击波形参数定义如图 2–6 所示。其中，T_1 为波头时间，T_2 为半峰值时间，I 为峰值电流，根据 T_1 与 T_2 的比值，主要雷电测试波形有 8/20 μs、10/350 μs（电流波）、10/700 μs、1.2/50 μs（电压波）等。

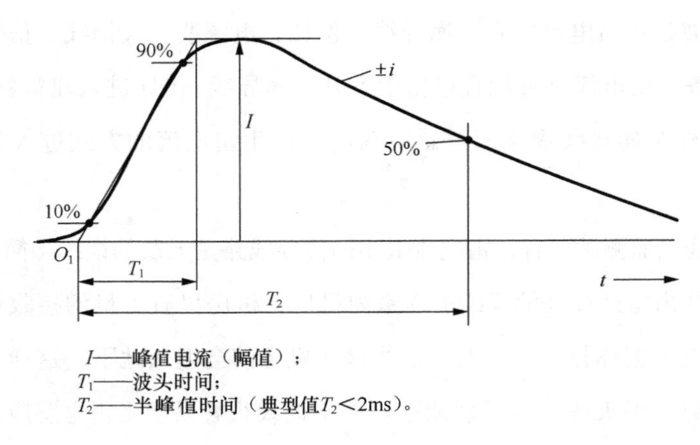

图 2–6　短时首次雷击波形参数定义

其中，直击雷 10/350 μs 电流脉冲波形如图 2–7 所示。

感应雷电流、电磁感应雷电流、电静电感应雷流、线路感应雷电波和地电位升高。8/20 μs 雷电流脉冲波形如图 2–8 所示。

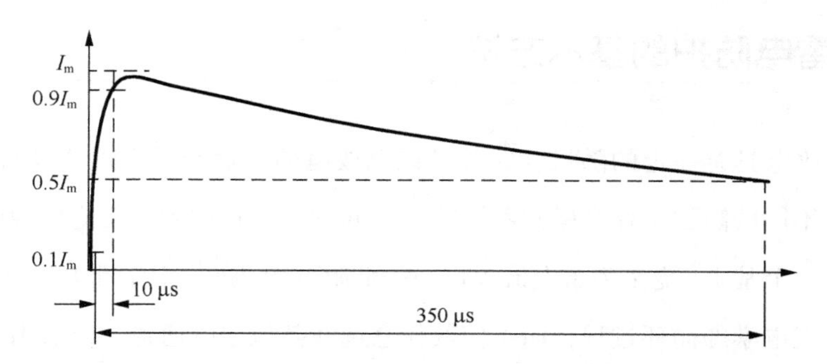

图 2-7　直击雷 10/350 μs 电流脉冲波形

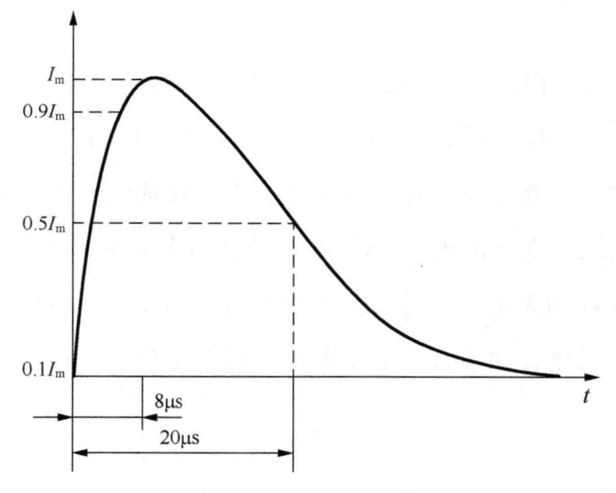

图 2-8　8/20 μs 雷电流脉冲波形

通过频谱分析，可得以下结论。

① 雷电流主要分布在低频部分，且随着频率的升高而递减。

② 在雷电波波尾相同时，波前越陡高，次谐波越丰富。在波前相同的情况下，波尾越长，低频部分越丰富。

③ 雷电的能量主要集中在低频部分，约 90% 以上的雷电能量分布在 10kHz 以下。

④ 感应的雷电波特征波形为 8/20 μs，直击雷雷电波特征波形为 1.5/40 μs 和 10/350 μs。

上述结论说明了在信息系统中，只要防止 10kHz 以下频率的雷电波窜入，就能把雷电波能量消减 90% 以上，这对防雷工程具有重要的指导意义。

2.4 雷电防护的基本方法

雷电放电具有一定的随机性，并且雷电放电的参数和雷击形式具有多样性，因而针对不同的防雷工程会碰到不同的具体问题。尽管如此，无论何种解决方法都应遵守一个基本思想：为雷电流提供一条低阻抗的通道，让它泄放到大地中去，以完成大气电学的循环过程，而不使其任意选择其他导电通道，或溢出或滞留在某个部分泛滥成灾。其实质就是合理控制雷电能量的泄放与转换过程，以确保人员和设备安全。

一般这个过程可以总结为“接”“传”“送”3个字。“接”是一个主动过程，一般利用接闪器将“雷”主动引过来（接闪），从而达到保护目标物的目的。“传”一般是利用接地线将雷电流传送到接地体，平时接地线是无电流的，只有接闪器接收到了雷电流才进行传送。“送”一般是利用大地中的金属接地体，将接地线中的雷电流泄放到大地。经过人们不断的研究和实践，目前，积累了很多有关防雷的方法和措施，如果合理运用即可获得理想效果，这些方法和措施具体描述如下。

2.4.1 接闪

让一定范围内出现的闪电不能任意选择导电通道，而只能按照人们预先设计好的、避雷装置规定的通道，将能量泄放到大地。因此防雷关键在于利用接闪装置将保护范围内的雷电流导入预定好的泄放途径中去。

接闪器最常见的就是接闪针（避雷针），由接闪针发展而来的还有接闪线和接闪带，起到引雷作用，一般都是敷设在被保护物上方，因而容易捕获到雷电流。接闪网，尤其是“法拉第笼”式接闪网将保护对象包围起来，凡是指向被保护物的雷电流均会被捕获，效果非常好。

2.4.2 接地

接地是指利用接地线和接地体将已经导入接闪器中雷电流安全畅通地引入大

地，从而将电气系统中超正常能量泄放掉，达到整个系统各部分能量均衡。

对防雷工程设计来说，接地是最基础、最耗资、最耗时、最有技术含量的一环。接地的好坏还决定了其他防雷方法的成败，例如，浪涌保护、屏蔽、等电位连接等防雷方法。接地是一个隐蔽工作，但直接决定了防雷工程的实施效果，从实际经验上来讲，凡是重视正确接地的工程，一般都会降低雷击灾害发生的可能，即使是遭遇直击雷，损失也会降低。

2.4.3　等电位连接

等电位连接是为了降低雷电流所引起的电位差，实现对各种金属部件和设备外导电部分的电位基本相当所进行的连接，是对雷电感应防护的一种有效措施，一般分为防雷等电位连接和电气安全等电位连接。

其中，防雷等电位连接是指引下线应在垂直方向上间隔一定距离设置均压环，把所有避雷引下线相互连通，直至接地装置为止。其目的是防止各引下线之间出现不均匀的雷电流。当建筑物外有水平金属避雷带或防侧击雷的金属针时，它们与避雷引下线都要做等电位连接。现在的建筑物一般是钢筋结构，如果采用联合接地方式，那么还应将建筑物内的钢筋、金属构件和各种金属管道进行等电位连接，使整个建筑物的结构近似“法拉第笼”。

电气安全等电位连接是指把防雷空间内的防雷装置、电气装置、金属构架、金属装置、导体、电信装置、设备外壳、机柜等用连接导线连接起来，形成一个等电位连接网格，以减小雷电流在这些装置之间产生的电位差，又可以起到对雷电流进行有效分流的作用，可以防止雷电对电子设备造成“地电位反击”。

2.4.4　浪涌保护器

在被保护线路（天馈线、信号线、控制线和电源线）上串联或并联浪涌保护器的方式可以将雷电流旁路泄放到大地中去，以防止雷电流进入设备造成损害。从这点上来看，加装浪涌保护器是一种分流方法。

从雷电防护区划分的角度，理论上被保护线在不同分区界面处需要增设浪涌保护器进行雷电流泄放。但在实际应用中，天馈线、信号线、控制线的浪涌保护器一般安装在设备端口处，对于电源线一般可以使用多级保护的方式，越接近设备的保护器，限制电压越低，且应满足设备所能承受的电压要求。同时，各级保护器之间还需要动作协调、能量匹配，以防止烧坏耐流能力较低的保护器。

为实现不同频段的无线电波监测，达到良好的接收效果，无线电监测站通常配备较多数量的天线，每根天线馈线及控制线都必须配置浪涌保护器。浪涌保护器要根据天线的工作频段、阻抗、功率和接口形式等参数进行选型。其中，无线电监测站 50Ω 同轴接口形式较为常见。在使用浪涌保护器时，除了合理选型，还需要注意浪涌保护器的接地线安装和接地的位置，例如，在施工中安装人员为了方便将天馈浪涌保护器就近接到机房内部的接地网上，这会导致从线路来的外部雷电流通过浪涌保护器的接地线进入机房内部的接地网，将外部雷电流引入机房内部，这是十分危险的，往往又是容易被忽视的。因此技术人员有必要了解一定的防雷基础理论，避免发生类似错误。

2.4.5 屏蔽

屏蔽主要解决的是雷击电磁脉冲辐射引起的感性和容性耦合雷电高电压，这需要对无线电监测及信息系统所处的防雷区按照《建筑物防雷设计规范》中电磁场衰减计算方法进行计算，根据计算结果和被保护设备的抗扰度，确定是否采取相应的屏蔽措施。

雷击电磁脉冲通过空间辐射会对精密的监测接收设备造成影响，还会通过电磁感应的方式使线路和设备上产生过电流而损坏监测接收设备。在电磁兼容理论中，通过金属屏蔽盒可以实现内部电路免于外部电磁场的干扰。同样在防雷理论中，使用类似金属屏蔽盒的“法拉第笼”可以很好地减少雷击电磁脉冲影响。“法拉第笼”是一个由金属或者导体形成的笼子，其笼体与大地连通，当外部有电场时，笼体是一个等电位体，内部电势为零，电场为零，电荷分布在笼体外表面上。利用“法拉第笼”屏蔽外部电磁场保护内部电路免受影响的特点，我们可以将无

线电监测站建筑从外至内制造多层“法拉第笼”，逐层衰减雷击产生的电磁脉冲的影响，保障设备和人身安全。

对建筑物内的钢筋进行多处焊接就可以近似形成一个“法拉第笼”，从而使雷击电磁脉冲衰减。对机房内 6 面墙壁敷设金属板，使用金属门窗，窗上增加金属百叶窗，可以使机房近似形成一个“法拉第笼”，进一步对雷击电磁脉冲进行衰减。对监测接收设备放置于金属机柜或采用全金属外壳，又形成一个“法拉第笼”，可以使雷击电磁脉冲再次得到衰减。此外，线缆线路采用铠装电缆或者穿金属管形式也是“法拉第笼”原理的一种应用，可以对信号线上的雷击电磁脉冲进行衰减处理。用以上方式形成多个“法拉第笼”，同时将金属屏蔽室、网、管与等电位连接带连接，使雷击产生的电磁场从外向内、层层衰减。

可以看出，基于“法拉第笼”原理进行的笼式避雷网多层屏蔽是一种非常科学可靠的抵御雷击电磁脉冲侵入的方法，可以有效控制雷电流的泄放路径，通过多层隔离、屏蔽和衰减的方法减少雷击损害能量和防止“地电位反击”，并且该方法层次清晰，易于无线电监测站技术人员日常维护保养。屏蔽层越多，防护效果也越好，同时成本也相应增加，无线电监测站应根据预算情况合理选择。

2.4.6　综合布线

合理的综合布线主要解决线间电磁感应相互间耦合的高电压，可以参考 GB/T 50311—2016《建筑与建筑群综合布线工程系统设计规范》。

① 建筑物内敷设信息系统线缆的主干线宜装设在电气竖井内，应避开作为防雷引下线的结构柱子。

② 综合布线应有良好的接地系统。当采用屏蔽线系统时，应保持各子系统中屏蔽层的电气连续性。在电缆屏蔽层两端接地时，两个接地装置间的接地电位差应不大于 1V。

③ 综合布线应符合间距规定。

综合布线电缆、光缆或管线与其他管线的间距规定见表 2-1。

表 2-1　综合布线电缆、光缆或管线与其他管线的间距规定

其他管线	电缆、光缆或管线	
	最小平行净距 /mm	最小交叉净距 /mm
避雷引下线	1000	300
保护地线	50	20
给水管	150	20
压缩空气管	150	20
热力管（不包封）	300	500
热力管（包封）	300	300
煤气管	300	20

注：如果电缆敷设高度超过 6000mm，与避雷下引线的交叉净距应按下式计算。
$S \geqslant 0.05L$
其中，S——交叉净距（mm）；
L——交叉处避雷下引线距地面的高度（mm）。

综合布线电缆与附近可能产生电磁干扰的电力电缆之间应保持必要的安全间距。综合布线电缆与电力电缆的间距规定见表 2-2。

表 2-2　综合布线电缆与电力电缆的间距规定

类别	与综合布线接近状况	最小净距 /mm
380V 电力电缆＜ 2kVA	与线缆平行敷设	130
	有一方在接地的金属线槽或钢管中	70
	双方都在接地的金属线槽或钢管中	10
2kVA ≤ 380V 电力电缆≤ 5kVA	与线缆平行敷设	300
	有一方在接地的金属线槽或钢管中	150
	双方都在接地的金属线槽或钢管中	80
380V 电力电缆＞ 5kVA	与线缆平行敷设	600
	有一方在接地的金属线槽或钢管中	300
	双方都在接地的金属线槽或钢管中	150

注：1. 当 380V 电力电缆＜ 2kVA 时，双方都在接地的接线线槽或钢管中，且长度≤ 10m 时，最小间距是 10mm。
2. 当电话用户存在振铃电流时，不能与计算机网络在同一根对绞电缆中一起使用。
3. 双方都在接地的金属线槽中，系指两个不同的线槽，也可在同一线槽中用金属板隔开。

综合布线与附近可能产生电磁干扰的电力、电气设备之间应保持必要的安全距离。综合布线系统与其他干扰源的间距要求见表 2-3。

表 2-3 综合布线系统与其他干扰源的间距要求

其他干扰源	与综合布线接近情况	最小间距 /m
配电箱	与配线设备接近	1
变电室	尽量远离	2
电梯室	尽量远离	2
空调室	尽量远离	2

2.4.7 隔离

一般利用磁或光的非电特性，将金属导线在电气上相应位置彼此独立、相互隔离，只要这两个部分有较高的耐冲击能力，就可以为设备提供有效的过压或过流保护。

隔离器一般有电源防雷变压器、平衡与不平衡变换器、调制解调式隔离放大器、信号变压器、稳压器、带隔离器的 UPS 电源等。防雷隔离变压器是常用的一种隔离器，当雷电侵入时，变压器铁芯发生磁饱和，从而防止雷电流继续传导，同时增加了磁耦合延时，阻止了雷电向次级感应耦合。防雷隔离变压器可将数千伏的雷电过电压限制到设备的耐压水平以下，应用于电源系统。光隔离使用的是光耦合器（Optical Coupler Equipment，OCEP）、光纤隔离变换器和模拟信号光电隔离装置等。

光耦合器也称为光电隔离器或光电耦合器，简称光耦。它是以光为媒介来传输电信号的器件，通常把发光器（红外线发光二极管 LED）与受光器（光敏半导体管、光敏电阻）封装在同一管壳内。当输入端加电信号时发光器发出光线，受光器接收光线之后就产生光电流，从输出端流出，从而实现“电—光—电”控制。以光为媒介把输入端信号耦合到输出端的光耦合器，由于光耦合器具有体积小、寿命长、无触点、抗干扰能力强、输出和输入之间绝缘、单向传输信号等优点，在数字电路中获得广泛的应用。光耦隔离就是采用光耦合器进行隔离，光耦合器的结构相当于把发光二极管和光敏（三极）管封装在一起。发光二极管把输入的电信号转换为光信号传给光敏管，再转换为电信号输出，由于没有直接的电气连接，所以这样既耦合传输了信号，又有隔离作用。

从防雷效果来看，隔离器的性能一般远比浪涌保护器好，但是隔离的安装复杂，价格较贵，所以应用不多。

2.4.8 躲避

在雷暴天气来临之前，让所有待保护设备停止工作，去掉与外界相连的电源线、信号线、天馈线，防止雷电流侵入设备，待雷暴天气结束后，再恢复设备，使其正常使用，这种方法称之为“躲避法”。例如，在日常生活中，我们知道在打雷的时候尽量关闭家用电器、不打移动电话和远离阳台等常识，这些都是“躲避法”的日常应用。

各级无线电监测站在日常工作中已经使用了“躲避法”的防雷思路，即使建有一定的雷电防护措施，在机房、设备操作规范中也要求雷暴天气时必须关闭各种电器设备，切断电源。虽然对于无线电监测站的测向系统、各类监测天线、卫星参考源发射天线等众多室内室外设备设施的天馈线、信号线、控制线来说，无法做到雷暴天气来临之前去掉与外界相连的所有线缆，但只要能做到通过专用开关切断电源，加以其他防雷措施进行弥补，就可以防止大部分雷击灾害的发生。这种方法虽然看起来较为笨拙，但也是日常工作中比较行之有效的防护方法。

2.5 雷电防护区划分

《建筑物电子信息系统防雷技术规范》中对雷电防护区划分进行了规定，根据人、物和设备对于雷电灾害的不同感受强度，可以将需要保护和控制防雷电磁脉冲环境的建筑物，从外部到内部划分为不同的雷电防护区（Lightning Protection Zone，LPZ）。雷电防护区域的划分具有十分重要的意义，可以将雷电的能量进行分区或分层管理。雷电防护最重要的原则之一就是同一分区或分层的雷电能量尽量在本分区或分层进行接地泄放，一个分区或分层的雷电能量尽量不流入其他分区或分层。在不同的分区或分层，需要根据实际情况采取相应的雷电能量处理方法。

雷电分区或分层使防雷工程设计方案科学、日常维护管理条例清晰、防雷工程整改有的放矢、雷电灾害分析有迹可循，因此无线电监测从业人员在防雷工程建设、日常维护和临时架设监测系统时，必须充分理解和熟悉本站的雷电防护区划分，严格执行防雷设计方案、维护管理条例，保障监测设施设备和人员的安全。

雷电防护区从建筑物外部向内可划分为直击雷非防护区（$LPZ0_A$）、直击雷防护区（$LPZ0_B$）、第一防护区（LPZ1）、第二防护区（LPZ2）、后续防护区（LPZ*n*）。

建筑物雷电防护区划分如图 2-9 所示。

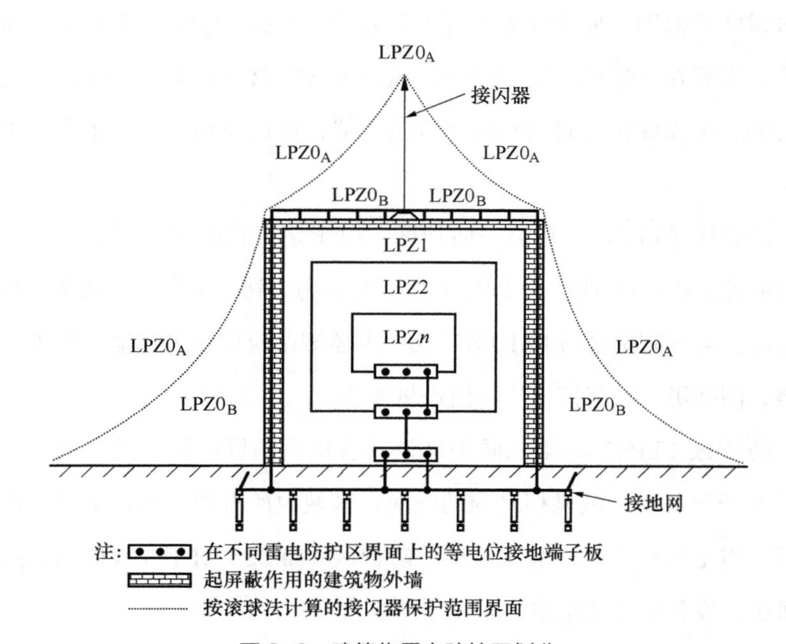

图 2-9　建筑物雷电防护区划分

直击雷非防护区（$LPZ0_A$）：电磁场没有衰减，区中各类物体都可能受直接雷击，属完全暴露的不设防区。这个区域的技术人员应当避免在雷雨天架设监测设备和开展监测活动。但是当监测技术人员执行野外无线电监测任务时，例如，重大赛事、重要考试等无线电安全保障和临时频谱电磁环境测试时，为了取得较好的监测效果，通常会将可搬移站或便携式监测设备架设于无遮挡的开阔区域或制高点，很容易成为直击雷的目标，一旦发生直击雷灾害，后果将十分严重。因此在雷雨季节，技术人员临时架设的设备应尽量避免处于直击雷非防护区（$LPZ0_A$），不能仅考虑无线电波接收效果而忽视自身人员和设备的安全。

直击雷防护区（$LPZ0_B$）：电磁场没有衰减，区中各类物体很少遭受直接雷击，属于充分暴露的直击雷防护区。无线电监测站直击雷防护的重要原则之一就是室外的设施设备和人员都应处于直击雷防护区（$LPZ0_B$）。例如，无线电监测站室外架设了大量的接收或发射天线，这些天线为避免被直接雷击，架设选址时一般都会优先选择现有的直击雷防护区，如果天线较（高）大或者场地所限超出了现有的直击雷防护区，那么就应根据实际情况增加一定数量的接闪器或增大现有接闪器的直击雷防护范围，使天线处于直击雷防护区（$LPZ0_B$），避免遭受直击雷。在雷雨季节，需要在室外临时架设设备，执行无线电监测任务时，应该优先借用建筑物现有的直击雷保护装置或临时架设接闪器，使设备和人员处于直击雷防护区（$LPZ0_B$）。

第一防护区（LPZ1）：在第一防护区，由于建筑物的屏蔽措施，流经各类导体的雷电流比直击雷防护区（$LPZ0_B$）小，电磁场得到初步衰减，各类物体不会遭受直接雷击。第一防护区（LPZ1）对于无线电监测站应用最多的是各类机房，例如，监测机房、网络机房、指挥机房、值班机房等。

第二防护区（LPZ2）：第二防护区是具有更高的屏蔽要求的空间，例如，屏蔽室内、电子设备机壳或机柜之内的空间，区域内所有导电部件上的雷电流会进一步衰减，雷电磁场也再次衰减。第二防护区（LPZ2）对于无线电监测站应用最多的是机柜、设备和电波暗室。

后续防护区（LPZ*n*）：后续防护区是需要进一步减小雷击电磁脉冲，以保护敏感度水平高的设备的后续防护区。后续防护区（LPZ*n*）目前对无线电监测站应用的场合较少，某无线电监测站对进口的精密高灵敏度“黑鸟”接收机定制了单独的金属外壳，将其放置于机柜内并做了二次屏蔽保护。

接地是一种有意或非有意的导电连接，由于这种连接，可使电路或电气设备接到大地或接到代替大地的某种较大的导电体。接地的目的是使连接到地的导体

具有等于或近似于大地（或代替大地的导电体）的电位，引导入地电流流入和流出大地（或代替大地的导电体）。良好的接地可以有以下作用。

① 防止电磁耦合干扰，例如，数字设备接地、射频电缆布线屏蔽层接地等。

② 防止雷击通信设备，例如，机架及一般通信设备机壳接地，防止设备、仪表的损害。

③ 防止强电损害，防止强电设备的损害和人身伤害。

④ 实现通信系统工作需要，例如，在电话和公众电报通信回路中，利用大地完成通信信号回路。

对于无线电监测站按照不同的设施设备和系统需要，一般具有以下类型的接地。

① 直流工作地：是计算机网络系统中所有逻辑电路的共同参考点（逻辑地），同时又是计算机网络系统中数字电路的等电位地。直流工作地的接地电阻按计算机系统具体要求确定。

② 交流工作地：在电力系统中，运行需要的接地（例如，中性点接地），也就是把计算机系统中使用交流电的设备做二次接地，或经特殊设备与大地做金属连接。交流工作地实质上是中性点接地，要求接地电阻不大于 4Ω。

③ 保护接地：也称为安全接地，是为了人身安全而设置的接地，即电气设备外壳（包括电缆皮）必须接地，以防外壳带电危及人身安全，要求接地电阻不大于 4Ω。

④ 静电接地：为了消除无线电监测系统运行过程中产生的静电电荷而设计的一种接地系统，主要由防静电活动地板、引下线和接地装置构成，要求接地电阻不大于 100Ω。

⑤ 屏蔽接地：为了防止外来电磁波干扰（含雷击电磁感应和静电感应）机房内的设备，以及防止机房内部设备产生的电磁辐射传出机房而设置的特殊接地，例如，监测机房的机柜。

⑥ 防雷接地：为了使雷电流安全地向大地泄放，以保护建筑物或电气设备免遭雷击而采取的接地。按 YD/T 3285—2017《无线电监测站雷电防护技术要求》，

无线电监测站防雷接地电阻要求不大于10Ω。

通常我们会将上面提到的各类接地（交流工作地、直流工作地、安全保护地、防静电接地、防雷接地等）共用一组接地装置，称为共用接地。共用接地系统是自然接地体与人工接地体的组合，共用接地系统的接地电阻应按无线电监测及信息系统设备中要求的最小值确定。

2.6 防雷接地电阻

2.6.1 定义

防雷接地电阻就是用来衡量接地状态是否良好的一个重要参数，是指电流由接地装置流入大地，再经大地流向另一接地体或向远处扩散所遇到的电阻。它包括接地线与接地体本身的电阻、接地体与大地之间的接触电阻，以及两接地体之间大地的电阻、接地体到无限远处的大地电阻。接地电阻直接体现了电气装置与大地接触的良好程度，也反映了接地网的规模。接地电阻的概念只适用于小型接地网，随着接地网占地面积的增大，以及土壤电阻率的降低，接地阻抗中感性分量的作用越来越大，大型地网应采用接地阻抗设计。

2.6.2 影响接地电阻的要素

1. 土壤电阻率（ρ）

影响土壤电阻率的因素很多，主要因素是矿物组分、含水性、结构、温度等，了解影响土壤电阻率的因素对防雷系统接地网的设计具有重要意义，无线电监测站的选址，特别是高山遥控站也应当考虑土壤电阻率的影响因素。在同等材料条件下所设计的地网，如果土壤电阻率（ρ）越小，则地网的接地电阻越小，因此无线电监测站机房建筑物尽量避免建设于多石的土壤之上，造成接地网设计难度加大和成本偏高。

常见土壤电阻率见表2-4。

表 2-4　常见土壤电阻率

类别	名称	电阻率近似值/(Ω·m)	电阻率的变化范围/(Ω·m)		
			较湿时(一般地区、多雨区)/(Ω·m)	较干时(少雨区、沙漠区)/(Ω·m)	地下水含盐碱时/(Ω·m)
土	陶黏土	10	5 ～ 20	10 ～ 100	3 ～ 10
	黑土、园田土、陶土、白垩土	50	30 ～ 100	300 ～ 500	10 ～ 30
	黏土、耕地土	60	30 ～ 100	300 ～ 500	10 ～ 30
	黄土	250	100 ～ 250	300	30
	砂质黏土	100	30 ～ 300	80 ～ 1000	10 ～ 30
	含砂黏土、砂土	300	100 ～ 1000	＞ 1000	30 ～ 100
	河滩中的砂		300		
	沼泽地、泥炭、泥灰岩	20	10 ～ 30	50 ～ 300	3 ～ 30
	捣碎的木炭	40			
	煤		350		
	多石土壤	400			
	上层红色风化黏土、下层红色页岩	500(30% 湿度)			
	表层土夹石、下层砾石	600(15% 湿度)			
砂	砂、砂砾	1000	250 ～ 1000	1000 ～ 2500	
	地面黏土深度≤ 1.5m，底层多岩石	1000			
岩石	砾石、碎石	5000			
	多岩山地	5000			
	花岗岩	200000			
混凝土	在水中	40 ～ 55			
	在湿土中	100 ～ 200			
	在干土中	500 ～ 1300			
矿	金属矿石	0.01 ～ 1			

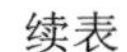
续表

类别	名称	电阻率近似值/(Ω·m)	电阻率的变化范围/(Ω·m)		
			较湿时(一般地区、多雨区)/(Ω·m)	较干时(少雨区、沙漠区)/(Ω·m)	地下水含盐碱时/(Ω·m)
水	海水	1～5			
	湖水、池水	30			
	泥水、泥炭中的水	15～20			
	泉水	40～50			
	地下水	20～70			
	溪水	50～100			
	河水	30～280			
	污秽的水	300			
	蒸馏水	1000000			

2. 接地网包围的有效面积

由接地电阻的物理概念可知，土壤电阻率ρ和介电系数ε不容易改变，而接地电阻R与接地网电容C呈反比。从理论上分析，接地网电容C主要由它的面积尺寸决定，与面积呈正比，因此接地网面积与接地电阻呈反比。减小接地网接地电阻，增大接地网面积是可行途径。一个有多根水平接地体组成的接地网可以近似地看成一块孤立的平板，当平板面积增大一倍时，接地电阻减小29.3%。接地网的设计是按照闭合环形面积或者近似完全闭合面积进行计算的，没有围成闭合或近似完全闭合环形的接地网的面积就视为无效面积，接地网包围的有效面积越大，地网的接地电阻越小。

3. 接地网埋设的深度(体积)

因为土壤越往下，水分越多，导电效果越好，所以接地电阻会越小。在土壤电阻率随地层深度增加而减小较快的地方，可以采用深埋接地体的方法减小接地电阻。但往往在达到一定深度后，土壤电阻率会突然减小很多。因此利用大地性质，深埋接地体后，使接地体深入土壤电阻率低的地层，通过小的土壤电阻率达到减小接地电阻的目的。

4. 接地体截面的选择

接地体截面的选择主要决定于其耐腐蚀性以及安装的强度。

5. 垂直接地极

依据电容概念，增加垂直接地体可以增大接地网电容。当增加的垂直接地体的长度和接地网的长宽尺寸可比拟时，接地网由原来的近似于平板接地体趋近于一个半球接地体，电容会有较大增加，接地电阻会有较大减小。由埋深半径为 R 的圆盘和半径为 r 的半球电容之比可得，接地电阻减小 36 %。但是对于大型接地网，其电容主要是由它的面积尺寸决定，附加于接地网上有限长度（ 2 ～ 3 m ）的垂直接地体不足以改变决定电容大小的几何尺寸，因而电容增加不大，接地电阻减小较少。因此大型接地网不应以增加垂直接地体作为减小接地电阻的主要方法，垂直接地体仅作为加强集中接地散泄雷电流之用。

2.6.3　降低接地电阻的主要方法

根据接地电阻的影响要素，我们可以从以下几个方面降低接地电阻。

1. 选择潮湿肥沃电阻率低的土壤

同等材料下，土壤电阻率越低，地网的接地电阻越小。

2. 加大接地网的有效面积

地网包围的有效面积越大，地网的接地电阻越小。

3. 增加接地极埋设深度

接地极埋设的越深，地网的接地电阻越小。

4. 增加垂直接地极

增加垂直接地极，对大型接地网起的作用较小，但可以加强集中接地散泄雷电流的效果。

5. 做混合式地网

各种接地网混合使用。

6. 换土法（利用低电阻率的土壤）

利用黏土、泥炭、黑土及砂质黏土等代替原有较高电阻率的土壤，必要时也可使用焦炭、木炭等。置换的范围是在接地体周围 1 ～ 2m 的范围和近地面侧大于等于接地极长的 1/3 区域内。这样处理后，接地电阻可减少为原来的 3/5 左右。换土法在高电阻率地区采用人工改善地电阻率的方法，对减小接地电阻具有一定效果。例如，对于一个半径为 r 的半圆球接地体而言，其接地电阻的 50% 集中在自接地体表面至距球心 $2r$ 的半圆球内，如果将 r 至 $2r$ 间的土壤电阻率降低，则可以使接地电阻大幅度减小。

7. 改善土壤的导电性能

在接地体周围的土壤中加入食盐、煤渣、炭灰、焦灰等，可以提高土壤导电率，其中，添加食盐改善土壤导电率的方法作为临时接地措施是可行的，但是作为相对时间较长或者是长期的接地系统，目前是不可取或不提倡的。具体的处理方法是：在每根接地体的周围挖直径为 0.5 ～ 1.0m 的坑，将食盐和土壤一层隔一层地依次填入坑内，通常食盐层的厚度为 1cm，土壤的厚度约为 10cm，每层盐都要用水浸湿，一根管形接地体的耗盐量为 30 ～ 40kg。这种方法对于砂质土壤可把接地电阻降为原来的 1/8 ～ 1/6，而对于砂质黏土可降为原来接地电阻的 1/3 ～ 2/5。如果再加入 10kg 的木炭，效果会更好。因为木炭是固体导电体，不会被溶解、渗透和腐蚀，故其有效时间较长。对于扁钢、圆钢等平行接地体，采用上述处理方法也能得到较好的效果。但是该方法也有缺点，例如，对岩石及含石较多的土壤效果不大，降低了接地体的稳定性，会加速接地体的锈蚀，会因为盐的逐渐溶化流失而使接地电阻慢慢增大。因此人工处理后，每两年左右需要进行一次重新处理。在实际工程中，如果成本允许，推荐使用新型离子接地材料、化学或物理降阻剂、膨润土等改善土壤的导电性能。

膨润土是以蒙脱石为主要矿物成分的非金属矿产，蒙脱石是由两个硅氧四面体夹一层铝氧八面体组成的 2 : 1 型晶体结构，由于蒙脱石晶胞形成的层状结构存在某些阳离子，例如 Cu^{2+}、Mg^{2+}、Na^{+}、K^{+} 等，且这些阳离子与蒙脱石晶胞的作用很不稳定，容易被其他阳离子交换，故其具有较好的离子交换性。新型离子接地材料、化学或物理降阻剂在本书之后的章节中有相关介绍。

8. 深井地网

在岩石高土壤电阻率地区，降低地网的接地电阻，仅仅停留在地层表面，采

用传统的水平扩大地网面积的水平式接地网是很难满足设计规范要求的，也无法得到稳定、理想的接地电阻值。这在实际操作中是极不经济，也不可行的。因此，需要在不增加水平地网面积的情况下，将接地体延伸到地下，与地下含水土层接壤，达到降阻的目的。深井接地实际上是在不扩大水平地网的基础上向大地纵深寻求扩大地网面积，即在垂直方向上加大地网尺寸，与水平地网连接，形成立体地网。

9. 深井爆破法（高压压注降阻材料）

深井内采用压力灌浆工艺灌注物理高效降阻剂，可以得到更低、更稳定的接地电阻值。灌注的物理高效降阻剂是由导电的非电解质固体粉末及起固化作用的水泥组成，电阻率低，接地电阻稳定，降阻效果不受季节变化、酸碱、温度及湿度的影响，能够长期保持。

10. 普通地网与深井地网混合

普通地网与深井地网混合使用，可以降低接地电阻。

11. 敷设水下接地网

在有适宜水源的地方敷设水下接地网，由于水的电阻率比地电阻率小得多，可以取得比较明显地减小接地电阻的效果。而且敷设水下接地网施工比较简便，接地电阻比较稳定，运行可靠，但应注意水下接地网距接地对象的距离一般不大于 1000m。

12. 利用自然接地体

充分利用混凝土结构物中的钢筋骨架、金属结构物，以及上下水金属管道等自然接地体是减小接地电阻的有效措施，而且还可以起引流、分流、均压的作用，并使专门敷设的接地带的连接作用得以加强。

13. 各种措施混合使用

通过单一手段不能达到接地电阻要求时，通常会根据实际情况，混合使用各种措施，达到良好的接地效果。

2.7　接地方式

接地方式一般有分别接地（分立接地）和共用接地（联合接地）两种。

2.7.1 分别接地

分别接地是对每种地分别设立接地体。但对于电子设备较多的建筑物，由于设备系统较复杂，各种接地较多，并且难于处理各种接地间的等电位和满足各种接地安全间距，所以在无线电监测站中很少应用。

2.7.2 共用接地

利用建筑防雷网（避雷带）、建筑物结构内部的钢筋柱网、室内设备等就近通过等电位连接器与共用接地装置相连，整个建筑物采用同一个接地系统，构成同一个等电位体。当遭受雷击或产生感应电动势时，通过接地装置释放电流，等电位体使建筑物中各个设备的电势差处于安全电压范围内。该方法利用了建筑物中的钢筋，使建筑物各部分等电势，在现代建筑物中的应用较广。共用接地的接地电阻的要求是各种接地的接地电阻中的最小值。在无线电监测站中，共用接地被使用得最多，是接地技术的发展趋势。

在无线电监测站中，如果两个功能较为独立的监测系统距离较远，可以不将两个接地系统进行连接，但每个独立的监测系统内部仍应进行共用接地。例如，某无线电监测站的短波前置机房与综合大楼距离较远，连接方式为光纤通信，两个系统接地较为独立，此时就没有必要耗费大量的成本将两个接地系统进行共用连接。

无线电短波监测站通常有大量的接收天线。该类天线体积较大，占地面积较大，分布距离机房较远，此时将各个短波天线的接地彼此连接或与机房接地连接起来较为困难，各个天线的接地系统也很难相互连接。在这种情况下，各个天线的接地装置设置应提高要求等级，天馈线应做好屏蔽并进行两端（进机房端和铁塔下端）接地和加装天馈浪涌保护器。

2.8 关键术语解释及技术要求

2.8.1 接闪器

接闪器在不同行业中名称不同，在行业标准 YD/T 1765—2008《通信安全防

护名词术语》中是这样定义的：用于承接监测站外部空间的雷闪，并通过监测站的避雷接地系统泄放入地的防雷装置，它包含避雷针、避雷带、避雷网等。在 GB 50057—2010《建筑物防雷设计规范》、GB 50343—2012《建筑物电子信息系统防雷技术规范》和 YD/T 3285—2017《无线电监测站雷电防护技术要求》等标准中统称为接闪器。

对于非防雷从业人员，通常外部防雷装置中最熟知的就是“避雷针”，它实则为接闪器的一种常见形式，因为“避雷针”在建筑物外部使用的最为广泛和明显。例如，住宅屋顶、移动基站、路灯、室外监控等都架设有金属避雷针。

住宅式避雷针（接闪器）如图 2–10 所示，移动基站避雷针（接闪器）如图 2–11 所示，路灯避雷针（接闪器）如图 2–12 所示，室外监控避雷针（接闪器）如图 2–13 所示。

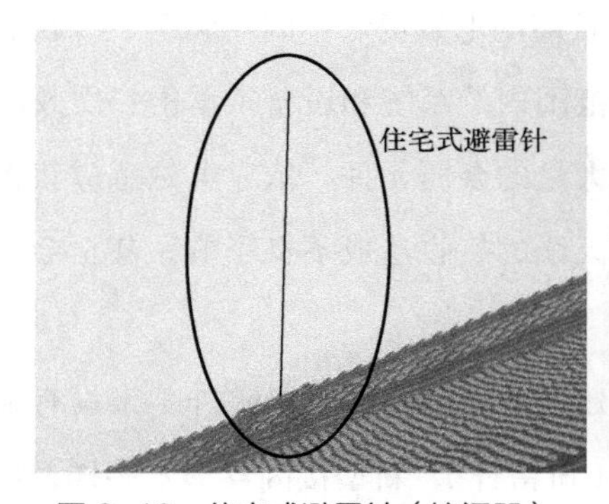

图 2–10　住宅式避雷针（接闪器）

图 2–11　移动基站避雷针（接闪器）

图 2–12　路灯避雷针（接闪器）

图 2–13　室外监控避雷针（接闪器）

人们对避雷针的形象已经耳濡目染，但实际上接闪器才是目前准确的定义，避雷针只是一种很常见的接闪器的形式。有些接闪器不一定是针的形状，例如接闪带、接闪网、接闪线，只要起到接闪作用的都可以称之为接闪器。

图 2–10 至图 2–13 所示的这些传统式避雷针（接闪器），已经足够应对普通建筑物或电气设备，并且这些传统式避雷针成本低、加工简单、使用方便。但是这种传统式接闪器在无线电监测站的部分重要机房的建（构）筑物上的使用存在一定的技术应用局限，主要表现如下。

① 保护范围有限，对雷电的吸引力有限。例如，无线电监测站综合监测楼顶通常有大量较高的接收或发射天线，使用传统式接闪器会受到架设高度的限制，很难将众多天线进行有效的直击雷保护。

② 接闪雷电流没有任何衰减，会产生较高的电磁场。接闪器和引下线在流过雷电流时产生的电磁场，容易损坏其作用范围内的系统和设备（雷击二次效应）。无线电监测站的接收天线灵敏度高，含有大量的金属元件，依靠电磁感应获得电信号，因此雷电流产生的电磁场不仅会对天线的接收造成不良影响，甚至会损坏天线或射频前端器件。

因此，在无线电监测站的重要机房的建筑物屋顶（女儿墙除外）架设有天线的时候，一般使用性能更好的新型接闪器（避雷针），新型接闪器形式多样，比较常见的类型有优化接闪器（避雷针）、闪盾接闪器（避雷针）、提前放电式接闪器（避雷针），接闪器如图 2–14 至图 2–16 所示，有关接闪器的详细介绍见本书接闪器（避雷针）产品章节。

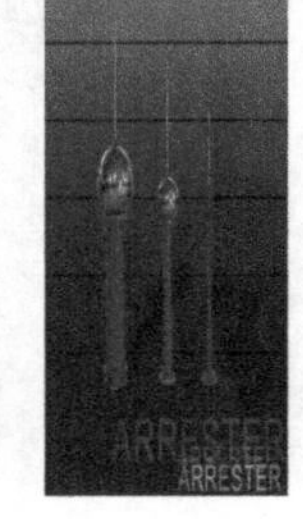

图 2–14　优化接闪器（避雷针）

ZGJZ-200型闪盾避雷针

1. 针头
2. 绝缘衬套
3. 悬浮感应导体
4. 放电刷
5. 支柱
6. 增强放电装置
7. 底座

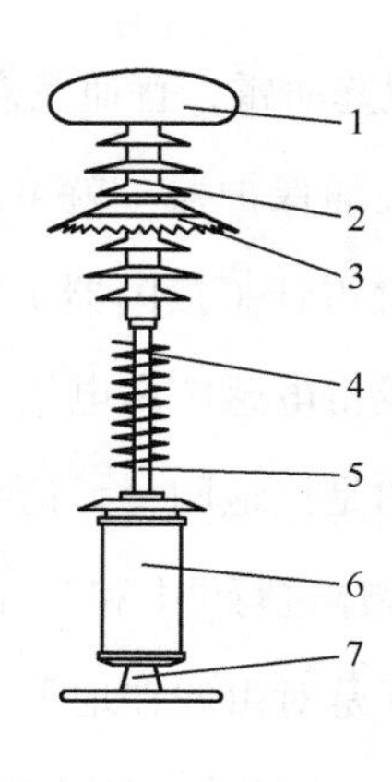

图 2-15　闪盾接闪器（避雷针）

优化接闪器（避雷针）的优点如下。

① 对雷电吸引力强，保护范围大。

② 显著减小雷电流经过避雷针和引下线时的雷电感应。

③ 降低雷电流入地瞬间的“地电位反击”。

④ 对雷电流的幅度衰减大于 80%。

⑤ 雷电流前沿上升陡度（di/dt）下降 67% 以上。

⑥ 冲击通流容量小于等于 300kA。

⑦ 使用球形优化避雷针衰减雷电流陡度、降低雷电流幅值的模拟波形如图 2-17 所示。

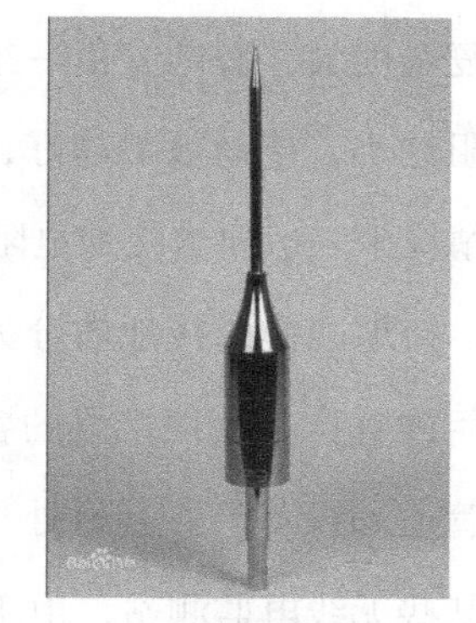
图 2-16　提前放电式接闪器（避雷针）

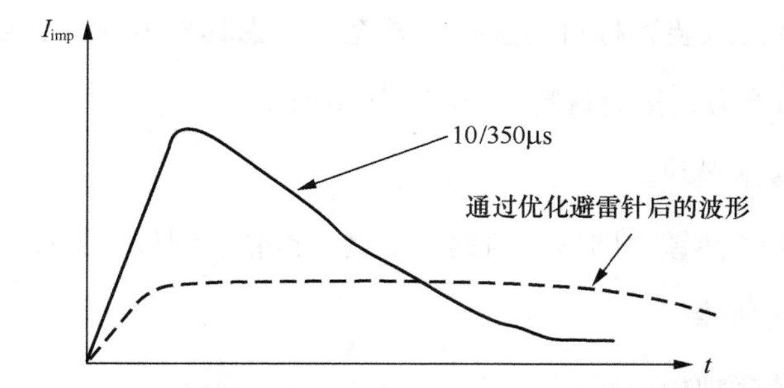

图 2-17　使用球形优化避雷针衰减雷电流陡度、降低雷电流幅值的模拟波形

2.8.2 接地网

通常说起防雷，普通民众首先想到的是外部装有避雷针（接闪器），内部配有避雷器（浪涌保护器）就可以了。其实防雷与接地是一项非常烦琐复杂的工程，单纯依靠避雷针（接闪器）和避雷器（浪涌保护器）是无法完成直击雷防护的，更无法完成雷电感应高电压、线路来波和“地电位反击”的防护。在雷电防护中非常重要的是接地网，无论哪种方式产生的雷电流最终都需要进入接地网与大地这个零电势体进行“中和”，因此一个好的接地网是雷击防护的关键。

接地网是对由埋在地下一定深度的多个金属接地极和由导体将这些接地极相互连接组成一网状结构的接地体的总称。它广泛应用在电力、建筑、计算机、工矿、通信等众多行业中，起着安全防护、屏蔽接地等作用。接地网有大有小，有的非常复杂庞大，有的只由一组接地极构成，这是根据具体需求来设计的。一般接地电阻越小，接地效果越好，成本也越高，在无线电监测站直击雷防护无特殊要求的情况下一般要求接地电阻小于 10Ω 即可。

接地网中的接地体分为自然接地体和人工接地体。自然接地体可利用作为接地用的直接与大地接触的各种金属构件、金属井管、钢筋混凝土建筑的基础、金属管道和设备等。其好处是可以不用单独建设接地网就可以实现防雷要求。但对于某些无线电监测站，由于建筑物老化、地震、年久腐蚀或土壤电阻率高等原因，接地网已经变得不可靠，单纯依靠自然接地体构成的接地网无法满足防雷接地电阻要求，此时需要建设人工接地体组成新的接地网。

人工接地体接地装置材料的选择，要充分考虑其导电性、热稳定性、耐腐性和承受雷电流的能力，接地材料主要有以下 6 种。

① 低电阻接地模块。

② 金属材料（热镀锌圆钢、角钢、扁钢、钢管、铜板、铜棒等）。

③ 电解质接地棒。

④ 金属块装接地极。

⑤ 高效接地极。

⑥ 降阻剂、导电水泥。

其中，金属材料宜选用热镀锌铜材、钢材及其他新型接地材料。常规金属材料接地网示例如图 2-18 所示。在土壤电阻率较高或接地电阻要求较低时，可以通过增加石墨等接地材料来达到良好的接地效果。石墨接地材料的接地网示例如图 2-19 所示。

（a）铜棒铜带

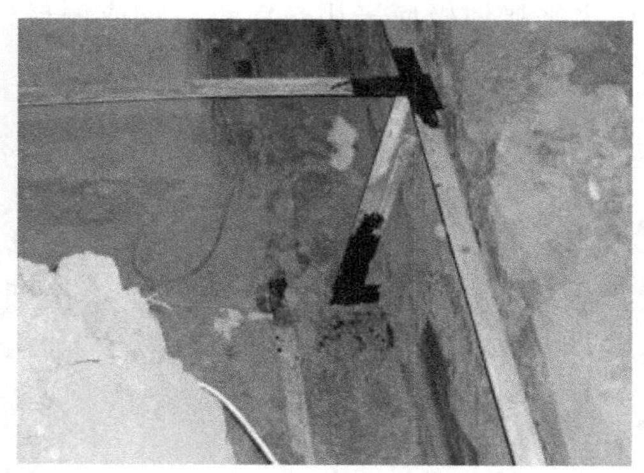

（b）扁钢角钢

图 2-18　常规金属材料接地网示例

图 2-19　石墨接地材料的接地网示例

接地极应符合以下要求。

① 接地极上端距地面宜不小于 0.7m。在寒冷地区接地极应埋设在冻土层以下，在土壤较薄的石山或碎石多岩地区应根据具体情况确定接地极具体的埋深。

② 垂直接地极可采用热镀锌钢材、铜材、铜包钢、非金属接地模块等接地极。垂直接地极的间距不宜小于其长度的两倍，具体数量多少可根据地网大小、地质环境情况的好坏确定。垂直接地极宜设置在地网四角及交叉的连接处。

③ 在大地土壤电阻率较高的地区，当地网接地电阻值难以满足要求时，可向外延伸辐射接地极，也可采用接地模块、长效降阻剂等方式降低接地电阻。

④ 水平接地极应采用热镀锌扁钢或铜材；水平接地极应与垂直接地极焊接连通。

⑤ 接地极采用热镀锌钢材时，其规格应符合下列要求。

- 钢管的壁厚不应小于 3.5mm。
- 角钢规格不应小于 50mm × 50mm × 5mm。
- 扁钢规格不应小于 40mm × 4mm。
- 圆钢直径不应小于 14mm。

⑥ 接地极采用铜包钢、镀铜钢棒和镀铜圆钢时，其直径不应小于 14mm，镀铜钢棒和镀铜圆钢的镀层厚度不应小于 0.25mm。

⑦ 除在混凝土中的接地极之间的所有焊接点，其他接地极之间的所有焊接点均应进行防腐处理。铜质接地极采用热熔焊时焊接点可不进行防腐处理。

⑧ 采用扁钢时，接地装置的焊接长度不应小于其宽度的两倍；采用圆钢时，接地装置的焊接长度不应小于其直径的 10 倍。

⑨ 接地体应远离砖窑、烟道等高温影响土壤电阻率升高的地方。

通过大量工程实践证明，接地网的科学设计和严格的施工质量是防雷工程中的重要环节。以山东省某个高山遥控监测站为例，该监测站海拔 1500m 以上，所在城市雷暴日为每年 28 天，属于中雷区，这座监测站建站 10 余年，几乎未遭受雷击灾害。经过编者查阅存档资料和实地勘察，发现该监测站防雷的“秘诀”之一就是该高山站与当地气象站共址建设，共用接地网。该接地网建成后，接地电阻测试结果仅为 1.09Ω，远远低于国标规定值，并且该接地网面积非常大，几乎覆盖了整个站区，接地网性能优良，雷电流释放效果极佳，起到很好的雷电防护作用。

2.8.3 接地体的泄流特性

单根接地装置泄流特性如图 2-20 所示。

在雷击冲击电流的作用下，接地装置向土壤泄放的电流密度形如半球状。

根据单根接地装置泄流特性，其电流密度为δ时，则产生的电场强度为E_n。

其中，$E_n=\delta\rho_n$；δ为电流密度；ρ_n为冲击电流流过土壤的电阻率。

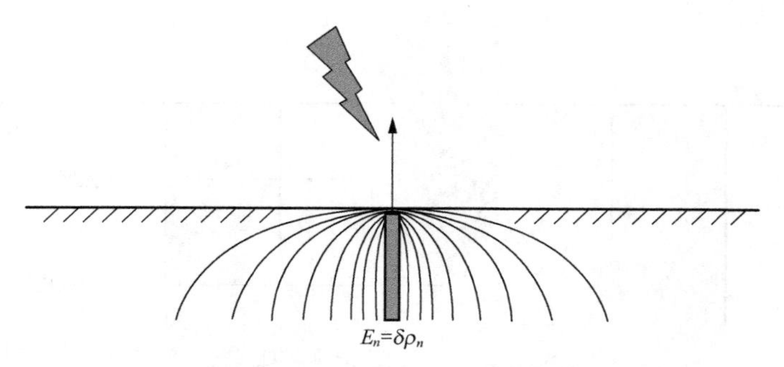

图 2-20 单根接地装置泄流特性

当多根接地装置并联后，在雷击冲击电流的作用下，多根接地装置并联后泄放电流密度如图 2-21 所示，电流密度从雷击电流引入点由近至远逐渐变小，即 $E_{N1}>E_{N2}>E_{N3}$。

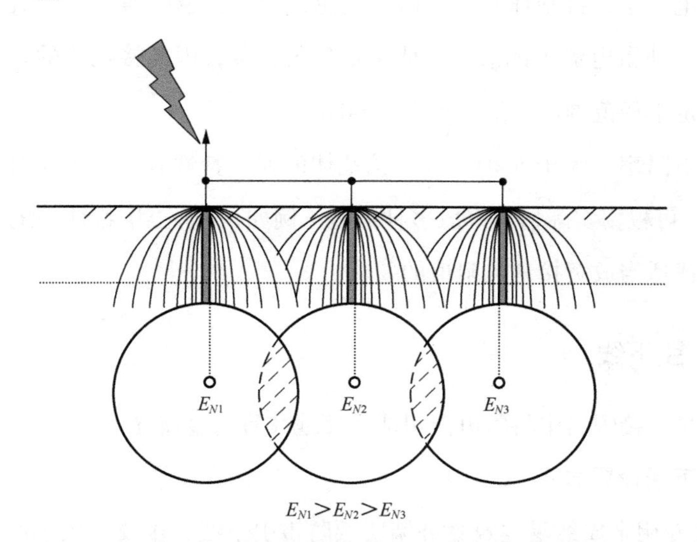

图 2-21 多根接地装置并联后泄放电流密度

多根接地体并联后，每根接地体泄流时的电场强度不同，因为电场的相互屏蔽作用，所以它们并联后的实际总接地电阻并不等于多根接地体电阻理论并联之和，而是大于多根接地体电阻理论并联之和。

接地体流过冲击电流时，土壤中的放电过程会在土壤中形成电弧区、火花放电区、半导体电导区和电导不变区，冲击电流放电过程土壤分区如图 2-22 所示。

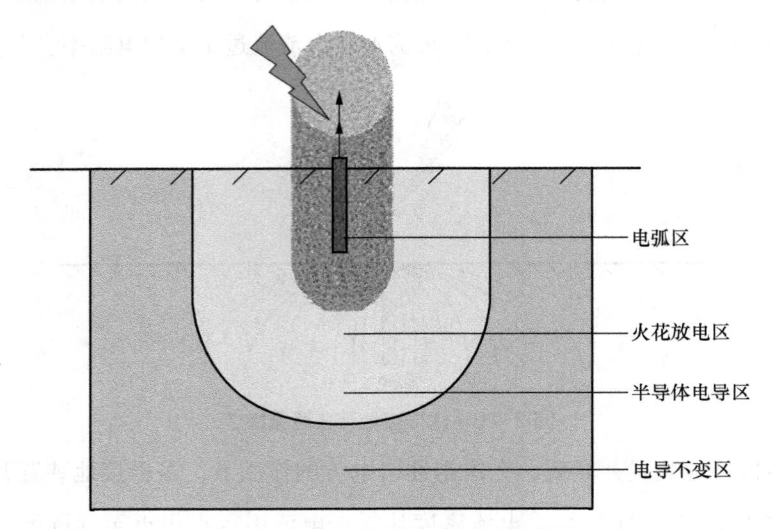

图 2-22　冲击电流放电过程土壤分区

在冲击电流下，接地体越长，由于电感的作用，越阻碍了雷电流流向接地体较远的距离，使雷电流不能沿接地体全长均匀扩散，因此接地体的长度应控制在泄流点的一定半径范围内，最好不大于 60m。

高土壤电阻率（大于 500Ω · m）接地体的泄流特性较差，不能对接地电阻值的要求过低，可根据实际情况采取多种措施（例如，改善土壤特性、增大地网面积）结合的方式或适当放宽接地电阻值的要求。

2.8.4　引下线

引下线是从接闪器中将雷电流引泄入接地装置的金属导体。

（1）引下线设置方式

① 设置专用金属线沿建筑物外墙明敷防雷引下线，主要应用于原有建筑物墙角无柱无钢筋时或不允许破坏原有建筑物结构时。建筑物外墙敷设防雷引下线如

图 2-23 所示。

② 利用建筑物的金属构件（例如消防梯等）、金属烟囱、烟囱的金属爬梯等做防雷引下线。

③ 利用建筑物内混凝土中的钢筋做防雷引下线如图 2-24 所示。

图 2-23　建筑物外墙敷设防雷引下线

图 2-24　利用建筑物内混凝土中的钢筋做防雷引下线

④ 天线塔（杆）设置专用引下线。

天线塔杆使用单独引下线如图 2-25 所示。

不管采用何种方式做引下线，均必须满足其热稳定和机械强度的要求，保证强大雷电流通过不熔化。利用建筑物的金属构件做引下线时，应将金属部件之间连成电气通路，以防产生电位反击现象而引起火灾。

图 2-25　天线塔杆使用单独引下线

（2）引下线的设置要求

除了利用混凝土中的钢筋做引下线，引下线应镀锌，焊接处应涂防腐漆，在腐蚀性较强的场所，引下线还应适当加大截面积或采取其他防腐措施。

① 引下线应沿建筑物外墙敷设，并经最短路径接地，建筑艺术要求较高者也可暗敷，但截面积应加大一级。引下线不宜敷设在阳台附近及建筑物的出入口和人员较易接触到的位置。

② 根据建筑物防雷等级不同，防雷引下线的设置也不相同。根据 GB 50057—2010《建筑物防雷设计规范》要求：一级防雷建筑物专设引下线时，其根数不应少于两根，间距不应大于 18m；二级防雷建筑物引下线的数量不应少于两根，间距不应大于 20m；三级防雷建筑物为防雷装置专设引下线时，其引下线数量不宜少于两根，间距不应大于 25 mm。

③ 天线塔（杆）一般采用螺栓压接方式，接触电阻较大，不建议采用塔（杆）体作为防雷引下线。

④ 建筑物的消防梯、钢柱等金属构件宜做引下线，但其各部件之间均应连成电气通路。

⑤ 当利用混凝土内的钢筋、钢柱做自然引下线并同时采用基础接地体时，可不设断接卡。但利用钢筋做引下线时，应在室内外的适宜地点设若干连接板，该连接板可供测量、接人工接地体和做等电位连接用。

（3）引下线尺寸的规定

① 引下线应沿建筑物外墙明敷，并经最短路径接地，明敷设引下线采用圆钢或扁钢（一般采用圆钢），其尺寸不应小于以下数值：圆钢直径为 8mm，扁钢截面积为 48mm^2，扁钢厚度为 4mm。若引下线为暗设时，其截面积应加大一级。建筑艺术要求较高者可暗敷，但其圆钢直径不应小于 10mm，扁钢截面积不应小于 80mm^2。

② 当烟囱上的引下线采用圆钢时，其直径不应小于 12mm；采用扁钢时，其截面积不应小于 100mm^2，厚度不应小于 4mm。防腐措施和接闪器相同。利用建筑构件内的钢筋做引下线，应符合第二、三类防雷建筑物的防雷措施要求。

③ 采用多根引下线时，宜在各引下线上距地面 0.3 ～ 1.8m 装设断接卡，断接卡的好处是当测试接地网的接地电阻时，可以很方便地将接地网上的其他接地装置从此断开，提高了接地网接地电阻的测量准确性。

断接卡如图 2-26 所示。

图 2-26　断接卡

④ 当仅利用钢筋做引下线并采用埋于土壤中的人工接地体时，应在每根引下线上距地面不低于 0.3m 处设接地体连接板。采用埋于土壤中的人工接地体时，应设断接卡，其上端应与连接板或钢柱焊接，连接板处应有明显标志。

⑤ 在易受机械损坏和预防人身接触的地方，地面上 1.7m 至地面下 0.3m 的一段接地线应采取暗敷或镀锌钢管、改性塑料管或橡胶管等保护措施。

2.8.5　滚球法

滚球法（Rolling ball method）是国际电工委员会（IEC）推荐的接闪器保护范围计算方法之一，滚球法是国际上多数国家应用的计算避雷针的保护方法，只有少数国家或行业采用折线法。与折线法相比，滚球法最大的优点是更切合雷击的实际情况，并能科学地解释防止侧击雷问题，该方法形象直观。我国目前正在实施的 GB 50057—2010《建筑防雷规范》和 YD/T 3285—2017《无线电监测站雷电防护技术要求》都采纳了滚球法。

单针滚球法原理如图 2-27 所示，可见滚球法是以 h_r 为半径的一个球体，沿需要防直击雷的部位滚动，当球体只触及接闪器（包括被利用作为接闪器的金属物）或地面（包括与大地接触并能承受雷击的金属物），而不触及需要保护的部位时，则该部分就得到接闪器的保护。

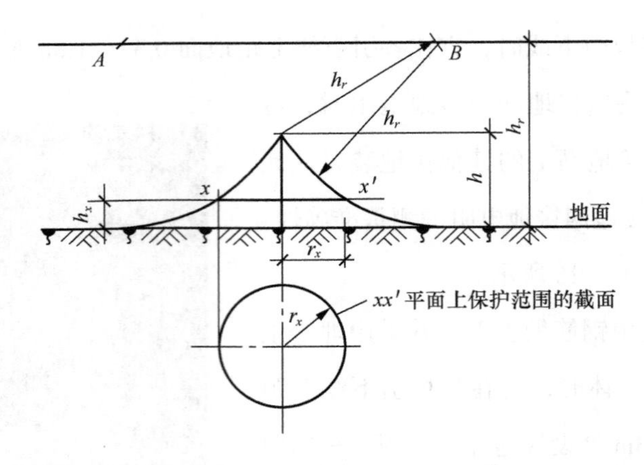

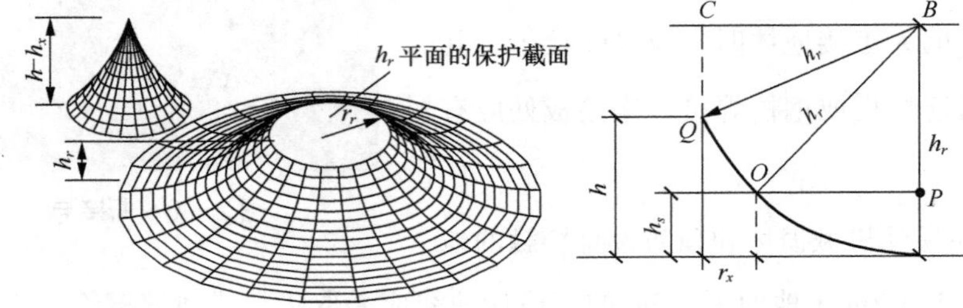

图 2-27　单针滚球法原理

根据图 2-27，避雷针架设于高度 h_x=x–x′ 平面上（例如高度为 h_x 屋顶）时，可以通过式（2-1）计算避雷针在该平面的保护半径 r_x；避雷针架设于地面上时，可通过式（2-2）计算避雷针在地面上的保护半径 r_0。

$$r_x=\sqrt{h(2h_r-h)}-\sqrt{h_x(2h_r-h_x)} \qquad \text{式（2-1）}$$

$$r_0=\sqrt{h(2h_r-h)} \qquad \text{式（2-2）}$$

在式（2-1）中：

r_x 为避雷针在高度 h_x=x–x′ 平面的保护半径；

h_r 为滚球半径（第一类 h_r=30m，第二类 h_r=45m，第三类 h_r=60m）；

h_x 为被保护物的高度；

r_0 为避雷针在地面上的保护半径。

滚球法滚动示意如图 2-28 所示，滚球法的含义可形象地解释为，假设有一个滚球半径为 r=45m（据 GB 50057—2010 可选 30m、45m、60m）的滚球沿地面滚动，当它遇到高度 H 的避雷针时被阻碍，可让它翻过针尖继续向前滚动。滚球离开避

雷针后，我们即可看到滚球无法触及的范围就是滚球外圆运动轨迹的内包络线与地面间的范围，这就是该剖面上的保护范围。由于保护范围沿竖直轴具有完全轴对称性，所以该包络线沿竖直轴旋转得到的实体就是实际空间的保护范围。如果被保护的建筑物完全在该实体的范围内，则我们认为这样的保护是有效的。

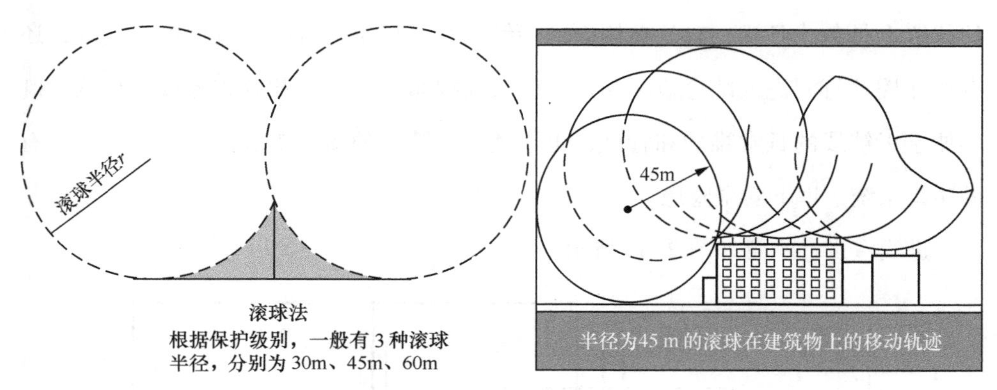

图 2-28　滚球法滚动示意

在实际工程应用中，对于特殊或重要的设施设备，可进一步缩小滚球半径来设置防护范围以提高防护等级。当单个避雷针无法满足直击雷防护范围的要求时，可采用多个避雷针进行联合直击雷防护，双针滚球法保护区域示意如图 2-29 所示。

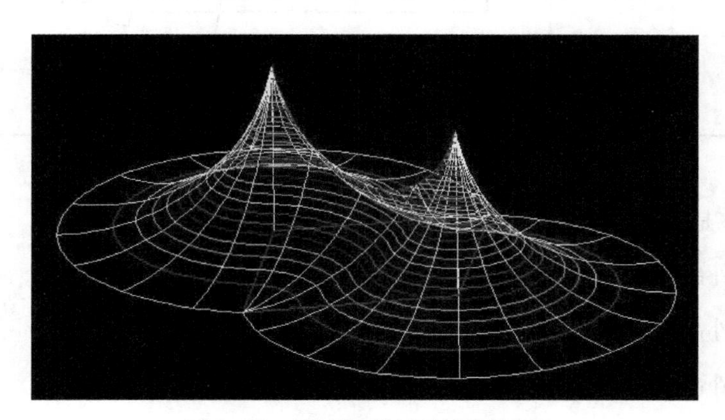

图 2-29　双针滚球法保护区域示意

对于多个避雷针的保护区域的计算，其计算原理与单个避雷针的保护范围计算相同，但随着避雷针数量的增多，计算愈加复杂，工程中可以通过软件仿真的方式快速便捷地计算出避雷针的防护区域。

2.8.6 进线室

进线室是 YD/T 3285—2017《无线电监测站雷电防护技术要求》中提出的概念，提出的背景是在某无线电监测站的防雷改造过程中，发现进入综合监测楼的馈线数量较多，并且随着该无线电监测站天线数量的逐年增加，馈线进入综合监测楼的位置也是各式各样，有的在侧面外墙钻洞穿进机房，有的顺机房窗户进入，还有的在楼顶打洞进入综合监测楼，这些天馈线布线不规范和分布零散的现状，既不便于天馈线的日常维护和管理，也不利于天馈线的新增扩容，更容易破坏现有的防雷系统，埋下安全隐患。

进线室设计示意如图 2-30 所示。

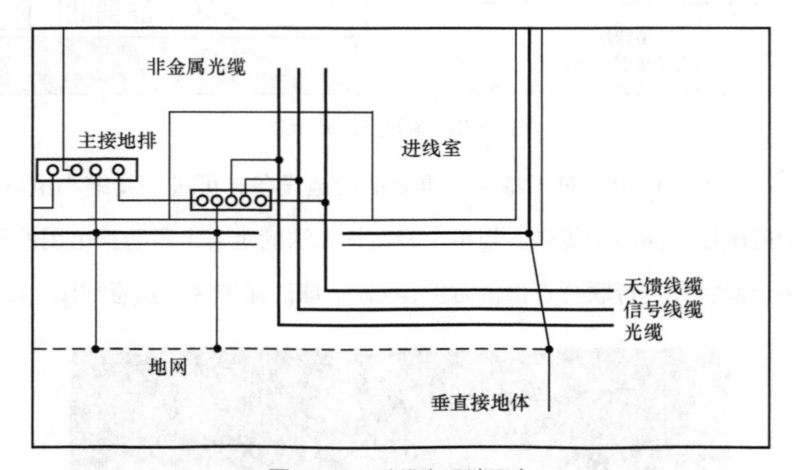

图 2-30　进线室设计示意

进线室是一种线缆入户设施，进线室的功能及装备要求如下。

① 对外部电缆进入建筑物前进行等电位连接。

② 对外部电缆进入建筑物前进行屏蔽接地处理。

③ 对外部电缆进入建筑物前进行合理布线。

④ 进入建筑物前，宜在室外设置接地端子板作为各种线缆或线缆走线槽的入户接地点，室外接地端子板应直接与地网连接，接入地网点应远离防雷引下线。

⑤ 户外电缆金属护层及屏蔽层通过进线室接地排与室外接地端子板连接，所有连接应靠近建筑物的外围。

⑥ 电缆进线室的连接导体应短、直。

因此，这个进线室并不一定是一个独立的房间，也可以是室外临近综合监测楼外墙的小型空间、小金属机柜或金属盒（槽），只要能起到上述进线室所具备的功能，达到装备要求即可。

某监测站在室外和室内采用了长方形的金属屏蔽盒作为进线室，入户线缆沿该金属屏蔽盒布线进入机房，金属盒（柜）作为进线室在室外和室内的实物示例如图 2-31 所示，这也是一种进线室的常见应用形式。

图 2-31　金属盒（柜）作为进线室在室外和室内的实物示例

2.8.7　信号系统浪涌防护

无线电监测站的信号系统主要是天馈线和网络通信线，对于金属信号线的端口，通常使用浪涌保护器进行抑制瞬态过电压及旁路电涌电流，从而保护设备。浪涌保护器形式多样，在无线电监测站上除了电源线以外，使用最多就是 50Ω 同轴电缆馈线上配置的浪涌保护器，信号浪涌防护应该遵循以下规定。

① 出入建筑物的各类金属数据线应采用数据线浪涌保护器保护。防雷等级划分为一类的设备间，金属芯网络数据线长度大于 30m 时，宜在两端设备端口采用数据线浪涌保护器。网络数据线浪涌保护器的最大放电电流应不小于 2kA。

② 市话电缆空线对应在配线架上接地。

③ 铁塔或钢杆架设的天线馈线，同轴电缆金属外保护层应在天线侧及进入建筑物入口外侧就近接地。经走线架上天线塔的馈线，其屏蔽层应在其转

弯处上方 0.5 ～ 1m 做良好接地。当馈线长度大于 60m 时，其屏蔽层宜在天线塔中间部位增加一个与塔身的接地连接点。室外走线架的始末两端均应进行接地。

④ 天馈线路宜在设备端口安装最大放电电流不小于 10kA 的浪涌保护器。

⑤ 信号线路浪涌保护器的选择应符合以下规定。

- 应根据线路的工作频率、传输速率、传输带宽、工作电压、接口形式和特性阻抗等参数，选择插入损耗小、分布电容小、并与纵向平衡、近端串扰指标适配的浪涌保护器。
- 信号线路浪涌保护器的最大持续工作电压（U_c）应大于线路上的最大工作电压 1.2 倍，限制电压（U_p）应低于被保护设备的耐冲击电压额定值（U_W）。根据雷电过电压、过电流幅值和设备端口耐冲击电压额定值，可设单级浪涌保护器，也可设多级浪涌保护器。

2.8.8 电源系统浪涌防护

几乎所有的设备都需要电源供电，因此电源系统如果侵入雷电流，那么危害的范围广，损坏程度大，特别是无线电监测站部分监测设备在室外，需要机房供电，这类电源电缆将直接进入机房，如果处理不好，雷电流则会直接进入机房，破坏力巨大，因此要做好电源系统端口的浪涌防护，这是无线电监测站防雷工程中非常重要的环节。

（1）输电线路与变压器的设置要求

① 从架空高压电力线终端杆引入无线电监测站的高压电力线，宜采用铠装电缆，在进入站配电变压器时，高压侧应采用铠装电缆。

② 配电变压器高压侧应在靠近变压器处装设相应系统额定电压等级的交流无间隙氧化锌避雷器，变压器低压侧应加装 SPD。

③ 配电变压器高低压侧的 SPD 接地端子、变压器外壳、中性线及电力电缆的铠装层，应就近接地。

④ 配电变压器安装在无线电监测站内时，应将变压器的接地极与无线电监测

站共用接地装置连通。

⑤ 站内配电设备的正常不带电部分均应接地。

⑥ 进出无线电监测设施机房的低压电源线路宜埋地敷设，埋地长度宜大于 15m。

（2）电源线路浪涌保护器的选择

① 电源浪涌保护器的性能参数，例如标称放电电流（I_n）、电压保护水平（U_p）、最大持续运行电压（U_c）等详细见《通信局（站）低压配电系统用电涌保护器技术要求》相关章节。

② 在正极接地的直流系统中，接地点附近正极对地可不设 SPD。

③ 无线电监测设施交流电源应设置浪涌保护器，其有效保护水平（$U_{p/f}$）应低于被保护设备的额定冲击耐受电压（U_W）。雷电防护等级划分一类的无线电监测设施应在变压器低压侧设置第一级保护，在建筑物入口或机房电源柜处设置有效保护水平不高于 2500V 的交流浪涌保护器作为第二级保护，重要的设备电源端口可附加有效保护水平更低的第三级交流浪涌保护器。雷电防护等级划分为二类的无线电监测设施应至少在变压器低压侧处设置交流浪涌保护器。

④ 电源线路浪涌保护器的安装位置与被保护设备间的线路长度大于 30m，且有效保护水平大于 $U_W/2$ 时，在被保护设备处宜增设浪涌保护器。

⑤ 无线电监测设施宜在直流电源柜输出端口设置直流电源浪涌保护器，其最大持续工作电压不应小于电源系统允许的最大浮充电压，有效保护水平（$U_{p/f}$）宜低于被保护设备的额定冲击耐受电压（U_W）。

⑥ 无线电监测设施电源浪涌保护器的最大通流量参数设置和选择见表 2-5。

表 2-5　无线电监测设施电源浪涌保护器的最大通流量参数设置和选择

	环境因素	雷暴日≤ 25 天	25 天＜雷暴日＜ 40 天	雷暴日≥ 40 天
第一级	平原 / 易遭雷击	60kA	100 kA	100 kA
	平原 / 正常环境	60kA	60kA	60kA
	丘陵 / 易遭雷击	60kA	100 kA	120 kA
	丘陵 / 正常环境	60kA	60kA	60kA
第二级		40 kA	40 kA	40 kA

续表

	环境因素	雷暴日≤25天	25天<雷暴日<40天	雷暴日≥40天
直流保护		15 kA	15 kA	15 kA
精细保护		10 kA	10 kA	10 kA

⑦ 当电压开关型浪涌保护器至限压型浪涌保护器之间的线路长度小于10m、限压型浪涌保护器之间的线路长度小于5m时，在两级浪涌保护器之间应加装退耦装置。当浪涌保护器具有能量自动配合功能时，浪涌保护器之间的线路长度不受限制。

⑧ 监测设施室外天线或其他室外监测设备由监测机房内部向其供电时，应在天线或监测设备的电源端口及监测机房内部供电输出端口增设第一、二级电源浪涌保护器。

（3）电源浪涌保护器分类

电源浪涌保护器从用途可分为单相并联型、三相并联型，它们都是由开关型和限压型两类元件加上一些附属功能的元件组合而成。电源浪涌保护器必须带自动脱离装置和劣化显示功能，宜带遥控接线端子，用户可根据报警的需要任意选择报警方式。组合式电源浪涌保护器（箱），可选配雷电计数器装置，用来累计雷电侵入该供电系统的次数。

电源浪涌保护器在不同的电源制式和保护模式下安装的位置不同，常见的几类如下。

① 单相并联型电源浪涌保护器（箱）安装原理如图2-32所示，适用于TN电源制式。

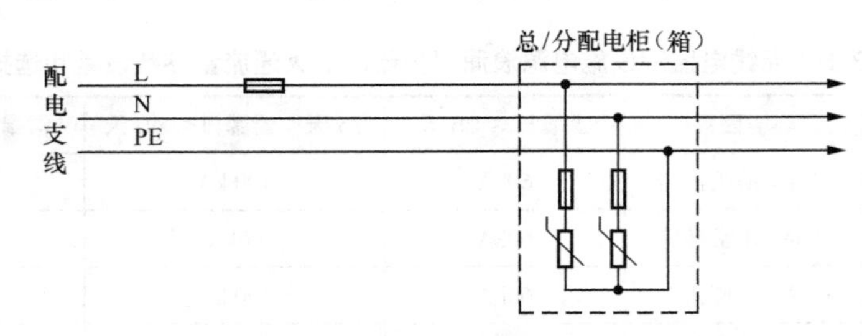

图2-32　单相并联型电源浪涌保护器（箱）安装原理

② 单相并联型差模保护模式电源浪涌保护器（箱）安装原理如图2-33所示，

适用于 TN 电源制式、TT 电源制式（“3+1” 模式）。

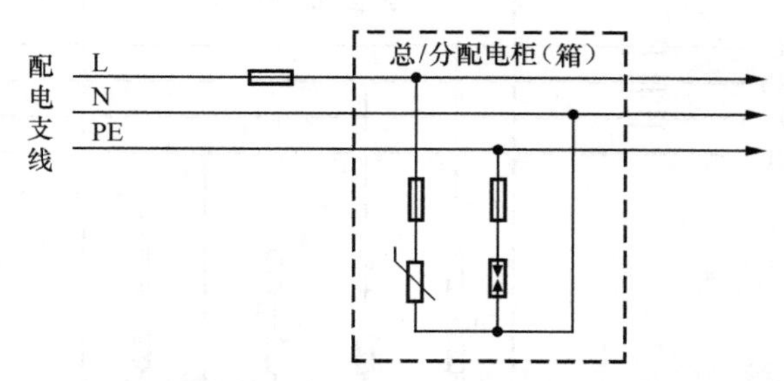

图 2-33　单相并联型差模保护模式电源浪涌保护器（箱）安装原理

③ 单相并联型全保护模式电源浪涌保护器（箱）安装原理如图 2-34 所示，适用于 TN 电源制式。

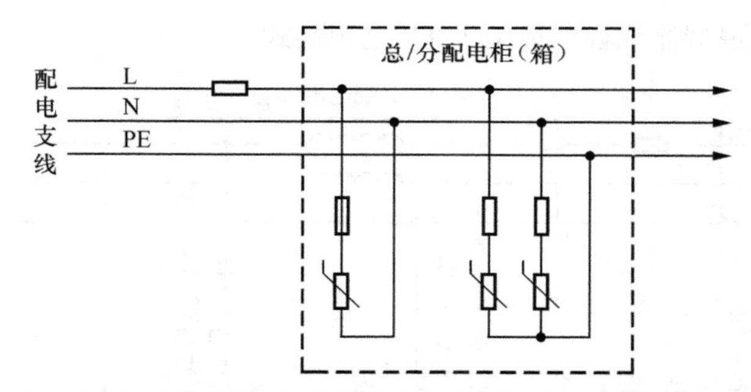

图 2-34　单相并联型全保护模式电源浪涌保护器（箱）安装原理

④ TN 电源制式三相并联型电源浪涌保护器（箱）安装原理如图 2-35 所示，共模保护模式适用于 TN 电源制式。

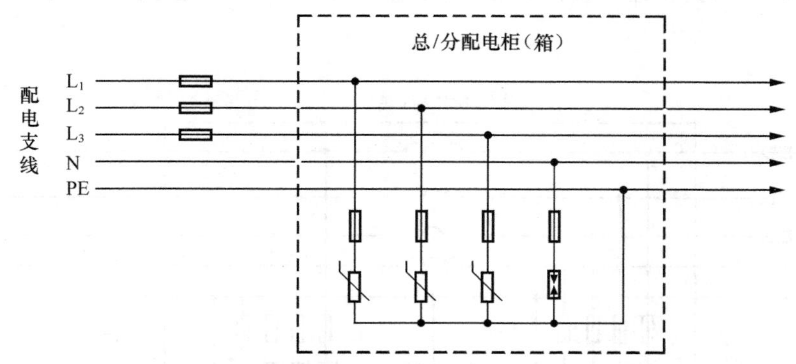

图 2-35　TN 电源制式三相并联型电源浪涌保护器（箱）安装原理

⑤ TT 电源制式三相并联型电源浪涌保护器（箱）安装原理如图 2-36 所示，差模保护模式适用于 TT 电源制式（“3+1” 模式）。

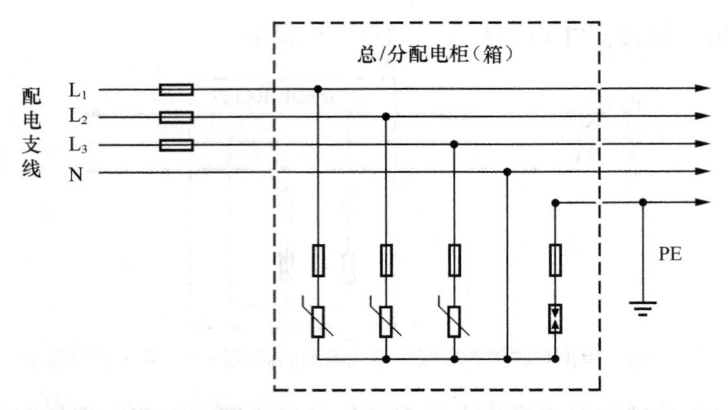

图 2-36　TT 电源制式三相并联型电源浪涌保护器（箱）安装原理

⑥ 单相串联型共模保护模式电源浪涌保护器（箱）安装原理如图 2-37 所示，两级（B+C）加退耦器组合，适用于 TN 电源制式。

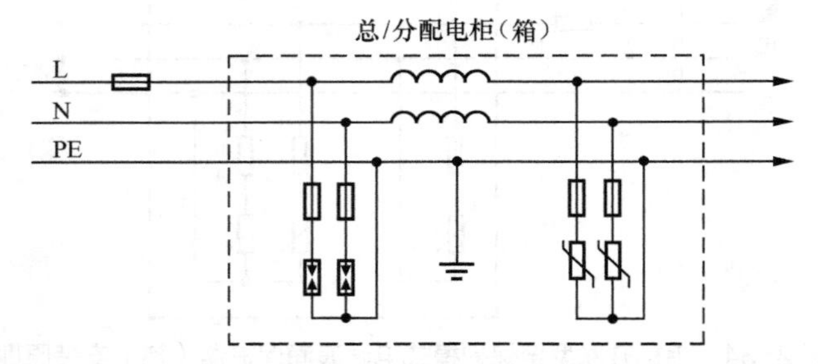

图 2-37　单相串联型共模保护模式电源浪涌保护器（箱）安装原理

⑦ 三相串联型共模保护模式电源浪涌保护器（箱）安装原理如图 2-38 所示，两级（B+C）加退耦器组合，适用于 TN 电源制式，TT 电源制式可改装组成“3+1”模式。

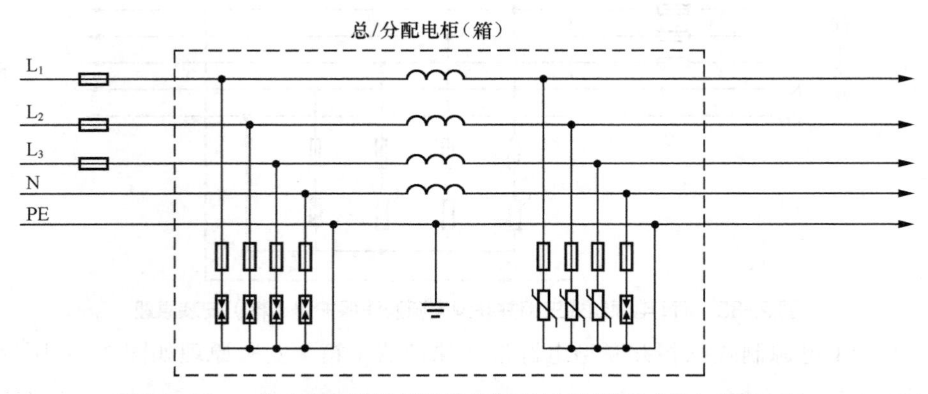

图 2-38　三相串联型共模保护模式电源浪涌保护器（箱）安装原理

（4）电源线路 SPD 的选择及安装要求

① 保护系统中安装 SPD 的数量，依据雷击风险评估和被保护设备的抗扰度而定。

② 在直击雷防护区（$LPZ0_B$）与第一防护区 LPZ1 交界处应安装开关型 SPD 或限压型 SPD 作为一级防护，在第一防护区 LPZ1 与第二防护区 LPZ2 交界处应安装限压型 SPD 作为二级防护，在电子信息设备机房配电箱输出端应安装限压型 SPD 作为第三级保护。

③ 在需要特殊保护的电子信息设备电源输入端，宜安装限压型 SPD 作为细保护。

④ 使用直流电源的信息设备，根据其工作电压，宜分别选用适配的直流电源 SPD。

⑤ 在电源总配电柜输出端，可安装标称放电电流 $I_n \geq$ 20kA（10/350μs 波形）的开关型 SPD，也可安装标称放电电流 $I_n \geq$ 80kA（8/20μs 波形）的限压型 SPD，响应时间≤ 100ns 的浪涌保护器作为一级防护。

⑥ 在分配电柜输出端应安装标称放电电流 $I_n \geq$ 40kA（8/20μs 波形），响应时间≤ 50ns 的限压型 SPD 作为二级防护。

⑦ 在监测及信息设备机房配电箱输出端应安装标称放电电流 $I_n \geq$ 20kA（8/20μs 波形），响应时间≤ 50ns 的限压型 SPD 作为三级防护。

⑧ 在特别重要的监测及信息设备电源输入端应安装标称放电电流 $I_n \geq$ 10kA（8/20μs 波形），响应时间≤ 50ns 的限压型 SPD 作为精细保护。

⑨ 在监测及信息设备配电柜或配电箱输出端也可安装混合型或串联型 SPD，其技术指标应满足设备要求。

⑩ 在直流电源（二次电源）的设备前宜安装直流电源 SPD，标称放电电流 $I_n \geq$ 10kA（8/20μs 波形），标称导通电压 $U_n \geq 1.5U_Z$（U_Z：直流工作电压）、响应时间≤ 50ns 的限压型 SPD 作为直流电源防护。

（5）SPD 的安装接线要求

① 在安装一级（B 级）电源 SPD 时，三根相线应用≥ 16mm^2 的铜线；零、地线应用≥ 25mm^2 的铜线。

② 在安装二级（C 级）电源 SPD 时，三根相线应用≥ 10mm^2 的铜线；零、地线应用≥ 16mm^2 的铜线。

③ 在安装三级（D 级）电源 SPD 时，三根相线应用≥ 6mm^2 的铜线；零、地线应用≥ 10mm^2 的铜线。

④ 在安装四级（E 级）电源 SPD 时，三根相线应用≥ 4mm^2 的铜线；零、地线应用≥ 6mm^2 的铜线。

⑤ 连接 SPD 的导线应短、直，其长度不宜大于 0.5m。按照能量匹配原则，在一般情况下，当开关型 SPD1 至限压型 SPD2 的线路长度小于 10m、限压型 SPD2 至 SPD3 的线路长度小于 5m 时，在 SPD 之间应加装退耦装置。当 SPD 具有能量自动配合功能时，线路长度不受上述规定的限制。为防止 SPD 老化造成短路，在安装 SPD 的线路上应有过电流保护装置。

2.8.9 等电位连接与接地

在防雷技术中，我们使用最多的就是“防雷与接地”，可见“接地”的重要性，因为防雷技术的核心思想就是将雷电产生的雷电流导入大地，进行“中和”，因此我们要做的就是将系统所有的设备、装置和构件等按照不同的要求以不同的方式接地，做到系统的“等电位连接”。从理论上讲，如果电位相等，自然不会有电流流动，但在实际的防雷工程中，如果接地方式错误，则无法做到系统间的“等电位”，将会造成“地电位反击”，导致设备损坏。因此，科学的等电位连接和接地是非常重要的，具体需要符合以下技术要求。

① 无线电监测站的接地系统应采用共用接地的方式，当无线电监测设施设置在附近多个相邻的建筑物时，应使用水平接地极将各建筑物的接地网相互连通。距离较远或相互连接有困难时，无线电监测站的接地系统可作为相互独立的系统分别处理。

② 无线电监测设施所在建筑物应设置总等电位接地端子。总等电位接地端子与接地装置的连接不应少于两处；各楼层应设置楼层等电位接地端子；机房内应围绕机房敷设环形接地汇集线或接地排，机房等电位连接网络应通过环形接地汇集线或接地排与共用接地系统连接。

③ 无线电监测及信息机房设备包括机柜的等电位连接网络的基本结构形式有两种：S 形星形结构和 M 形网形结构。对于复杂的信息系统，宜采用 S 形和 M 形

两种形式的组合。无线电监测及信息系统等电位连接结构如图 2–39 所示，可以采用 S 形星形结构或者 M 形网形结构，图中“ERP”为接地基准点，小长方形的外方框为等电位连接网络或建筑物的共用接地系统，小长方形为电子设备（机柜）。

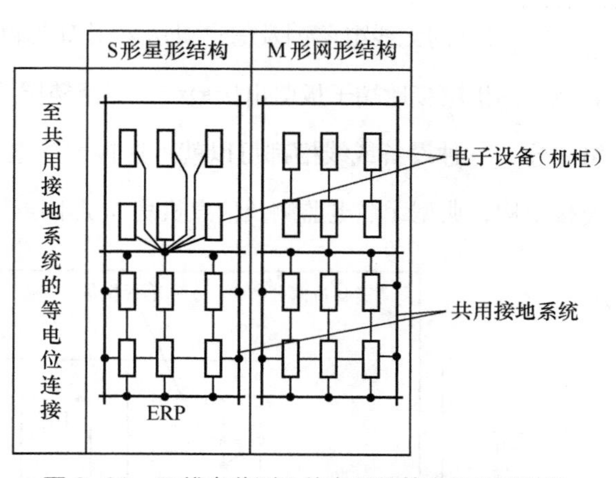

图 2–39　无线电监测及信息系统等电位连接结构

④ 典型的无线电监测及信息机房采用 S 形星形等电位连接结构时，可以从电气竖井中的楼层接地端子板引出接地线，引至楼层接地排，将直流地接地线、设备保护接地线、SPD 接地线、防静电地板接地线、屏蔽设施接地线和金属槽等电位连接线等连接至楼层接地排，形成 S 形星形等电位连接结构，典型无线电监测及信息机房 S 形星形等电位连接结构如图 2–40 所示。

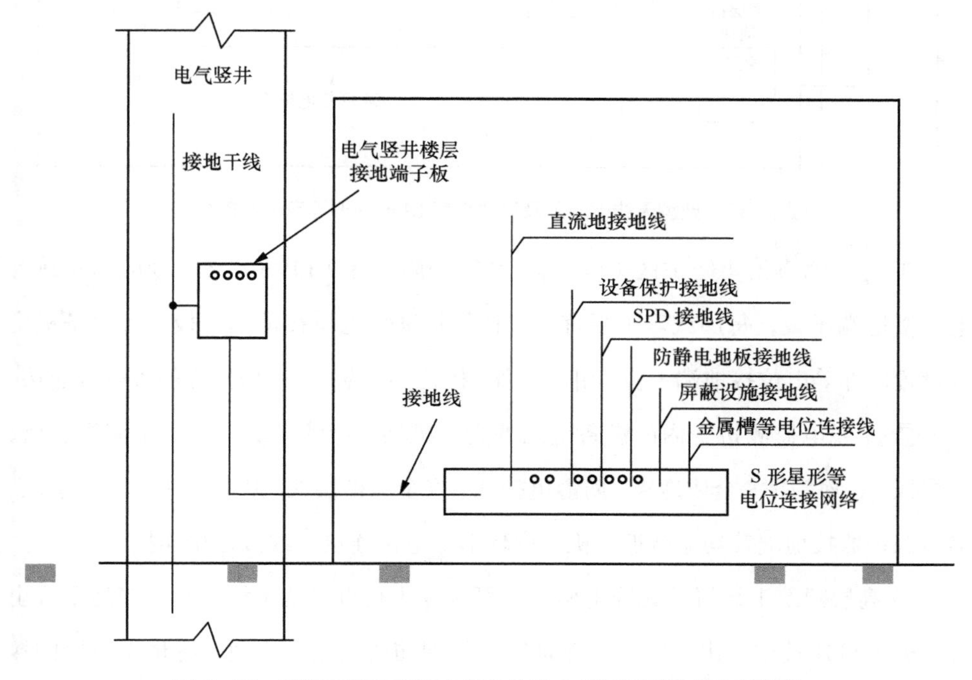

图 2–40　典型无线电监测及信息机房 S 形星形等电位连接结构

⑤ 典型的无线电监测及信息机房采用 M 形网形等电位连接结构时，可以从电气竖井中的楼层接地端子板引出接地线，引至楼层接地排，楼层接地排与等电位连接网络相连，各种设备或线槽都可以就近连接至等电位连接网络，形成 M 形网形等电位连接结构，典型无线电监测及信息机房 M 形网形等电位连接结构如图 2-41 所示。

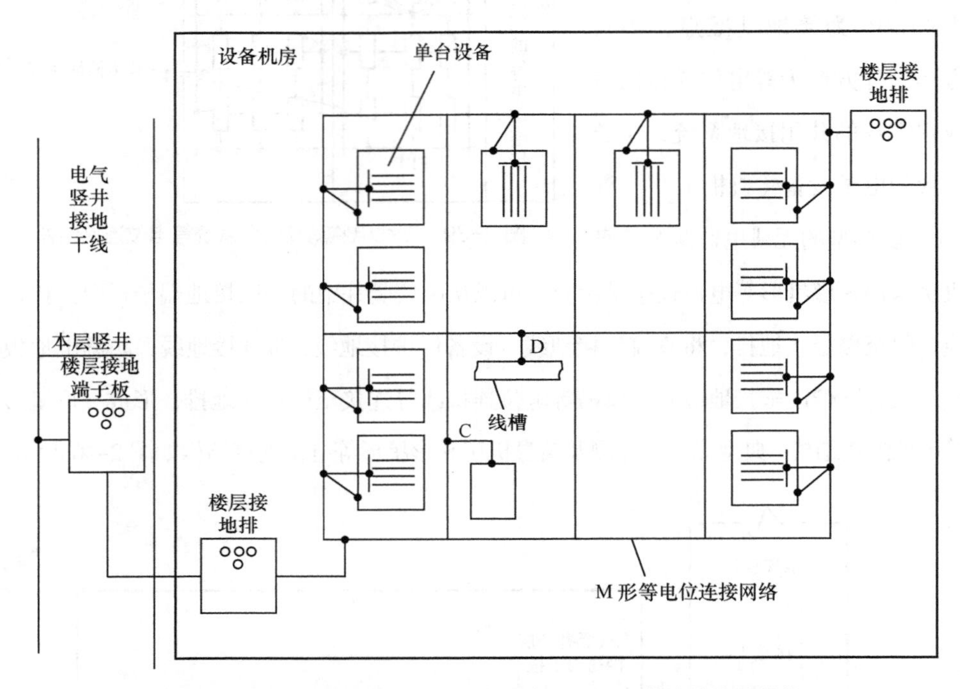

图 2-41　典型无线电监测及信息机房 M 形网形等电位连接结构

⑥ 建筑物直击雷防护区（$LPZ0_B$）和第一防护区（LPZ1）交界处应设置总等电位接地端子板，每层或若干层宜设置楼层辅助等电位接地端子板，各设备机房宜设置局部等电位接地端子板，用于设备、机柜、线缆、金属构件等的等电位连接。

⑦ 无线电监测机房内的设备金属外壳、机架、线缆金属外层、金属管、槽、走线架、金属门框、金属地板、防静电接地、安全保护接地、功能性（工作）接地、浪涌保护器接地端等均应就近与机房内环形等电位连接带或接地排连接。

⑧ 高层建筑上设置的无线电监测站可设专用垂直接地干线。垂直接地干线由总等电位接地端子引出，同时与建筑物各层钢筋或均压带连通。各楼层设置的接地端子与垂直接地干线连接。垂直接地干线宜在竖井内敷设，通过连接导体引入

机房与环形等电位连接带连接。

⑨ 接地装置应优先利用建筑物的自然接地极，当自然接地极的接地电阻达不到要求时应增加人工接地极。

⑩ 无线电监测设施机房设备接地线严禁与接闪器、铁塔、防雷引下线直接连接。接地引入线应符合以下要求。

- 接地引入线应作防腐蚀处理。
- 接地引入线宜采用 40mm × 4mm 或 50mm × 5mm 的热镀锌扁钢或截面积不小于 $50mm^2$ 的多股铜线，且长度不宜超过 30m。
- 接地引入线不宜与暖气管同沟布放，埋设时应避开污水管道和水沟，同时其出土部位应有防机械损伤的保护措施和绝缘防腐处理。
- 与接地汇集线连接的接地引入线应从地网两侧就近引入。
- 高层通信楼地网与垂直接地汇集线连接的接地引入线，应采用截面积不小于 $240mm^2$ 的多股铜线，并应从地网的两个不同方向引接。
- 接地引入线应避免从作为雷电引下线的柱子附近引入。
- 作为接地引入点的楼柱钢筋应选取全程焊接连通的钢筋。

⑪ 接地汇集线应符合以下要求。

- 接地汇集线宜采用环形接地汇集线或接地排方式。环形接地汇集线宜安装在大楼地下室、底层或相应机房内，小型机房可设置在走线架上，其距离墙面（柱面）宜为 50mm。接地排可安装在不同楼层的机房内。接地汇集线与接地线采用不同金属材料互相连接时，应采取防止电化学腐蚀措施。
- 接地汇集线可采用截面积不小于 $50mm^2$ 的铜排，高层建筑物的垂直接地汇集线应采用截面积不小于 $90mm^2$ 的铜排。
- 可根据监测机房布置和大楼建筑情况，在相应楼层设置接地汇集线。

⑫ 接地线应符合以下要求。

- 无线电监测站内的各类接地线应根据最大故障电流值和材料机械强度确定，宜选用截面积为 16 ～ $95mm^2$ 的多股铜线。
- 配电室、电力室、发电机室内部主设备的接地线应采用截面积不小于 $16mm^2$

的多股铜线。

- 跨楼层或同层布设距离较远的接地线应采用截面积不小于 $70mm^2$ 的多股铜线。
- 各层接地汇集线与楼层接地排或设备之间相连接的接地线，当距离较短时，宜采用截面积不小于 $16mm^2$ 的多股铜线；当距离较长时，宜采用不小于 $35mm^2$ 的多股铜线或增加一个楼层接地排，应先将其与设备间用不小于 $16mm^2$ 的多股铜线连接，再用不小于 $35mm^2$ 的多股铜线与各层楼层接地排连接。
- 接收机、通信设备、工控机、数据服务器、环境监控系统、数据采集器等小型设备的接地线，可采用截面积不小于 $4mm^2$ 的多股铜线；接地线较长时应加大其截面积，也可增加一个局部接地排，并应用截面积不小于 $16mm^2$ 的多股铜线连接到接地排上。当安装在开放式机架内时，应采用截面积不小于 $2.5mm^2$ 的多股铜线接到机架的接地排上，机架接地排应通过 $16mm^2$ 的多股铜线连接到接地汇集线上。
- 浪涌保护器连接导体应采用铜导线，浪涌保护器连接导体最小截面积见表 2-6。

表 2-6　浪涌保护器连接导体最小截面积

类型		导体截面积 /mm^2	
		SPD 连接相线铜导线	SPD 接地端连接铜导线
交流电源浪涌保护器	第一级	6	10
	第二级	4	6
	第三级	2.5	4
直流电源浪涌保护器		4	6
信号浪涌保护器		1.5	

⑬ 光传输系统的等电位连接和接地应符合以下要求。

- 无线电监测站内的光缆金属加强芯和金属护层应采用截面积不小于 $16mm^2$ 的多股铜线在进线室或分线盒内就近连接到接地排上。

- 光传输机架设备的接地线应采用多股铜线就近接地。
- 使用含有金属部件的光缆，接通所有的金属插头、金属挡潮层、金属加强芯等，在入户处应进行等电位连接接地。

⑭ 接地线两端的连接点应确保电气接触良好。

⑮ 由接地汇集线引出的接地线应设置明显标志。

2.9　本章小结

本章介绍了防雷和接地的基础理论，为无线电管理和监测从业人员建立基础的防雷和接地知识体系，有利于理解后续章节的内容。防雷与接地施工现场如图 2-42 所示。

图 2-42　防雷与接地施工现场

无线电管理和监测从业人员在日常工作中，虽然不需要做详细而专业的设计方案，但是了解一定的专业知识有助于根据无线电监测站的实际情况提出科学合理的防雷接地技术需求，分析和审查第三方提供的防雷工程设计方案，并做好防雷工程的施工监督和工程验收，特别是有助于在日常维护管理中及时发现防雷和接地措施的漏洞或者失效的环节，为防雷系统的日常维护、系统完善和稳定运行提供技术支撑。

2.9 本章小结

第3章　无线电监测站雷击灾害调研及分析

随着无线电监测设施的逐步完善和微电子技术的发展，无线电监测站使用的监测设备越来越多、越来越精密，同时伴随着工作电压降低，抗雷击过电压能力越来越差，更容易遭受雷击损坏，本章主要对几起典型的无线电监测站遭受雷击灾害的案例进行情况介绍和原因分析。

3.1　无线电监测站雷击灾害事故实例

近年来，无线电监测站遭受雷击灾害日益频繁，并且损害愈加严重，以某无线电监测站为例，该监测站地处城市郊区，为中雷区，站区四周空旷，有农电的配电设施，很容易遭受雷击灾害。目前，2009—2012 年是该无线电监测站遭受雷击灾害最频繁和严重的时间，天线和机房遭受过 4 次雷击灾害，造成大量监测设备和工控机损坏。近年来，全国其他无线电监测站反映，都遭受过不同程度的雷击灾害事件，并且由于监测站设备专用性强、维修困难、维修周期长、价格昂贵，不仅严重影响了正常的监测工作，而且给国家带来了巨大的经济损失。

下面以该监测站遭受过的典型雷击灾害事件，详细说明雷击事故的危害性。

1. 监测机房遭雷击损坏

简要情况：2009 年 7 月，无线电监测站监测机房遭受雷击，造成大量工控机主板损坏，无法正常工作，维修金额达 10.2 万元，影响正常监测工作长达一周。

调查分析：由于监测站供电的电力变压器遭受直击雷雷击，雷电流顺电源系统进入无线电监测站综合监测楼机房，造成数台工控机主板损坏。需要注意的是，当晚发生雷击前，该监测站值班人员已根据天气预报的雷电预警情况，提前将工控机关机，但工控机仍然遭受了雷击灾害。由此可见，即使工控机关机但未完全断开电源线或者网络信号线，在极端的雷电天气下，如果缺少科学的雷电防护措施，依然会被损坏，这对无线电监测站雷电防护起到了实际的警示意义。

2. 测向系统的测向矩阵切换开关遭雷击损坏

简要情况：2010 年 8 月，无线电监测站短波固定监测测向系统的测向矩阵切换开关遭受雷击损坏，维修金额为 5.5 万余元，影响正常监测工作时间长达两周。

调查分析：由于测向天线场四周空旷，无直击雷防护措施，雷电在天线场周围泄放较为频繁。天线阵有 9 根振子 18 条馈线，同时天线馈线设计中未安装浪涌保护器，在频繁的雷击天气下，天线场中的馈线上的感应电压较高，汇集到测向矩阵的开关设备上，导致测向矩阵开关受雷电过电压损坏。

3. 测向天线及放大器、矩阵切换开关、接口模块遭雷击损坏

简要情况：2011 年 7 月，无线电监测站短波固定监测测向系统的测向天线及配套的天线放大器、矩阵切换开关、接口模块遭雷击损坏，本次损失较大，维修金额高达 49.7 万元，影响正常监测工作时间长达半年。

调查分析：本次雷击是直击雷，即直接击中一个天线振子，雷电流将天线振子物理击穿并将配套的天线井内设备全部损坏。需要注意的是，该监测站值班人员已经根据天气预报，将天线井内设备断电，但是直击雷依然造成测向设备损坏。如果天线井内设备未断电，很可能雷电流还会损坏前置机房内的接收设备。由此可见，直击雷的危害性远大于雷电感应的危害性，测向天线场未做直击雷防护是本次雷击灾害的主要原因。

4. 测向计算单元遭感应雷损坏

简要情况：2012 年秋季，无线电监测站测向设备中的信号处理单元 EBD060 无法正常工作，后经厂商维修人员拆机检查，发现信号处理单元 EBD060 主板上有一路天馈线连接处存在黑色烧焦的痕迹，更换该主板后，设备恢复正常。

调查分析：该路天馈线受雷电感应的影响，造成射频前端器件过电压损坏，导致该设备运行不正常。

3.2　无线电监测站雷击灾害原因分析

无线电监测站容易遭受雷击灾害的客观原因主要有以下几个方面。

1. 受地理环境因素影响较大

无线电监测站为了便于无线电监测，一般会选择的地址为电磁环境较好的郊区（短波监测站）、位置较高的市区（超短波监测站）甚至是山顶（遥控站）。在郊区，由于四周无高大的建筑物，无线电监测站很容易成为该区域内雷击的首选目标。而在市区，监测站一般又位于高大建筑物的楼顶，楼顶无疑又容易成为雷击的首选目标。位于山顶的监测站往往成为孤立的最高点，雷云进入山区遇到山顶等突出物时极易引起雷云对地放电。如果无线电监测站位于的山顶是山岩地貌，电阻率高，降低防雷接地网的接地电阻困难，雷击时雷电泄放不畅，这些因素都会导致山顶的无线电监测站更容易遭受雷击。山区的无线电监测站防雷往往是业界内的难点。

2. 受天气因素影响较大

从全国平均雷暴日数区划图上来看，我国是一个多雷的国家，尤其是南方夏季受雷击的影响较大。2010 年 2 月发布的全国主要城市年平均雷暴日数统计见表 3-1。雷暴日等级划分的雷区标准如下：少雷区（Low Keraunic Zones）指一年平均雷暴日数不超过 25 的地区；中雷区（Middle Keraunic Zones）指一年平均雷暴日数在 25 ～ 40 的地区；多雷区（High Keraunic Zones）指一年平均雷暴日数在 40 ～ 90 的地区；强雷区（Strong Keraunic Zones）指一年平均雷暴日数超过 90 的地区。

根据表 3-1 中的全国主要城市平均雷暴日数据对大中城市雷区分布进行统计，全国 140 个城市雷区分布比例如图 3-1 所示。从图 3-1 统计结果可见，全国仅 20 个大中城市位于少雷区，占全国大中城市的 14%，例如大连市、郑州市、乌鲁木齐市、西安市和银川市等；有 60 个大中城市位于中雷区，占全国大中城市的 43%，例如北京市、上海市、重庆市、哈尔滨市、成都市和西宁市；有 53 个大中城市位于多雷区，占全国大中城市的 38%，例如深圳市、长沙市、昆明市和吉林市等；有 7 个大中城市位于强雷区，占全国大中城市的 5%，例如海口市、湛江市等。我国国家级、省级和市级无线电监测站大多处于多雷区，甚至是强雷区，另外，还有数量较多、分布较广的遥控监测站都处于多雷区，甚至是强雷区，因此，天气因素是造成无线电监测站容易遭受雷击灾害的重要原因之一。

表 3–1　2010 年 2 月发布的全国主要城市年平均雷暴日数统计

地名	雷暴日数 /（d/a）	地名	雷暴日数 /（d/a）	地名	雷暴日数 /（d/a）
1. 北京市	36.3	四平市	33.7	厦门市	47.4
2. 天津市	29.3	通化市	36.7	漳州市	60.5
3. 上海市	28.4	图们市	23.8	三明市	67.5
4. 重庆市	36.0	10. 黑龙江省		龙岩市	74.1
5. 河北省		哈尔滨市	27.7	15. 江西省	
石家庄市	31.2	大庆市	31.9	南昌市	56.4
保定市	30.7	伊春市	35.4	九江市	45.7
邢台市	30.2	齐齐哈尔市	27.7	赣州市	67.2
唐山市	32.7	佳木斯市	32.2	上饶市	65.0
秦皇岛市	34.7	11. 江苏省		新余市	59.4
6. 山西省		南京市	32.6	16. 山东省	
太原市	34.5	常州市	35.7	济南市	25.4
大同市	42.3	苏州市	28.1	青岛市	20.8
阳泉市	40.0	南通市	35.6	烟台市	23.2
长治市	33.7	徐州市	29.4	济宁市	29.1
临汾市	31.1	连云港市	29.6	潍坊市	28.4
7. 内蒙古自治区		12. 浙江省		17. 河南省	
呼和浩特市	36.1	杭州市	37.6	郑州市	21.4
包头市	34.7	宁波市	40.0	洛阳市	24.8
海拉尔区	30.1	温州市	51.0	三门峡市	24.3
赤峰市	32.4	丽水市	60.5	信阳市	28.8
8. 辽宁省		衢州市	57.6	安阳市	28.6
沈阳市	26.9	13. 安徽省		18. 湖北省	
大连市	19.2	合肥市	30.1	武汉市	34.2
鞍山市	26.9	蚌埠市	31.4	宜昌市	44.6
本溪市	33.7	安庆市	44.3	十堰市	18.8
锦州市	28.8	芜湖市	34.6	施恩市	49.7
9. 吉林省		阜阳市	31.9	黄石市	50.4
长春市	35.2	14. 福建省		19. 湖南省	
吉林市	40.5	福州市	53.0	长沙市	46.6

续表

地名	雷暴日数 /（d/a）	地名	雷暴日数 /（d/a）	地名	雷暴日数 /（d/a）
衡阳市	55.1	23. 贵州省		天水市	16.3
大庸市	48.3	贵阳市	49.4	金昌市	19.6
邵阳市	57.0	遵义市	53.3	28. 青海省	
郴州市	61.5	凯里市	59.4	西宁市	31.7
20. 广东省		六盘水市	68.0	格尔木市	2.3
广州市	76.1	兴义市	77.4	德令哈市	19.3
深圳市	73.9	24. 云南省		29. 宁夏回族自治区	
湛江市	94.6	昆明市	63.4	银川市	18.3
茂名市	94.4	昆明市东川区	52.4	石嘴山市	24.0
汕头市	52.6	个旧市	50.2	原州区	31.0
珠海市	64.2	景洪	120.8	30. 新疆维吾尔自治区	
韶关市	77.9	大理市	49.8	乌鲁木齐市	9.3
21. 广西壮族自治区		丽江	75.8	克拉玛依市	31.3
南宁市	84.6	河口	108	伊宁市	27.2
柳州市	67.3	25. 西藏自治区		库尔勒市	21.6
桂林市	78.2	拉萨市	68.9	31. 海南省	
梧州市	93.5	日喀则市	78.8	海口市	104.3
北海市	83.1	那曲县	85.2	三亚市	69.9
22. 四川省		昌都县	57.1	琼中	115.5
成都市	34.0	26. 陕西省		32. 香港特别行政区	
自贡市	37.6	西安市	15.6	香港	34.0
攀枝花市	66.3	宝鸡市	19.7	33. 澳门特别行政区	
西昌市	73.2	汉中市	31.4	澳门	（暂无数据）
绵阳市	34.9	安康市	32.3	34. 台湾省	
内江市	40.6	延安市	30.5	台北市	27.9
达州市	37.1	27. 甘肃省			
乐山市	42.9	兰州市	23.6		
康定	52.1	酒泉市	12.9		

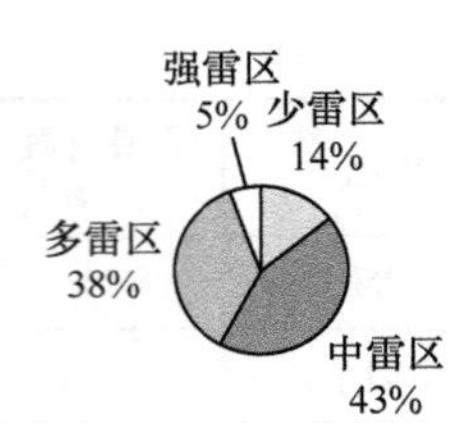

图 3-1　全国 140 个城市雷区分布比例

3. 受自身特点影响较大

无线电监测站承担无线电信号监测定位和频谱分析工作，通常配置大量的接收（发射）天线，天线架设位置高、体积大，容易成为雷击的首选目标。近年来，随着“十二五”至“十三五”期间的建设，配置有大量的精密接收机和测量仪器。这些接收机和测量仪器的内部芯片工作电压低，极易受雷击电磁脉冲（LEMP）的影响而损坏。通信设备、网络设备、计算机等电子设备极低的工作电压和错综复杂的电气连线，极易在遭受 LEMP 的影响而导致系统错误或设备损坏。同时，由于工作需要，大多数监测系统全天候运行，遭受雷击的概率增大。

3.3　其他因素

部分无线电监测站容易遭受雷击灾害事故除了地理、天气和自身工作特点等因素外，还存在以下不可忽视的因素。

1. 老化因素

全国大部分无线电监测站投入运行时间在 10 年以上，由于防雷系统年久老化的原因，有部分监测站会出现接闪器锈蚀、引下线断裂或锈蚀、接地电阻升高、接地材料的锈蚀或断裂、电源和信号浪涌保护器失效等问题及隐患。

2. 自然灾害

部分地区受地震和洪灾等自然灾害的影响，造成接闪器锈蚀、引下线断裂或锈蚀、接地网断裂或锈蚀，降低了无线电监测站的防雷接地性能。受多雷区天气的影响，现有防雷系统经常承受雷击，造成电源和信号浪涌保护器的性能逐渐降低甚至失效。

3. 资料缺失

如果施工资料管理不规范，造成原有防雷和接地系统、施工图纸和验收资料等缺失，会使技术人员无法掌握现有防雷接地系统的运行情况，也无法进行有效的维护和保养。同时，由于前期部分监测设施设备架设、安装、布线和接地位置等资料的缺失，造成现有防雷与接地系统升级改造困难。

4. 业内难点

目前，无线电监测站存在部分系统无法使用现有成熟的防雷措施，例如，短波无线电测向系统的天线阵要求附近无高大金属障碍物，因此无法对其使用传统方式架设接闪器进行直击雷防护，同时，系统的天馈线性能要求苛刻，很难匹配合适参数的天馈浪涌保护器。

5. 新增的扩容部分不规范

目前，部分监测站综合楼楼顶新增接收（发射）天线超出原建筑物的接闪器直击雷防护区域，信号线架空进入机房、设备未接地或接地线错误搭接，破坏原有的防雷系统，给监测站带来了新的雷击安全隐患。

6. 缺少行业技术规范指导

无线电监测站有一定的行业特殊性。短波无线电监测站必须建设于郊区，同时周围一定范围内无高大建筑物，超短波无线电监测站大多选址于城市高楼、高山，具有接收天线较多、精密设备和仪表较多、设备价值高、维修周期长、交通不便和不间断工作等特点，有别于其他通信行业，前期却没有专门针对无线电监测站的雷电防护行业技术规范。

2017 年以前，无线电监测站的防雷工作都是参照有关国家标准和其他行业标准进行的。例如，GB 50057—2010《建筑物防雷设计规范》主要针对建筑物建设的防雷标准，对监测站建筑物防雷有一定的指导性；GB 50343—2012《建筑物电子信息系统防雷技术规范》主要针对电子信息系统防雷，对监测站的各类机房防雷有一定的指导性；GB 50689—2011《通信局（站）防雷与接地工程设计规范》适用于通信局（站）的防雷与接地，对监测站的综合大楼和遥控站防雷有一定的指导性；YD 5078—1998《通信工程电源系统防雷技术规定》对通信局（站）电源系统的雷电防护和电源系统防雷设计、设备选型和器件选择进行了规定，对监测站的电源系统防雷有一定的参考性。无线电监测站的防雷和接地参照的标准不一，很难做到建设规范统一。

YD/T 3285—2017《无线电监测站雷电防护技术》专门针对无线电监测站的雷电防护提出了明确要求，用于新建、扩建、改建的无线电监测站及相关设施［主要包括综合监测楼、小型（前置、遥控）监测站、可搬移站、天线、移动监测车和附属设施］防雷和接地工程的技术参考。

7. 缺少专业维护

无线电监测站设施设备数量较多、重要性较强，需要具有专业的防雷技术人员在雷雨季节来临前检查和维护防雷设施，同时，在日常工作中也需要维护和管理现有的防雷系统。目前，大部分监测站缺少具备一定防雷与接地专业知识的技术人员，很难及时发现防雷系统出现漏洞，进而持续进行防雷系统完善。

3.4 本章小结

本章通过对无线电监测站雷电防护工作开展实际调研，以 2009—2012 年某无线电监测站遭受的 4 次典型雷电灾害事件为案例，详细分析了无线电监测站容易遭受雷击灾害的原因和灾害影响。调查分析无线电监测站容易遭受雷击灾害的综合原因，证明了无线电监测站实施防雷与接地工程的重要性，找到了施工验收和日常维护管理中的重点和难点。

第 4 章　无线电监测站雷击风险评估

雷击风险评估是根据无线电监测站项目所在地雷电活动的时空分布特征、灾害特征以及监测站雷击风险可接受程度，结合施工现场情况进行综合分析，通过 3 个标准的雷击风险评估方法，确定项目是否应该进行雷电防护以及需要什么等级的雷电防护。

4.1　雷击风险评估的意义

雷击风险评估主要根据雷暴日有多少、设备所在雷电防护区（LPZ）的位置、设备对雷电电磁脉冲的抗扰度、系统设备的重要性和发生雷击灾害的后果等因素，根据相应的标准对保护对象进行计算评估，确定雷电防护等级。

雷击风险评估可提供雷电防护的科学设计、灾害风险控制、经济投资、应急管理等方面的服务，同时为管理者或决策者对防雷的投入提供科学依据，现有雷击风险评估的标准主要包括以下 3 个。

① GB/T 21714.2—2015《雷电防护　第 2 部分：风险管理》

② GB 50343—2012《建筑物电子信息系统防雷技术规范》

③ YD/T 3285—2017《无线电监测站雷电防护技术要求》

本章使用以上 3 个不同的标准分别对无线电监测站进行雷击风险评估，给出无线电监测站的雷击风险评估结果和雷电防护等级，结论具有一定的代表性。

4.2 参照 GB/T 21714.2—2015《雷电防护 第 2 部分：风险管理》进行雷击风险评估

以北方地区某无线电监测站为例，参照 GB/T 21714.2—2015《雷电防护 第 2 部分：风险管理》开展建筑物防雷击风险评估。由于该监测站建筑数量较多，在风险评估中，就不做详细计算，本章仅提供评估思路和计算方法。

雷击风险评估流程中出现的表、图、公式和参数是根据该监测站的平面示意图及现场勘查数据，按照 GB/T 21714.2—2015《雷电防护 第 2 部分：风险管理》要求所选。

该监测站建筑数量较多，在此次风险评估中，分别对监测主楼、南楼、宿舍、办公楼、培训楼、餐厅锅炉房、总配电房等多个建筑物计算其各自的雷电截收面积 A_d。

4.2.1 雷击风险评估过程

无线电监测站的雷电风险是指因雷电造成的年平均可能损失（人和监测设施设备）与需保护对象（人和监测设施设备）的总价值之比。建筑物群涉及的风险如下。

R_1：人身伤亡损失风险。

R_2：公众服务损失风险。

R_3：文化遗产损失风险。

R_4：经济损失风险。

1. 雷击风险评估程序

第 1 步：根据该监测站建筑物群的具体情况及本次评估的任务要求，按照 GB/T 21714.2—2015《雷电防护 第 2 部分：风险管理》，我们选择 R_1 与 R_2 风险作为本次评估项目。

- 该监测站直接雷击建筑物损害风险（人身伤亡损失）设定为R_1。
- 该监测站雷击入户线路损害风险（公众服务损失）设定为R_2。

第 2 步：评估该监测站是否需要防雷的具体步骤，按照 GB/T 21714.2—2015《雷电防护 第 2 部分：风险管理》，应该考虑以下风险。

- 主楼、宿舍、办公楼、培训楼、餐厅锅炉房、总配电房等建筑物的风险R_1、R_2。

- 室外各监测设施设备（天线）等服务设施的风险R_2'。

第 3 步：对于上述每一种风险，应当采取以下步骤。

- 识别构成该风险的各分量R_x。
- 计算各风险分量R_x。
- 计算出R_1 ～ R_2（或R_2'）。
- 确定风险容许值 R_T。
- 与风险容许值 R_T比较。

第 4 步：如果所有的风险 $R \leqslant R_T$，就不需要防雷。如果某风险 $R > R_T$，应采取保护措施减小该风险，使 $R \leqslant R_T$ 。

雷击风险评估程序如图 4-1 所示，图 4-1 给出该监测站建筑物群直击雷建筑物损害和雷击入户线路损害风险评估程序。

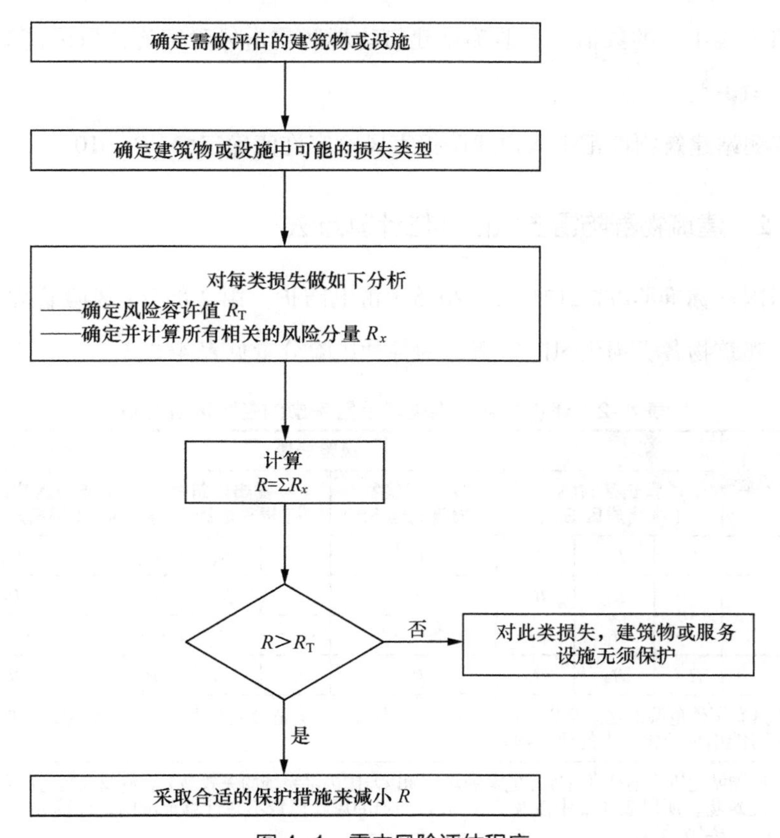

图 4-1　雷击风险评估程序

2. 建筑物群防雷击风险容许值 R_T 的确定

根据国家标准 GB/T 21714.2—2015《雷电防护　第 2 部分：风险管理》第 5.3 条规定，不同类型防雷建筑物和内部设施的风险容许值应由相关职能部门确定。目前，无线电监测站建筑物群防雷击风险容许值还没有相关的规定，因此，只能按国家标准 GB/T 21714.2—2015《雷电防护　第 2 部分：风险管理》第 5.3 条的规定，风险容许值 R_T 的典型值见表 4–1，表 4–1 给出涉及人身伤亡损失、公众服务损失以及文化遗产损失的典型 R_T 值中的最高等级，以及如何确定该值。

表 4–1　风险容许值 R_T 的典型值

损失类型		R_T / 年
L1	人身伤亡损失	10^{-5}
L2	公众服务损失	10^{-4}
L3	文化遗产损失	10^{-3}

按照表 4–1 中的数值，该监测站建筑物群防雷击风险容许值取最高等级，确定为：$R_T=10^{-5}$。

该监测站建筑物群雷击入户线路损害风险容许值确定为：$R_T=10^{-3}$。

4.2.2　建筑物群防雷击风险评估计算方法

根据国家标准 GB/T 21714.2—2015《雷电防护　第 2 部分：风险管理》第 4.3 条规定，建筑物各类损失风险需考虑的各种风险分量见表 4–2。

表 4–2　建筑物各类损失风险需考虑的各种风险分量

各类损失风险	风险分量							
	雷击建筑物（损害成因 S1）			雷击建筑物（损害成因 S2）	雷击建筑物（损害成因 S3）			雷击入户线路附近（损害成因 S4）
R_1	R_A	R_B	R_C[a]	R_M	R_U	R_V	R_W[a]	R_Z[a]
R_2	……	R_B	R_C	R_M	……	R_V	R_W	R_Z
R_3	……	R_B	……	……	……	R_V	……	……
R_4	R_A[b]	R_B	R_C	R_M	R_U[b]	R_V	R_W	R_Z

a.　仅对于具有爆炸危险的建筑物以及因内部系统的失效马上会危及人类生命安全的医院或其他建筑物。
b.　仅对于可能出现动物损失的建筑物。

注：由于该监测站建筑物不是具有爆炸危险的建筑物以及因内部系统的失效马上会危及人类生命安全的医院或其他建筑物，所以表 4–2 中涉及的 a、b 备注项的风险风量不在计算范围内，计算 R_1 风险时忽略 R_C[a]、R_W[a]、R_Z[a] 分量。

1. 计算公式

该监测站建筑物群防雷击人身伤亡损失风险 R_1 的计算如式（4–1）所示，R_1 为下列分量之和。

$$R_1=R_A+R_B+R_U+R_V \quad 式（4\text{–}1）$$

该监测站建筑物群防雷击公众服务损失入户线路损害风险 R_2 的计算如式（4–2）所示，R_2 为下列分量之和。

$$R_2=R_B+R_C+R_M+R_V+R_W+R_Z \quad 式（4\text{–}2）$$

该监测站建筑物群直接雷击建筑物和入户线路损害风险的分量，根据 GB/T 21714.2—2015《雷电防护　第 2 部分：风险管理》的计算方法如下。

（1）雷击建筑物产生的各个风险分量

人畜伤害（D1）风险分量的计算方法如式（4–3）所示。

$$R_A=N_D \times P_A \times L_A \quad 式（4\text{–}3）$$

物理损害（D2）风险分量的计算方法如式（4–4）所示。

$$R_B=N_D \times P_B \times L_B \quad 式（4\text{–}4）$$

内部系统故障（D3）风险分量的计算方法如式（4–5）所示。

$$R_C=N_D \times P_C \times L_C \quad 式（4\text{–}5）$$

（2）雷击建筑物附近产生的风险分量

内部系统故障（D3）风险分量的计算方法如式（4–6）所示。

$$R_M=N_M \times P_M \times L_M \quad 式（4\text{–}6）$$

（3）雷击入户线路产生的各风险分量

人畜伤害（D1）风险分量的计算方法如式（4–7）所示。

$$R_U=(N_L+N_{Da}) \times P_U \times L_U \quad 式（4\text{–}7）$$

物理损害（D2）风险分量的计算方法如式（4–8）所示。

$$R_V=(N_L+N_{Da}) \times P_V \times L_V \quad 式（4\text{–}8）$$

内部系统故障（D3）风险分量的计算方法如式（4–9）所示。

$$R_W=(N_L+N_{Da}) \times P_W \times L_W \quad 式（4\text{–}9）$$

（4）雷击入户线路附近产生的风险分量

内部系统故障（D3）风险分量的计算方法如式（4-10）所示。

$$R_Z=(N_I-N_L)\times P_Z\times L_Z \qquad 式(4-10)$$

下面详细介绍各分项的计算方法，由于计算复杂、计算量大，本书没有进行具体定量的计算，仅介绍了计算思路、公式和参数表，供大家参考。

2. 分量参数计算

GB/T 21714.2—2015《雷电防护　第2部分：风险管理》中给出了估算上述风险分量所用的参数，估算建筑物各风险分量所用的参数见表4-3。分量参数详细计算可按以下步骤进行。

表4-3　估算建筑物各风险分量所用的参数

符号	名称	出处
年均雷击危险事件次数		
N_D	雷击建筑物	A.2
N_M	雷击建筑物附近	A.3
N_L	雷击入户线路	A.4
N_I	雷击入户线路附近	A.5
N_{IU}	雷击毗邻建筑物	A.2
雷击建筑物造成损害的概率		
P_A	人畜伤害	B.2
P_B	物理损害	B.3
P_C	内部系统故障	B.4
雷击建筑物附近造成损害的概率		
P_M	内部系统故障	B.5
雷击入户线路造成损害的概率		
P_U	人畜伤害	B.6
P_V	物理损害	B.7
P_W	内部系统故障	B.8
雷击入户线路附近造成损害的概率		
P_Z	内部系统故障	B.9
损失率		
$L_A=L_U$	人畜伤害	C.3
$L_M=L_V$	物理损害	C.3，C.4，C.5，C.6
$L_C=L_M=L_W=L_Z$	内部系统故障	C.3，C.4，C.6

（1）雷击建筑物产生的人畜伤害（D1）风险分量 R_A 的计算

风险分量 R_A 的计算方法如式（4-11）所示。

$$R_A = N_D \times P_A \times L_A \quad \text{式（4-11）}$$

① N_D 的计算

建筑物（位于服务设施“b”端）的危险事件次数 N_D 的计算方法如式（4-12）所示［详见 GB/T 21714.2—2015《雷电防护　第 2 部分：风险管理》附录 A］。

$$N_D = N_g \times A_d \times C_d \times 10^{-6} \quad \text{式（4-12）}$$

在式（4-12）中：

N_g——雷击大地密度（每年次 /km^2）；

A_d——孤立建筑物的截收面积（m^2）；

C_d——建筑物的位置因子。

- **雷击大地密度 N_g（每年每平方千米雷击大地的次数）**

N_g 的计算方法如式（4-13）所示。

$$N_g \approx 0.1 \times T_d \quad \text{式（4-13）}$$

其中，T_d 为年平均雷暴日。该地区平均每年雷暴日数为 38 天。

由此可知，$N_g \approx 0.1 \times T_d = 0.1 \times 38 = 3.8$（每年次 /km^2）。

- **建筑物的位置因子 C_d**

考虑到建筑物暴露程度及周围物体对危险事件次数的影响引入位置因子 C_d 进行估算。建筑物的位置因子 C_d 见表 4-4。

表 4-4　建筑物的位置因子 C_d

建筑物暴露程度及周围物体	C_d
周围有更高的建筑物或树木	0.25
周围有相同高度或更矮的建筑物或树木	0.5
孤立建筑物：附近无其他建筑物或树木	1
小山顶或山丘上孤立的建筑物	2

- **孤立建筑物的截收面积 A_d**

孤立建筑物的截收面积 A_d 如图 4–2 所示，对于平坦大地上的孤立建筑物，截收面积 A_d 是从建筑物上各点，特别是建筑物上部各点以斜率为 1/3 的直线全方位向地面投射，在地面上由所有投射点构成的面积。

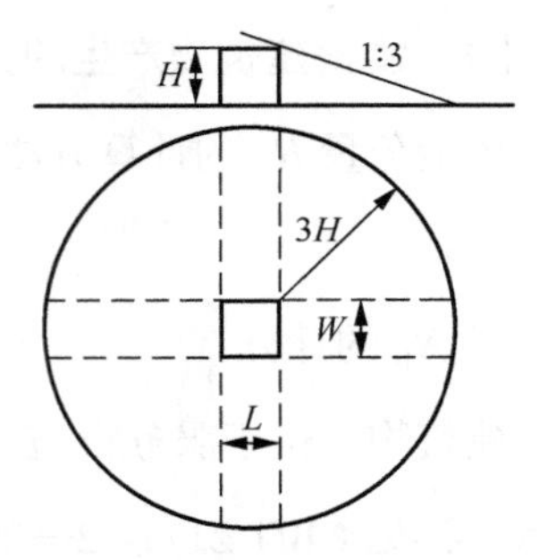

图 4–2　孤立建筑物的截收面积 A_d

对于孤立长方体建筑物和形状复杂的建筑物截收面积 A_d 的计算公式不同。

在平坦大地上一座孤立的长方体建筑物的截收面积 A_d 的计算方法如式（4–14）所示。

$$A_d = L \times W + 6 \times H \times (L + W) + 9\pi \times H^2 \qquad 式（4\text{–}14）$$

在式（4–14）中：L、W、H 分别为建筑物的长、宽、高，单位为 m。

形状复杂的建筑物如图 4–3 所示，屋面上有凸出部分，若按长方体建筑物计算截收面积差别太大，宜采用作图法求出 A_d，也可以分别计算建筑物的最小高度 H_{dmin} 的截收面积 A_{dmin} 和屋面凸出部分的截收面积 A_d'，两者之中较大者作为建筑物的近似截收面积，A_d' 的计算方法如式（4–15）所示。

$$A_d' = \pi \times (3 \times H_P)^2 \qquad 式（4\text{–}15）$$

在式（4–15）中：H_P 为凸出部分的高度，单位为 m。

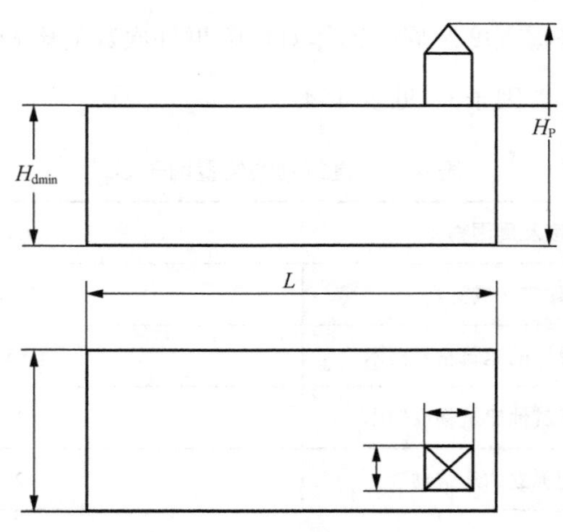

图 4–3　形状复杂的建筑物

② 雷击建筑物导致人畜伤害的概率 P_A 的计算

雷击建筑物因接触和跨步电压导致人畜伤害的概率 P_A 见表 4–5。由表 4–5 中可以看出，P_A 取决于若干典型的防护措施，如果采取了一项以上的措施，P_A 取各个相应值的乘积。

表 4–5　雷击建筑物因接触和跨步电压导致人畜伤害的概率 P_A

附加的保护措施	P_A
无保护措施	1
设置警示牌	10^{-1}
外露部分（例如引下线）做电气绝缘（例如，采用至少 3 mm 厚的交链聚乙烯绝缘）	10^{-2}
有效的地面等电位均衡措施	10^{-2}
设置遮拦物或建筑物的框架作为引下线	0

③ 人身伤亡损失因子 L_A 的计算

人身伤亡损失因子 L_A 的计算方法如式（4–16）所示，各种实际损失率受建筑物特性的影响，考虑到这一点，在式（4–16）中引入了增长因子（h_z）和缩减因子（r_t、r_p 和 r_f）。

$$L_A=r_t\times L_t\times(n_z/n_t)\times t_z/8760 \qquad 式（4–16）$$

在式（4–16）中：

n_z——分区中的人数；

n_t——建筑物中的总人数；

t_z——人员每年在分区中停留的时间数。

不同土壤类型和地板类型的缩减因子 r_t 见表 4–6，损失类型 L_1：L_t、L_f 和 L_o 的典型平均值见表 4–7。

表 4–6　不同土壤类型和地板类型的缩减因子 r_t

地板及土壤类型	接触电阻 ¹/kW	缩减因子 r_t
农地、混凝土	≤1	10^{-2}
大理石、陶瓷	1～10	10^{-3}
沙砾、厚毛毯、一般地毯	10～100	10^{-4}

续表

地板及土壤类型	接触电阻 [1]/kW	缩减因子 r_t
沥青、油毡、木头	≥ 100	10^{-5}

注：1. 施以 500N 压力的 400 cm^2 电极与无穷远点之间测量到的数值。

表 4-7　损失类型 L_1：L_t、L_f 和 L_o 的典型平均值

损害类型	典型损失率		建筑物类型
D1 人畜电击伤害	L_t	10^{-2}	所有类型

（2）物理损害（D2）风险分量 R_B 的计算

风险分量 R_B 的计算方法如式（4-17）所示。

$$R_B=N_D\times P_B\times L_B \qquad \text{式（4-17）}$$

① N_D 可由式（4-12）计算得到。

② 雷击建筑物导致物理损害的概率 P_B 的计算

雷击建筑物导致物理损害的概率 P_B 的计算与雷电防护装置（Lightning Protection System，LPS）的防雷级别（Lightning Protection Level，LPL）具有对应关系，P_B 与 LPS 防雷级别（LPL）的对应关系见表 4-8。

表 4-8　P_B 与 LPS 防雷级别（LPL）的对应关系

LPS 特性	P_B
未安装 LPS 防护	1
Ⅳ类 LPS	0.2
Ⅲ类 LPS	0.1
Ⅱ类 LPS	0.05
Ⅰ类 LPS	0.02
建筑物安装有Ⅰ类 LPS 的接闪器，采用连续的金属框架或钢筋混凝土框架作为自然引下线	0.01
建筑物以金属屋面做接闪器或安装有接闪器（可能包含其他的自然结构部件）使所有屋面装置得到完全的直击雷防护，连续金属框架或钢筋混凝土框架用作自然引下线	0.001

注：在详细调查的基础上，并考虑了 GB/T 21714.2—2015《雷电防护　第 2 部分：风险管理》中规定的尺寸要求以及拦截标准，P_B 也可取表以外的值。

③ 物理损害的损失率 L_B 的计算

物理损害的损失率 L_B 的计算方法如式（4–18）所示。

$$L_{B(物理)}=L_V=r_p \times h_z \times r_f \times L_f \times (n_z/n_t) \times t_z/8760 \quad 式（4–18）$$

在式（4–18）中：

r_p——各种防火措施的缩减因子；

h_z——特殊危险时的增加因子；

r_f——建筑物火灾危险程度的关系缩减因子；

L_f——建筑物典型损失率。

各种防火措施的缩减因子 r_p 值的选取见表 4–9。

表 4–9　各种防火措施的缩减因子 r_p 值的选取

措施	r_p
无措施	1
以下措施之一：灭火器、固定配置人工灭火装置，人工报警装置，消防栓，防火分区，留有逃生通道	0.5
以下措施之一：固定配置自动灭火装置、自动报警装置[1]	0.2

注：1. 仅当采取了过电压防护和其他损害的防护并且消防员能够在 10min 之内赶到时，如果同时采取了多项措施，r_p 应取各相应数值中的最小值。具有爆炸危险的建筑物，r_p=1。

有特殊危险时，增加因子 h_z 的数值见表 4–10。

表 4–10　有特殊危险时，增加因子 h_z 的数值

特殊危险的种类	h_z
无特殊危险	1
低度惊慌（例如，高度不高于两层，人员数量不大于 100 人的建筑物）	2
中等程度的惊慌（例如，容量为 100 ～ 1000 人的文化体育活动场馆）	5
疏散困难（例如，有移动不便人员的建筑物、医院）	5
高度惊慌（例如，容量大于 1000 人的文化体育活动场馆）	10
对周围或环境造成危害	20
对四周环境造成污染	50

注：表中的数值特指持续停留在建筑物里面的人员数量。

建筑物火灾危险程度的关系缩减因子 r_f 与建筑物火灾危险程度有对应关系。缩减因子 r_f 与建筑物火灾危险程度的关系见表 4–11。

表 4–11　缩减因子 r_f 与建筑物火灾危险程度的关系

火灾危险	r_f
爆炸	1
高	10^{-1}
一般	10^{-2}
低	10^{-3}
无	0

注：1. 有爆炸危险建筑物以及内部存储有爆炸性混合物质的建筑物，可能需要更精确地计算 r_f 。
2. 由易燃材料建造的建筑物或者屋顶由易燃材料建造的建筑物或消防负荷大于 800 MJ/m² 的建筑物被视为具有高火灾危险的建筑物。
3. 消防负荷为 400～800 MJ/m² 的建筑物被视为具有一般火灾危险的建筑物。
4. 消防负荷小于 400 MJ/m² 的建筑物或者只是偶尔存有易燃物质的建筑物被视为具有低火灾危险的建筑物。
5. 消防负荷是建筑物内全部易燃物质的能量与建筑物总的表面积之比。

建筑物典型损失率 L_F 的选取与建筑物类型有关。损失类型 L_T 、L_F 和 L_O 的典型平均值见表 4–12。

表 4–12　损失类型 L_T 、L_F 和 L_O 的典型平均值

损害类型	典型损失率		建筑物类型
D1 人和动物电击伤害	L_T	10^{-2}	所有类型
D2 物理损害	L_F	10^{-1}	有爆炸危险
		10^{-1}	医院、旅馆、学校、民居
		5×10^{-2}	公众娱乐场所、教堂、博物馆
		2×10^{-2}	工业、商业
		10^{-2}	其他
D3 内部系统失效	L_O	10^{-1}	有爆炸危险
		10^{-2}	医院的 ICU 病房和手术室
		10^{-3}	医院其他部分

注：对于具有爆炸危险的建筑物，可能需要考虑建筑物类型、爆炸危险程度、危险区域划分以及采取的风险防范措施后，对 L_F 和 L_O 的值进行更精确的计算。

（3）内部系统故障（D3）风险分量 R_C 的计算

R_C 的计算方法如式（4–19）所示。

$$R_C=N_D \times P_C \times L_C \qquad 式（4–19）$$

① N_D 可按式（4–12）计算得知。

② 雷击建筑物导致内部系统故障的概率 P_C 的计算方法如式（4–20）所示。

$$P_C = P_{SPD} \times C_{LD} \quad 式（4–20）$$

在式（4–20）中：

P_{SPD} ——取决于符合 GB/T 21714.4—2015 要求的协调配合的 SPD 系统，以及设计 SPD 所依据的 LPL；

C_{LD}——取决于线路的屏蔽、接地和隔离条件的因子。

雷击建筑物导致内部系统故障的概率 P_C 取决于 SPD 的匹配保护，按 LPL 选取并安装 SPD 时的 P_{SPD} 值见表 4–13。

表 4–13　按 LPL 选取并安装 SPD 时的 P_{SPD} 值

LPL	P_{SPD}
没有安装协调配合的 SPD 系统	1
Ⅲ – Ⅳ	0.03
Ⅱ	0.02
Ⅰ	0.01
考虑了注 2 的情况	0.005 ～ 0.001（由高到低）

注：1. 只有协调配合的 SPD 保护才是减小 P_C 的合适保护措施。只有当建筑物安装了 LPS 或有连续金属框架或钢筋混凝土框架做自然 LPS，且满足了 GB/T 21714.3 对于等电位连接和接地要求，匹配的 SPD 保护才能有效减小 P_C。

2. 在各位置安装的 SPD（见 GB/T 21714.1—2015 表 A.3 中雷电流概率分布的相关资料，以及 GB/T 21714—2015 附录 E 和 GB/T 21741.4—2015 的附录 D 中雷电流分流的相关资料）如果具有要求比Ⅰ类 LPL 更高的防护特性（例如，更大的标称放电电流 I_n，更低的电压保护水平 U_p 等）P_{SPD} 的值可能会更小。同样的附录也适用于具有更高 P_{SPD}。

外部线路的布置类型 C_{LD} 的取值与屏蔽、接地、隔离条件有关系。C_{LD} 及 C_{LI} 与屏蔽、接地、隔离条件的关系见表 4–14。

表 4–14　C_{LD} 及 C_{LI} 与屏蔽、接地、隔离条件的关系

外部线路类型	入口处的连接	C_{LD}	C_{LI}
架空非屏蔽线路	不明确	1	1
埋地非屏蔽线路	不明确	1	1
中线多处接地的供电线路	无	1	0.2
埋地屏蔽线路（供电或通信）	屏蔽层和设备不在同一等电位连接排连接	1	0.3

续表

外部线路类型	入口处的连接	C_{LD}	C_{LI}
架空屏蔽线路（供电或通信）	屏蔽层和设备不在同一等电位连接排连接	1	0.1
埋地屏蔽线路（供电或通信）	屏蔽层和设备在同一等电位连接排连接	1	0
架空屏蔽线路（供电或通信）	屏蔽层和设备在同一等电位连接排连接	1	0
防雷电缆，或布设在防雷电缆管道或金属管道中的线路	屏蔽层和设备在同一等电位连接排连接	0	0
（无外部线路）	与外部线路无连接（单独系统）	0	0
任意类型	符合 GB/T 21714.4—2015 要求的隔离界面	0	0

注：1. 在估算概率 P_C 时，C_{LD} 的值为有屏蔽的内部系统的参数值；对于非屏蔽的内部系统，假定 C_{LD}=1。
2. 对于非屏蔽的内部系统：
——与外部线路无连接（单独系统），或
——通过隔离界面与外部线路连接，或
——连接到由防雷电缆或布设在防雷电缆管道或金属管道中的线路组成的外部线路，屏蔽层和设备在同一等电位连接排连接。
如果感应电压 U_1 不高于内部系统的耐受电压 U_W（$U_1 \leq U_W$），则不需要安装符合 GB/T 21714.4—2015 要求的协调配合的 SPD 系统来降低 P_C。感应电压 U_1 的计算参见 GB/T 21714.4—2015 的附录 A。

③ 建筑物中各种损失率 L_C 的计算方法如式（4–21）所示。

$$L_C = L_O \times (n_z/n_t) \times (t_z/8760) \qquad 式（4–21）$$

在式（4–21）中：

L_O——公众服务典型损失率。

公众服务典型损失率 L_O 与服务类型有关，L_F 和 L_O 的典型平均值见表 4–15。

表 4–15　L_F 和 L_O 的典型均值

损害类型	典型损失率		服务类型
D2 物理损害	L_F	10^{-1}	燃气、水和电力供应
		10^{-2}	电视、通信线路
D3 内部系统失效	L_O	10^{-2}	燃气、水和电力供应
		10^{-3}	电视、通信线路

（4）内部系统故障（D3）风险分量 R_M 的计算

内部系统故障（D3）风险分量 R_M 的计算方法如式（4–22）所示。

$$R_M = N_M \times P_M \times L_M \qquad 式（4–22）$$

在式（4–22）中：

N_M——雷击建筑物附近的年平均危险事件次数（详见 GB/T 21714 附录 A.3）；

P_M——雷击建筑物附近导致内部系统故障的概率（详见 GB/T 21714 附录 B.5）；

L_M——建筑物中各种损失率（详见 GB/T 21714 附录 C.3、C.4、C.6）。

① 雷击建筑物附近的年平均危险事件次数 N_M 的计算方法如式（4–23）所示。

$$N_M = N_g \times A_m \times 10^{-6} \qquad 式（4\text{–}23）$$

在式（4–23）中：

N_g——雷击大地密度（每年次 /km²）；

A_m——雷击建筑物附近的截收面积（m²），为距建筑物周边 500m 范围所包围的面积。

② 雷击建筑物附近引起内部系统故障的概率 P_M 取决于雷击电磁脉冲防护措施，当未安装符合 GB/T 21714.4 要求的协调配合的 SPD 时，P_M 值的计算方法如式（4–24）所示。

$$P_{MS}=(K_{S1} \times K_{S2} \times K_{S3} \times K_{S4})^2 \qquad 式（4\text{–}24）$$

在式（4–24）中：

K_{S1}——LPZ 0/1 界面处，建筑物、LPS 或其他屏蔽物的屏蔽效能的因子；

K_{S2}——考虑建筑物内部各 LPZ 界面处屏蔽物的屏蔽效能的因子；

K_{S3}——内部布线特性的因子，内部布线特性因子 K_{S3} 与内部布线类型有关，内部布线与 K_{S3} 的关系见表 4–16；

K_{S4}——需防护系统耐冲击电压的因子。

对于格栅型屏蔽体的屏蔽效能因子 K_{S1} 和 K_{S2} 的计算方法如式（4–25）和式（4–26）所示。

$$K_{S1}=0.12\,\omega_{m1} \qquad 式（4\text{–}25）$$

$$K_{S2}=0.12\,\omega_{m2} \qquad 式（4\text{–}26）$$

在式（4–25）和式（4–26）中的 ω_{m1} 和 ω_{m2} 是格栅形空间屏蔽或网格状 LPS 引下线的网格宽度，或者作为自然引下线的间距或钢筋混凝土框架的间距，取基本模数值 100mm，即 0.1m。

表 4-16　内部布线与 K_{S3} 的关系

内部布线类型	K_{S3}
非屏蔽电缆——布线时未避免构成环路[1]	1
非屏蔽电缆——布线时避免构成大的环路[2]	0.2
非屏蔽电缆——布线时避免构成环路[3]	0.01
屏蔽电缆和金属管道中的电缆[4]	0.0001

注：1. 大的建筑物中分开布设的导线构成的环路（环路面积大约为 $50m^2$）。
2. 同一电缆管道中的导线或较小建筑物中分开布设的导线构成的环路（环路面积大约为 $10m^2$）。
3. 同一电缆的导线形成的环路（环路面积大约为 $0.5m^2$）。
4. 屏蔽层和金属管道两端以及设备在同一等电位母排上连接。

需防护系统耐冲击电压的因子 K_{S4} 的计算方法如式（4-27）所示。

$$K_{S4}=1/U_W \qquad 式（4-27）$$

在式（4-27）中：

U_W——需防护系统的耐冲击电压额定值，单位为 kV；

K_{S4}——最大值不超过 1。

内部系统中的设备有不同额定耐冲击电压值时，应按最低的耐冲击电压计算 K_{S4}。

（5）人畜伤害（D1）的风险分量 R_U 的计算

R_U 的计算方法如式（4-28）所示。

$$R_U=(N_L+N_{DJ})\times P_U\times L_U \qquad 式（4-28）$$

① 对于单段服务设施，雷击线路的年平均危险事件次数 N_L 分量的计算

N_L 的计算方法如式（4-29）所示。

$$N_L=N_g\times A_L\times C_I\times C_E\times C_T\times 10^{-6} \qquad 式（4-29）$$

在式（4-29）中：

N_g——雷击大地密度（每年次 /km^2）；

A_L——雷击线路的截收面积（m^2）；

C_I——线路安装因子。线路安装因子 C_I 见表 4-17；

C_T——线路类型因子。线路类型因子 C_T 见表 4-18；

C_E——线路环境因子。线路环境因子 C_E 见表 4-19。

其中，雷击大地密度 N_g 的计算方法如式（4-30）所示。

$$N_g \approx 0.1 \times T_d \quad 式（4-30）$$

雷击线路的截收面积 A_L 的计算方法如式（4-31）所示。

$$A_L = 40 \times L_L \quad 式（4-31）$$

在式（4-31）中：

L_L ≈线路区段的长度，单位为 m。

表 4-17　线路安装因子 C_I

布线方式	C_I
架空	1
埋地	0.5
完全埋设在网格型地网中的电缆（GB/T 21714.4—2015 的 5.2）	0.01

表 4-18　线路类型因子 C_T

类型	C_T
低压供电线路，通信或数据线路	1
高压输配电线路（具有 HV/LV 变压器）	0.2

表 4-19　线路环境因子

环境	C_E
农村	1
郊区	0.5
市区	0.1
有高层建筑的市区 [1]	0.01

注：1. 建筑物高度大于 20m。

② 毗邻建筑物的危险事件次数 N_{DJ} 分量的计算方法如式（4-32）所示。

$$N_{DJ} = N_g \times A_{DJ} \times C_D \times C_T \times 10^{-6} \quad 式（4-32）$$

在式（4-34）中：

N_g——雷击大地密度（每年次 /km^2）；

A_{DJ}——毗邻建筑物的截收面积（m^2）；

C_D——毗邻建筑物的位置因子，毗邻建筑物的位置因子 C_D 见表 4-20；

C_T——线路类型因子。

其中，N_g 由式（4–30）计算所得。

表 4–20　毗邻建筑物的位置因子 C_D

建筑物相对位置	C_D
周围有更高的物体	0.25
周围有相同高度或更矮的物体	0.5
孤立建筑物：附近无其他物体	1
小山顶或山丘上孤立的建筑物	2

（6）雷击线路导致人和动物电击伤害的概率 P_U 的计算

雷击入户线路因接触电压导致的人和动物伤害的概率取决于线路屏蔽层的特性、所连内部系统的耐冲击电压、所用防护措施（例如，围栏、警示牌、隔离界面以及按照 GB/T 21714.3—2015 的要求在线路入户处安装 SPD 来进行等电位连接）。

P_U 的计算方法如式（4–33）所示。

$$P_U=P_{TU}\times P_{EB}\times P_{LD}\times C_{LD} \qquad 式（4–33）$$

在式（4–33）中：

P_{TU}——取决于接触电压的防护等级，例如，遮拦物或警示牌，雷击入户线路因接触电压导致的人和动物伤害的概率 P_{TU} 见表 4–21；

P_{EB}——取决于符合 GB/T 21714.3—2015 要求的防雷等电位连接（EB），以及设计 SPD 所依据的 LPL，按 LPL 选取 SPD 时的 P_{EB} 值见表 4–22；

P_{LD}——雷击线路导致内部系统失效的概率，取决于线路的特性，概率 P_{LD} 与电缆屏蔽层电阻 R_S 和设备耐冲击电压 U_W 的关系见表 4–23；

C_{LD}——取决于线路的屏蔽、接地和隔离条件的因子，C_{LD} 及 C_{LI} 与屏蔽、接地、隔离条件的关系见表 4–24。

表 4–21　雷击入户线路因接触电压导致的人和动物伤害的概率 P_{TU}

防护措施	P_{TU}
无防护措施	1
设置警示牌	10^{-1}
电气绝缘	10^{-2}
有形的限制（例如，围栏等）	0

表 4-22　按 LPL 选取 SPD 时的 P_{EB} 值

LPL	P_{EB}
未安装 SPD	1
Ⅲ－Ⅳ	0.05
Ⅱ	0.02
Ⅰ	0.01
考虑了注 1 的情况	0.005 ～ 0.001（由高至低）

注：在各位置安装的 SPD（见 GB/T 21714.1—2015 表 A.3 中雷电流概率分布的相关资料，以及 GB/T 21714.1—2015 附录 E 和 GB/T 21714.4—2015 的附录 D 中雷电分流的相关资料），如果具有要求比Ⅰ类 LPL 更高的防护特性（例如更大的标称放电电流 I_n，更低的电压保护水平 U_P 等），P_{EB} 的值可能会更小。上述附录内容也适用于具有更高 P_{EB} 的 SPD。

表 4-23　概率 P_{LD} 与电缆屏蔽层电阻 R_S 和设备耐冲击压 U_W 的关系

线路类型	布线、屏蔽及等电位连接		设备耐冲击电压 U_W/kV				
			1	1.5	2.5	4	6
			与概率 P_{LD} 的取值				
供电线路或通信线路	架空线或埋地线无屏蔽或屏蔽层与设备不在同一等电位连接排连接		1	1	1	1	1
	架空线或埋地线的屏蔽层与设备在同一等电位连接排连接	$5\Omega/km < R_S \leqslant 20\Omega/km$	1	1	0.95	0.9	0.8
		$1\Omega/km < R_S \leqslant 5\Omega/km$	0.9	0.8	0.6	0.3	0.1
		$R_S \leqslant 1\Omega/km$	0.6	0.4	0.2	0.04	0.02

注：在郊区或城市地区，低压供电线通常使用非屏蔽埋地电缆，而通信线通常使用埋地屏蔽线缆（最少 20 根芯线，屏蔽层电阻约为 5Ω/km，铜导线直径为 0.6mm）。在农村地区，低压供电线通常使用非屏蔽架空电缆，而通信线通常使用架空非屏蔽线缆（铜导线直径为 1mm）。高压供电线通常使用屏蔽电缆，屏蔽层电阻约为 1 ～ 5Ω/km。

表 4-24　C_{LD} 及 C_{LI} 与屏蔽、接地、隔离条件的关系

外部线路类型	入口处的连接	C_{LD}	C_{LI}
架空非屏蔽线路	不明确	1	1
埋地非屏蔽线路	不明确	1	1
中线多处接地的供电线路	无	1	0.2
埋地屏蔽线路（供电或通信）	屏蔽层和设备不在同一等电位连接排连接	1	0.3
架空屏蔽线路（供电或通信）	屏蔽层和设备不在同一等电位连接排连接	1	0.1
埋地屏蔽线路（供电或通信）	屏蔽层和设备在同一等电位连接排连接	1	0
架空屏蔽线路（供电或通信）	屏蔽层和设备在同一等电位连接排连接	1	0
防雷电缆，或布设在防雷电缆管道或金属管道中的线路	屏蔽层和设备在同一等电位连接排连接	0	0
（无外部线路）	与外部线路无连接（单独系统）	0	0
任意类型	符合 GB/T 21714.4—2015 要求的隔离界面	0	0

（7）雷击线路时建筑物内人和动物电击伤害的损害率 L_U 的计算

雷击线路时建筑物内人和动物电击伤害的损害率 L_U 的计算方法如式（4–34）所示。

$$L_U=r_t \times L_T \times (n_z/n_t) \times (t_z/8760) \quad 式（4–34）$$

在式（4–34）中：

r_t——由土壤或地板变偶面类型决定的减少人身伤亡损失额的缩减因子；

L_T——一次危险事件导致受害者遭电击伤害（D1）的典型平均相对量。

（8）物理损害（D2）的风险分量 R_V 的计算

雷击入户线路风险分量的评估中，物理损害（D2）的风险分量 R_V 的计算方法如式（4–35）所示。

$$R_V=(N_L+N_{DJ}) \times P_V \times L_V \quad 式（4–35）$$

在式（4–35）中：

N_L——雷击线路的年平均危险事件次数；

N_{DJ}——毗邻建筑物的危险事件次数；

P_V——雷击入户线路导致物理损害的概率；

L_V——雷击线路时建筑物内物理损坏的损失率。

其中，N_L 由式（4–29）计算可得；N_{DJ} 由式（4–32）计算可得。

雷击入户线路导致物理损害的概率 P_V 取决于线路屏蔽层的特性、所连内部系统的耐冲击电压、隔离界面或按照 GB/T 21714.4—2015 要求在吸纳路入户处安装的用于防雷等电位连接的 SPD，P_V 的计算方法如式（4–36）所示。

$$P_V=P_{EB} \times P_{LD} \times C_{LD} \quad 式（4–36）$$

在式（4–36）中：

P_{EB}——取决于符合 GB/T 21714.3—2015 要求的防雷等电位连接（EB），以及设计 SPD 所依据的 LPL（详情见表 4–22）；

P_{LD}——雷击线路导致内部系统失效的概率取决于线路的特性（详情见表 4–23）；

C_{LD}——取决于线路的屏蔽、接地和隔离条件的因子（详情见表 4–24）。

雷击线路时建筑物内物理损坏的损失率 L_V 受建筑物某个分区特性的影响，考

虑到这点，引入了缩减因子（r_f 和 r_p），L_V 的计算方法如式（4–37）所示。

$$L_V=L_B=r_p \times r_f \times L_F \times n_z/n_t \quad \text{式（4–37）}$$

在式（4–37）中：

r_p——取值详见表 4–9；

r_f——取值详见表 4–11；

L_F——取值详见表 4–15；

n_z——分区中服务用户数目；

n_t——建筑物中服务用户总数目。

（9）电气和电子系统失效（D3）的风险分量 R_W 的计算

雷击入户线路（损害成因 S3）产生的电气和电子系统失效（D3）的风险分量 R_W 风险分量的计算方法如式（4–38）所示。

$$R_W=(N_L+N_{DJ}) \times P_W \times L_W \quad \text{式（4–38）}$$

在式（4–38）中：

N_L——雷击线路的年平均危险事件次数；

N_{DJ}——毗邻建筑物的危险事件次数；

P_W——雷击线路导致内部系统故障的概率；

L_W——损失类型。

其中：N_L 由式（4–29）计算可得；N_{DJ} 由式（4–32）计算可得；L_W 取值详见表 4–11。

雷击线路导致内部系统故障的概率 P_W 取决于线路屏蔽层的特性、所连内部系统的耐冲击电压、隔离界面或安装协调配合的 SPD 系统，P_W 的计算方法如式（4–39）所示。

$$P_W=P_{SPD} \times P_{LD} \times C_{LD} \quad \text{式（4–39）}$$

在式（4–39）中：

P_{SPD}——取决于符合 GB/T 21714.4—2015 要求的协调配合的 SPD 系统，以及设计 SPD 所依据的 LPL（详见表 4–13）；

P_{LD}——雷击线路导致内部系统失效的概率取决于线路的特性（详见表 4–23）；

C_{LD}——取决于线路的屏蔽、接地和隔离条件的因子（详见表 4-24）。

（10）电气和电子系统失效（D3）的风险分量 R_Z 的计算

电气和电子系统失效（D3）的风险分量 R_Z 的计算方法如式（4-40）所示。

$$R_Z=N_I \times P_Z \times L_Z \quad \text{式(4-40)}$$

在式（4-40）中：

N_I——雷击入户线路附近的年平均危险事件次数；

P_Z——雷击入户线路附近导致内部系统失效的概率；

L_Z——建筑物中各种损失率。

其中：建筑物中各种损失率 L_Z 取值详见表 4-15。

雷击入户线路附近的年平均危险事件次数 N_I 的计算方法如式（4-41）所示。

$$N_I=N_g \times A_I \times C_I \times C_E \times C_T \times 10^{-6} \quad \text{式（4-41）}$$

在式（4-41）中：

N_g——大地雷击密度（每年次 /km^2）；

A_I——雷击线路附近的截收面积（m^2）；

C_I——线路安装因子（详见表 4-17）；

C_T——线路类型因子（详见表 4-18）；

C_E——线路环境因子（详见表 4-19）。

雷击入户线路附近导致内部系统失效的概率 P_Z 取决于线路屏蔽层的特性、所连内部系统的耐冲击电压、隔离界面或安装协调配合的 SPD 系统，雷击入户线路附近导致内部系统失效的概率 P_Z 的计算方法如式（4-42）所示。

$$P_Z=P_{SPD} \times P_{LI} \times C_{LI} \quad \text{式（4-42）}$$

在式（4-42）中：

P_{SPD}——取决于符合 GB/T 21714.4—2015 要求的协调配合的 SPD 系统，以及设计 SPD 所依据的 LPL（详见表 4-13）；

P_{LI}——雷击线路导致内部系统失效的概率取决于线路的特性。设备耐冲击电压 U_W（kV）与概率 P_{LI} 的取值见表 4-25；

C_{LI}——取决于线路的屏蔽、接地和隔离条件的因子（详见表 4-24）。

表 4-25　设备耐冲电压 U_W（kV）与概率 P_{LI} 的取值

线路类型	1	1.5	2.5	4	6
供电线路	1	0.6	0.3	0.16	0.1
通信线路	1	0.5	0.2	0.08	0.04

4.2.3　建筑物群防雷击人身伤亡损失风险 R_1 的计算

按照式（4-1）可知，R_1 为下列分量之和。

$$R_1=R_A+R_B+R_U+R_V$$

通过各分项的计算，可以得出 R_1 结果，由于计算复杂、计算量大，本书没有进行具体定量的计算，仅介绍了计算思路和公式，供大家参考。

4.2.4　建筑物群防雷击公众服务损失入户线路损害风险 R_2 的计算

按照式（4-2）可知，R_2 为下列分量之和。

$$R_2=R_B+R_C+R_M+R_V+R_W+R_Z$$

通过各分项的计算，可以得出 R_2 结果，由于计算复杂、计算量大，本书没有进行具体定量的计算，仅介绍了计算思路和公式，供大家参考。

4.2.5　无线电监测站雷电风险评估结论

根据国标 GB/T 21714.2—2015 第 5.4 条的规定，不同类型防雷建筑物和内部设施风险容许值应由相关职能部门确定。目前，无线电监测站建筑物群防雷击风险容许值还没有相关的规定，因此只能按 GB/T 21714.2—2015 第 5.3 条的规定给出涉及人身伤亡损失、公众服务损失确定该监测站建筑物群防雷击风险 R_T 值。

人身伤亡损失容许值：$R_T=10^{-5}$（R_T/年）。

雷击入户线路（公众服务）损害风险容许值：$R_T=10^{-3}$（R_T/年）。

将本书 4.2.3 节、4.2.4 节计算得出的 R_1、R_2 值与风险容许值 R_T 进行比较，如果对所有的风险均有 $R \leqslant R_T$，则不需要防雷；如果某风险有 $R > R_T$，应采取保护措施（防雷保护）减小该风险，使 $R \leqslant R_T$。

特别需要注意的是，当某风险有 $R > R_T$ 时，为了降低风险，使 $R \leqslant R_T$，应采取以下保护措施。

① 为建筑物安装 II 类以上 LPS 的接闪器，以降低 P_B 值。

② 降低设备受到雷击的冲击电压，在电源线路室外暴露未屏蔽的部分线路上安装防雷级别为 II 级的电源避雷器 SPD，以降低 P_{SPD} 与 P_{EB} 值。

③ 在室外入户信号线路上安装防雷级别为 III 级的信号线路避雷器 SPD，例如在室外天线馈线接口处等。

④ 为重要设备机房配置自动灭火装置、自动报警装置。

⑤ 做好接地系统和线路屏蔽，确保该监测站中各种电气设备不受电磁干扰。

4.3 参照 GB 50343—2012 进行雷击风险评估

以南方地区某监测站综合监测楼为实例，以 GB 50343—2012《建筑物电子信息系统防雷技术规范》的 4.1、4.2、4.3 条为评估依据，计算防雷装置拦截效率，并分析监测及信息系统的重要性、实用性和经济价值，从理论上对该无线电监测站机房进行雷击风险评估并确定雷电防护等级。

雷击风险评估依据可分为以下 3 个方面。

① 计算建筑物及入户服务设施年预计雷击次数 N，直接雷和雷电电磁脉冲引起电子信息系统设备损坏的可接受的最大年平均雷击次数 N_c，将 N 和 N_c 进行比较，当 $N \leqslant N_c$ 时，可不安装雷电防护装置；当 $N > N_c$ 时，应安装雷电防护装置。

② 计算防雷装置拦截效率 E，确定雷电防护等级：当 $E > 0.98$ 时，定为 A 级；当 $0.90 < E \leqslant 0.98$ 时，定为 B 级；当 $0.80 < E \leqslant 0.90$，定为 C 级；当 $E \leqslant 0.80$ 时，定为 D 级。

③ 按电子信息系统的重要性、使用价值和经济价值确定雷电防护等级。国家级计算中心、国家级通信枢纽等列入 A 级，中型通信枢纽、微波站、移动基站等列入 B 级，小型通信枢纽等列入 C 级，A、B、C 以外的建筑物列入 D 级。

4.3.1　评估过程

根据 GB 50343—2012 的“雷击风险评估和雷电防护等级划分”为评估依据，对某无线电监测站综合监测楼进行雷击风险评估分析。

（1）计算建筑物及入户服务设施年预计雷击次数 N（次 / 年）

建筑物及入户服务设施年预计雷击次数 N 的计算方法如式（4–43）所示。

$$N=N_1+N_2 \qquad \text{式（4–43）}$$

在式（4–43）中：

N_1——建筑物年预计雷击次数（次 /a）；

N_2——入户服务设施年预计雷击次数（次 /a）。

注：“a”在该标准中代表“年”，次 /a，即次 / 年，以下同。

① 建筑物年预计雷击次数 N_1 的计算方法如式（4–44）所示。

$$N_1= K \times N_g \times A_e \qquad \text{式（4–44）}$$

在式（4–44）中：

K——校正系数，在一般情况下取 1，在下列情况下取相应数值：位于旷野孤立的建筑物，K 取 2；金属屋面的砖木结构的建筑物，K 取 1.7；位于河边、湖边、山坡下或山地中土壤电阻率较小处，地下水露头处、土山顶部、山谷风口等处的建筑物，以及特别潮湿地带的建筑物，K 取 1.5。

N_g——建筑物所处地区雷击大地的年平均密度（每年次 /km^2）。

A_e——建筑物截收相同雷击次数的等效面积（km^2）。

具体计算过程如下。

在式（4–44）中，K 为校正系数，该无线电监测站机房办公楼位于旷野，周围无其他建筑物，K 取 2；N_g 为建筑物所处地区雷击大地密度（每年次 /km^2），N_g 的计算方法如式（4–45）所示。

$$N_g \approx 0.1 \times T_d \qquad \text{式（4–45）}$$

在式（4–45）中，T_d 为年平均雷暴日，单位为年 / 天（d/a），查阅表 3-1 全国主要城市年平均雷暴日数统计表，该地区年平均雷暴日 T_d 约为 40，代入式（4–45）中计算可得，$N_g \approx 4.0$。

建筑物截收相同雷击次数的等效面积（km^2），A_e 的计算方法如式（4-46）所示。

$$A_e = [LW + 2(L+W)\sqrt{H(200-H)} + \pi H(200-H)] \times 10^{-6} \quad 式（4-46）$$

在式（4-46）中：

L 为建筑物长，W 为建筑物宽，H 为建筑物高。该无线电监测站综合监测楼 L=82m，W=28m，H=22m，将其代入式（4-46）计算可得 A_e=0.025904。

将 K、N_g、A_e 计算的数值代入式（4-44）中，计算可得 N_1=0.207232。

② 入户服务设施年预计雷击次数 N_2 的计算方法如式（4-47）所示。

$$N_2 = N_g \times A_e' = (0.1 \times T_d) \times (A_{e1}' + A_{e2}') \quad 式（4-47）$$

在式（4-47）中：

N_g——建筑物所处地区雷击大地密度；

A_{e1}'——电源线入户设施的截收面积（km^2）；

A_{e2}'——信号线缆入户设施的截收面积（km^2）。

有效入户设施的截收面积与线路类型有关，有效入户设施的截收面积见表4-26。

表 4-26 有效入户设施的截收面积

线路类型	有效截收面积 A_e'/km^2
低压架空电源电缆	$2000 \times L \times 10^{-6}$
高压架空电源电缆（至现场变电所）	$500 \times L \times 10^{-6}$
低压埋地电源电缆	$2 \times d_s \times L \times 10^{-6}$
高压埋地电源电缆（至现场变电所）	$0.1 \times d_s \times L \times 10^{-6}$
架空信号线	$2000 \times L \times 10^{-6}$
埋地信号线	$2 \times d_s \times L \times 10^{-6}$
无金属铠装和金属芯线的光纤电缆	0

注：1. L 是线路从所考虑建筑物至网络的第一个分支点或相邻建筑物的长度，单位为 m，最大值为 1000，当 L 未知时，应取 L=1000。
2. d 表示埋地引入线缆计算截面积时的等效宽度，单位为 m，其数值等于土壤电阻率的值，最大值取 500。

根据表 4-26 确定入户设施的截收面积规定确定电源线入户设施的截收面积 A_{e1}' 和信号线缆入户设施的截收面积 A_{e2}'。

该无线电监测站机房办公楼电源线为220V低压埋地电缆，信号线只考虑多模多馈天线的埋地馈线同轴电缆，根据表4–26可知，电源线入户设施的截收面积A_{e1}'的计算方法如式（4–48）所示。

$$A_{e1}'=2\times d_s\times L\times 10^{-6} \quad \text{式（4–48）}$$

在式（4–48）中：d_s为土壤电阻率，该无线电监测站机房办公楼周围土壤电阻率经过测试为306.9Ω•m；L为低压埋地电缆长度，该监测站低压埋地电缆长度约为250m。将数值代入式（4–48）中计算可得A_{e1}'=0.15345。

该监测站信号线缆入户设施的截收面积A_{e2}'的计算方法如式（4–49）所示。

$$A_{e2}'=2\times d_s\times L\times 10^{-6} \quad \text{式（4–49）}$$

在式（4–49）中：d_s为土壤电阻率，约为306.9Ω•m；L为多模多馈天线埋地馈线同轴电缆长度，约为150m。代入式（4–49）中计算可得A_{e2}'=0.092070。

将计算的A_{e1}'，A_{e2}'和T_d数值代入式（4–47），计算可得N_2=0.98208。

③ 雷击次数N的计算方式。

将N_1和N_2计算的数值代入式（4–43），计算可得雷击次数N=1.189312。

（2）计算可接受的最大年平均雷击次数N_c

电子信息系统设备损坏的可接受的最大年平均雷击次数N_c的计算方法如式（4–50）所示。

$$N_c=0.58/C \quad \text{式（4–50）}$$

在式（4–50）中，C为各类因子，C的计算方法如式（4–51）所示。

$$C=C_1+C_2+C_3+C_4+C_5+C_6 \quad \text{式（4–51）}$$

在式（4–51）中：

C_1——信息系统所在建筑物材料结构因子。当建筑物屋顶和主体结构均为金属材料时，C_1取0.5；当建筑物屋顶和主体结构均为钢筋混凝土材料时，C_1取1.0；当建筑物为砖混结构时，C_1取1.5；当建筑物为砖木结构时，C_1取2.0；当建筑物为木结构时，C_1取2.5。

C_2——信息系统重要程度因子。C、D级电子信息系统的C_2取0.5；B级类电子信息系统的C_2取1.0；A级电子信息系统的C_2取3.0。

C_3——电子信息系统设备耐冲击类型和抗冲击过电压能力因子。一般[1]情况时，C_3 取 0.5；较弱[2]情况时，C_3 取 1.0；相当弱[2]情况时，C_3 取 3.0。

注：1.“一般”是指 GB/T 16935.1—1997 中所指的 I 类安装位置的设备，且采取了较完善的等电位连接以及接地、线缆屏蔽措施。
2.“较弱”是指 GB/T 16935.1—1997 中所指的 I 类安装位置的设备，但使用架空线缆，因而风险大；“相当弱”是指集成化程度很高的计算机、通信或控制等设备。

C_4——电子信息系统设备所在 LPZ 的因子。设备在 LPZ2 区或更高层雷电防护区内时，C_4 取 0.5；设备在 LPZ1 区内时，C_4 取 1.0；设备在 $LPZ0_B$ 区内时，C_4 取 1.5 ～ 2.0。

C_5——电子信息系统发生雷击事故的后果因子。信息系统业务中断不会产生不良后果时，C_5 取 0.5；信息系统业务原则上不允许中断，但在中断后无严重后果时，C_5 取 1.0；信息系统业务不允许中断，中断后会产生严重后果时，C_5 取 1.5 ～ 2.0。

C_6——区域雷暴等级因子。少雷区时，C_6 取 0.8；中雷区时，C_6 取 1；多雷区时，C_6 取 1.2；强雷区时，C_6 取 1.4。

根据上述 C 因子的取值规定，对于本评估实例中的无线电监测站，C 取值如下。

- 该无线电监测站机房屋顶和主体建筑采用钢筋混凝土结构，C_1 取 1.0。
- 该无线电监测站属于 B 类电子信息系统，C_2 取 2.5。
- 该无线电站监测设备尤其是精密监测接收机耐冲击能力较弱，C_3 取 1.0。
- 该无线电监测站设备处于 $LPZ0_B$，C_4 取 1.75。
- 该无线电监测站信息系统业务原则上不允许中断，但在中断后无严重后果，C_5 取 1.0。
- 该无线电监测站地处多雷区，C_6 取 1.2。

将 C_1 ～ C_6 代入式（4-51）计算可得 N_c=0.0648。

（3）确定电子信息系统设备是否需要安装雷电防护装置

比较 N 与 N_c 的数值，当 N=1.189312，N_c=0.0648，N 远大于 N_c，应安装雷电防护装置，因此该无线电监测站综合监测楼监测及信息系统应安装雷电防护装置。

（4）确定雷电防护等级

防雷装置拦截效率 E 的计算方法如式（4-52）所示。

$$E=1-N_c/N \quad 式(4-52)$$

按照 GB 50343—2012 相关规定，建筑物雷电防护等级分类如下。

① 当 $E>0.98$ 时，定为 A 级。

② 当 $0.90<E\leqslant 0.98$ 时，定为 B 级。

③ 当 $0.80<E\leqslant 0.90$ 时，定为 C 级。

④ 当 $E\leqslant 0.80$ 时，定为 D 级。

将 N 和 N_c 数值代入式（4–52），可计算得知防雷装置拦截效率 $E=0.9455$，属于 $0.90<E\leqslant 0.98$，因此该无线电监测站综合监测楼雷电防护等级为 B 级。

（5）分析监测及信息系统重要性、使用价值和经济价值确定雷电防护等级

根据 GB 50343—2012 的 4.3 节规定，我们可以根据建筑物监测及信息系统的重要性、使用价值和经济价值选择雷电防护等级。建筑物电子信息系统雷电防护等级见表 4–27。

表 4–27　建筑物电子信息系统雷电防护等级

雷电防护等级	建筑物电子信息系统
A 级	1. 国家级计算中心、国家级通信枢纽、国家金融中心、证券中心、银行总（分）行、大中型机场、国家级和省级广播电视中心、枢纽港口、火车枢纽站、省级城市水、电、气、热等城市重要公用设施的测控中心等。 2. 一级安全防范系统，例如国家文物、档案库的闭路电视监控和报警系统。 3. 三级医院电子医疗设备
B 级	1. 中型计算中心、银行支行、中型通信枢纽、移动通信基站、大型体育场（馆）监控系统、小型机场、大型港口、大型火车站。 2. 二级安全防范系统，例如省级文物、档案库的闭路电视监控和报警系统。 3. 雷达站、微波站、高速公路监控和收费系统。 4. 二级医院电子医疗设备。 5. 五星及高级宾馆电子信息系统
C 级	1. 小型通信枢纽、电信局。 2. 大中型有线电视系统。 3. 五星级以下宾馆电子信息系统
D 级	除了上述 A、B、C 级一般用途的需防护电子信息设备

该无线电监测站作为一类监测站，在无线电监测和安全保障方面起着重大作用，并且随着无线电业务的逐渐增多，该无线电监测站在维护“电波秩序”、合理规划频谱资源、定位和排除电磁干扰等方面发挥的作用也越来越大。近年来，该无线电监

测站经过不断的建设投入，配置大量先进的监测设备和仪器，具有较高的重要性、使用价值和经济价值，监测及信息系统需要可靠的雷击防护，根据表 4-27 的相关规则，该无线电监测站属于国家级重要设施，雷电防护等级为 A 级。

4.3.2 评估结论

根据 GB 50343—2012 上述评估过程，评估结论为该无线电监测站监测及信息系统应安装雷电防护装置，根据计算，该无线电监测站监测及信息系统雷电防护等级为 B 级，根据重要性和使用价值，其防雷等级为 A 级。在实际应用中，用户可根据监测站的实际情况和资金预算确定防雷等级。

4.4 参照 YD/T 3285—2017 进行雷击风险评估

参照 GB/T 21714.2—2015 对无线电监测及信息系统进行雷击风险评估，计算方法烦琐复杂，需要的参数多、计算周期长、工作量大，非专业人员很难完成，不利于无线电管理人员理解和决策。

参照 GB 50343—2012 对无线电监测及信息系统进行雷击风险评估，由于没有关于无线电监测站电子信息系统的雷电防护等级规定，所以只能套用类似的电子信息系统，难以准确定级。

无线电监测站具有国家级、省市级、地市级各种类别。其中，国家级和省市级监测站具有各类高端精密监测设备和监测系统，部分监测设备的成本动辄上百万元甚至千万元。同时，各级监测站分布范围广，位于强雷区、高雷区和多雷区的省市较多，还具有数量巨大的遥控站。遥控站虽然设备不多，但是为了接收信号效果，往往建设于该区域的位置最高点，易成为雷击的目标。如此众多的监测站分布于不同的雷电区域，无论参照上述的哪一个标准，都需要对监测站逐一进行大量的计算和评估，均不是无线电监测站雷击风险评估的最佳解决方法。

鉴于无线电监测站行业的特殊性，YD/T 3285—2017 提出了一种适合无线电监测行业，简单有效的确定雷电防护等级方法，便于管理者投资和决策。

无线电监测设施防雷设计前应按以下方法划分为一类或二类防雷等级。

① 位于强雷区或多雷区的无线电监测设施，以及位于山顶、海边、河流附近等雷击风险较高地带的无线电监测设施应划分为一类。

② 重要性和设备价值较高的无线电监测设施也可划分为一类。

③ 不属于一类的其他无线电监测设施划分为二类。

综合考虑天气、地理、重要性和价值性等因素，将无线电监测站雷电防护等级划为两类，进行不同等级的防护，这样既简单快捷，避免了大量的复杂计算，又兼顾了监测站的多样性和特殊性，其有效性在实践中已得到验证。按照这种划分等级，本章 4.2 节和 4.3 节中评估的北方地区和南方地区的两个无线电监测站均位于多雷区，同样承担着区域内无线电频谱监测和信号的监测定位分析，都具有重要无线电监测和管理作用，同时，监测站中配置有大量的先进监测设备，价值高，维修成本高昂，因此这两个无线电监测站监测与信息系统应划分为一类雷电防护等级。

4.5　本章小结

国家无线电监测中心在“十二五”规划中明确提出，需要对监测网进行完善的防雷保护，本章参照 GB/T 21714.2—2015《雷电防护　第 2 部分：风险管理》、GB 50343—2012《建筑物电子信息系统防雷技术规范》和 YD/T 3285—2017《无线电监测站雷电防护技术要求》，以两个具有代表性的无线电监测站为实例，详细介绍了这两个监测站雷击风险评估方法，确定了防护等级和防护要求。

本章结合无线电监测站行业的特殊性，建议使用 YD/T 3285—2017《无线电监测站雷电防护技术要求》对无线电监测站的雷电防护等级，快捷划分。本章主要的目的不在于复杂的计算，而是使用不同的标准、不同的评估方法。对无线电监测站雷电防护的必要性给出理论及数据支撑，对无线电管理及其从业人员进行监测站防雷与接地的设计、财务预算和日常维护提供科学的决策及参考依据。

4.[illegible] 本章小结

第 5 章　综合监测楼的防雷与接地

无线电综合监测楼是指具备无线电信号接收、频谱监测、测向定位、数据分析、指挥调度甚至监测设备型号核准的多功能综合性监测楼，无线电综合监测楼一般配备了大量的无线电监测和通信设备，在无线电监测和频谱分析上发挥了重要的作用，雷电防护等级按 YD/T 3285—2017《无线电监测站雷电防护技术要求》规定为一类防护等级。一般国家级无线电监测站和省市无线电监测站的日常工作场所均在无线电综合监测楼内，因此，无线电综合监测楼具备了设备多、人员多和功能强等重要作用。经过综合评估，无线电综合监测楼的防雷与接地是无线电监测站雷电防护的重中之重。

常见无线电监测站系统分布示意如图 5-1 所示。其中，综合监测楼主要分为两层：第一层为办公区，第二层为各类机房。各类机房具体包括监测机房、网络机房、电源配电室、指挥机房等。楼顶架设有不同类型的接收和发射天线，外部天馈线及电源线通过一楼进线室进入综合监测楼。

5.1　一般原则

无线电监测及信息系统的防雷设计应坚持全面规划、综合治理、技术先进、优化设计、多重保护、经济合理、定期检测、随机维护的原则进行综合设计、施工及维护。

无线电监测及信息系统应根据所在地区的雷暴等级、设备所在不同的雷电防护区以及系统对雷击电磁脉冲的抗扰度等要求采用不同的防护措施进行综合设计。

根据规范要求，将设置有无线电监测及信息系统的建筑物需要保护的空间划分为不同的雷电防护区，确定设备放置在不同的雷电防护区空间位置，对雷击电磁脉冲的抗扰度要求作为设计依据，采取相应的防护措施。无线电监测及信息系统的防雷工程应按雷电防护分区原则和风险评估方法的计算结果，确定其防雷等级和防护措施。

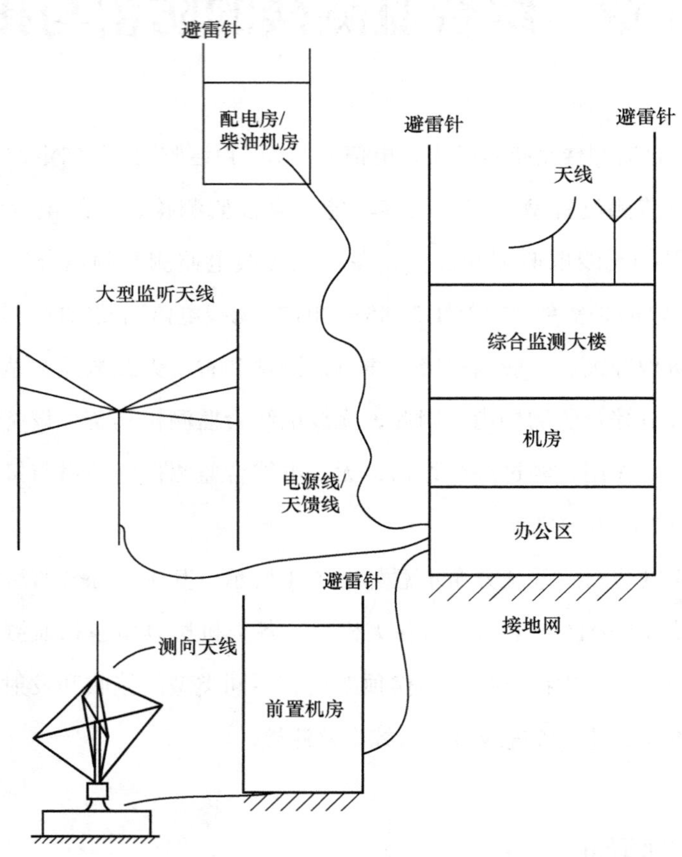

图 5-1　常见无线电监测站系统分布示意

综合监测大楼作为无线电监测站最重要的工作场所，一般为一幢独立建设的低层建筑或者位于写字楼中的高层建筑中的较高楼层，雷电防护需要采用直击雷防护和浪涌防护相结合，同时采取等电位连接与接地保护措施的综合防雷系统。对于新建无线电监测站，还应考虑利用建筑物金属部件进行等电位连接与接地的措施。

5.2　综合防雷系统要求涉及的内容和项目

无线电监测及信息系统的综合防雷系统要求涉及的内容和项目如图 5-2 所示，根据系统所处的建筑物的位置及雷电防护区的划分原则，可以分为**外部防雷**和**内部防雷**。

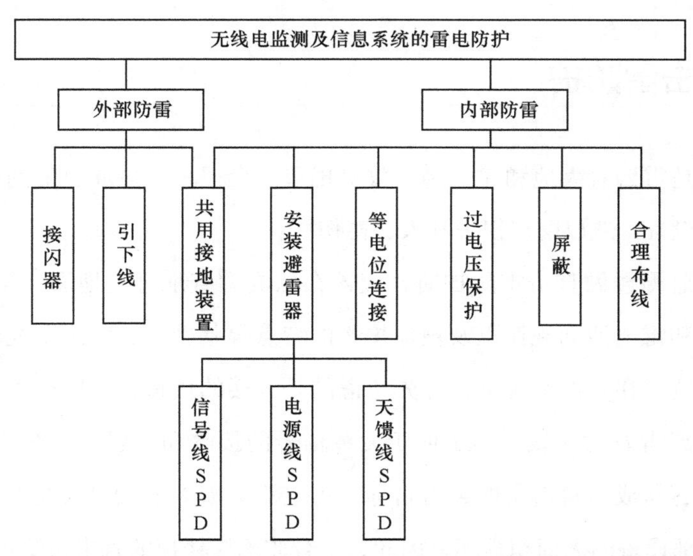

图 5-2　无线电监测及信息系统的综合防雷系统要求涉及的内容和项目

外部防雷主要应对的是直击雷，涉及的内容和项目如下。

- 接闪器（接闪针 / 接闪带 / 接闪网）：对外部雷电进行接闪。
- 引下线：接闪雷电流引入接地网。
- 共用接地装置：对雷电流进行“中和”。

内部防雷主要应对的是雷电感应，涉及的内容和项目如下。

- 共用接地装置：对雷电流进行“中和”。
- 安装避雷器：对信号线、电源线和天馈线进行过电压保护。
- 等电位连接：防止“地电位反击”。
- 过电压保护：建筑物为高压进线时，高、低压侧各相上均设 SPD，用以防护由高压进线的雷电和操作（断路器动作，投切大电动机和电容器组等）

过电压；电子设备较多且重要的建筑在低压配电支线上再装设过电压保护，作为后备保护，主要用于进一步抑制经前置保护限制后的剩余过电压和电源线上由感应或耦合产生的过电压；压敏电阻、半导体放电管、瞬态二极管、熔丝和热敏电阻等防雷元件在电阻、电容及电感的配合下直接用于设备的工作电路中，作为过电压保护。

5.3 直击雷防护

直击雷是雷云对大地和建筑物的放电现象，会损坏放电通道上的建筑物、输电线、室外设备，造成财产损失和人、畜伤亡。

对综合监测楼做直击雷防护时，应该在认真调查地理、地质、土壤、气象、环境等条件和雷电活动规律以及被保护物的特点等基础上，详细研究防雷装置的形式及其布置。在一般情况下，优先考虑的是大楼的楼顶，一般楼顶都架设大量的接收天线或者发射天线，为了便于无线信号的接收和发射，天线架设得较高，这些天线很容易成为直击雷的袭击目标，雷电流会随天馈线引入监测机房，造成监测机房内部设备的大面积损坏，因此，综合监测楼楼顶的直击雷防护尤其重要。

防直击雷装置在设计时应严格执行国家标准 GB 50057—2010《建筑物防雷设计规范》，必须按照滚球法计算避雷针的高度和保护范围。一类防雷建筑滚球半径为 30m、二类防雷建筑滚球半径为 45m、三类防雷建筑滚球半径为 60m。对于无线电监测站的特殊性，大多数建筑物都为一类和二类建筑物。

5.3.1 接闪器的设计

接闪网格一般铺设在综合监测楼。按照 GB 50057—2010《建筑防雷设计规范》规定，接闪网一般采用圆钢或扁钢等金属材料，接闪网的网格尺寸应不大于 5m × 5m。网格交叉点应焊接牢靠，并且为增加防腐性，可以采用镀锌材料，例如镀锌扁钢，镀锌扁钢如图 5-3 所示。某监测站综合楼顶敷设金属接闪网格实物如图 5-4 所示。

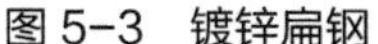

图 5-3　镀锌扁钢

图 5-4　某监测站综合楼顶敷设金属接闪网格实物

楼顶铺设接闪网格的好处是如果直击雷击中综合监测楼的楼顶，那么雷电流会通过楼顶金属网格进入接地系统导入大地，可以防止雷电流损坏建筑物。如果楼顶架设了天线，则可以就近将天线的直击雷接闪器的引下线接入金属接闪网格，通过综合监测楼的接地系统快速将雷电流导入大地。因为金属接闪网格均匀分布于整个综合监测楼楼顶，后期楼顶任何位置的新增天线可以十分方便地将引下线选择就近接地。因此，楼顶敷设接闪网格既可以降低综合大楼的直击雷灾害发生频次，又为后期新增天线扩容提供了直击雷防护的便利。

需要注意的是，除了楼顶铺设金属接闪网格，房顶的女儿墙以及屋角、屋脊、檐角等突出位置都容易遭受直击雷袭击，因此，这些位置都应该架设接闪带或纳入接闪针的保护范围。

如果部分综合监测楼为非平楼顶，楼顶上有塔状结构或者房脊形状，那么应该在塔顶或者房脊上架设接闪杆和接闪带，因为塔状和房脊结构的突出部分最容易遭受直击雷。电场最容易在尖端放电，因此利用接闪杆和接闪带敷设在突出位置，可以吸引直击雷在接闪杆和接闪带上放电，达到保护建筑物的目的，为保障导电良好，接闪网、接闪带、接闪杆应相互多点焊接连通。

有的综合监测楼楼顶有金属构件，可以利用其作为接闪器使用，例如金属屋顶、水落管、栏杆和遮棚等可作为接闪器使用。一些物件作为接闪器使用时，材料规格应符合 GB 50057—2010《建筑物防雷设计规范》的相关要求，金属构件上不应铺设绝缘材料，金属屋顶的金属板在屋面边缘应与接闪装置相连。

如果综合监测楼楼顶有接收天线或者发射天线，或者其他需要保护的设备，那么就应该在楼顶设计接闪装置保护天线或者设备。接闪装置一般由接闪器、引下线和接地网 3 个部分组成，首先需要考虑的是接闪器的高度，接闪器位置太低或者太高都无法起到有效保护的作用，一般接闪器的保护范围可利用滚球法计算。

5.3.2 引下线的设计

防雷引下线实际上是接地网的一部分，因为雷电流通过防雷引下线导入接地网（体）有其特殊性。综合监测楼建筑物防雷引下线一般可利用大楼外围柱内的主钢筋，因为主钢筋较粗，导电性较好，并且包裹在水泥内部，不易腐蚀生锈。为保障雷电流导入大地的快速性、安全性和备份性，选择的主钢筋不应小于 2 根，并且钢筋自身上、下连接点应采用搭接焊，且其上端应与房顶接闪装置，下端应与接地网，中间应与各均压带焊接连通。需要注意的是，中间与均压带连通的好处是可以防止“地电位反击”。

如果综合监测楼建设时间较久，建筑物钢筋电气连通性不符合防雷引下线要求时，那么可以沿外墙从上至下架设至少 2 条以上的专用引下线。

另外，无论是利用监测楼的主钢筋还是单独架设的专用引下线，选择的位置都不是随意的，需要结合建筑物的实际情况和楼顶接闪网、接闪器的位置、接地网的位置和引下线经过的路径等因素综合考虑，讲究选取的科学性、便利性和架设的安全性。例如，架设引下线的楼顶的选取位置应该尽量距离接闪器较近；专用引下线一般裸露在外墙，此时敷设路径需要远离门窗，接入接地网时应该尽量选取在远离行人的偏僻位置，避免给行人带来雷击危害。

下面以某无线电监测站综合大楼引下线设计为例对利用建筑物主钢筋的方式和增设单独引下线的方式进行说明。

1. 方式一：利用建筑物主钢筋的方式

利用建筑物四周边缘和边角每个构造柱子内的两根外侧主钢筋自下而上焊接连通，下部与基础圈梁自下而上焊接，上部与剪力墙上水平圈梁主钢筋焊接，中

间与每一个水平圈梁焊接，做引下线的柱子每隔 6m 设短路环，做法同 5.5.4（设计方法：短路环等电位焊接）。防雷引下线间隔不超过 20m，例如，某无线电监测站综合监测楼为长方形大楼（长 80m，宽 25m），4 个角和 4 个边共需要设置 12 个防雷引下线，防雷引下线位置和数量设计实例如图 5–5 所示。

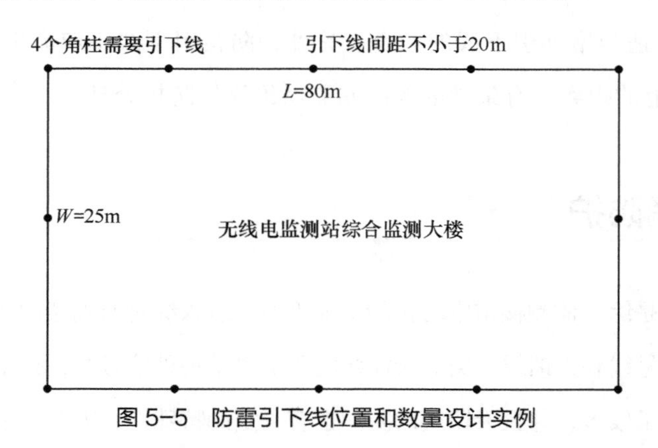

图 5–5　防雷引下线位置和数量设计实例

图 5–5 所示的是一种非常通用的设计方式，但该设计方式需要注意的是，由于雷电流的冲击作用，接地装置上电位分布是极不均匀的，尤其是防雷引下线，为避免"地电位反击"，建筑物（机房）内等电位连接点不能从有防雷引下线的墙柱内的钢筋引出。

2. 方式二：增设单独引下线的方式

如果存在墙柱内的防雷引下线由于地震或腐蚀等原因，接地电阻增大，引下线在墙体内部，很难重新恢复；年代久远的建筑物，其外墙主立柱无钢筋，无法利用外墙内部钢筋作为防雷引下线；如果外墙主立柱内钢筋为捆扎式、接触电阻较大，则需重新增设引下线。增设单独引下线从外墙壁自下而上到楼顶，一般适用于不高的建筑物，如果无线电监测站综合监测楼是 2 ～ 3 层的低建筑物，可以广泛采用。

这种方式虽然影响美观，但却是解决引下线接地效果不好的一种有效方式。如果建筑物采用外墙新增敷设的引下线，没有使用建筑物内的钢筋，会减少雷电流对建筑物内钢筋和机房内等电位连接的影响，大幅降低"地电位反击"的可能性。

综上所述，利用建筑物主钢筋的方式适用于新建无线电监测站，是一种比较通用的设计方式；增设单独引下线的方式适用于年代久远监测站的后期防雷维护，也是一种有效方式。调研中发现，部分监测站建站时选用的是方式一，但随着建站时间增长和地震灾害的影响，很多监测站采用方式二进行防雷引下线改造。无论采用哪种方式设置防雷引下线，一定要注意防雷引下线应沿建筑物合理对称分布，必须以最短路径接地，避免形成环路，碰到建筑物上有大型外伸突出物时，不能绕过这些突出物而要笔直穿过去，引下线彼此间隔不能超过 20m，对于重要的建筑物可以适当增加引下线的数量。另外，防雷引下线不应靠近门窗，至少要保持 0.5m 以上的距离，有条件的监测站需做绝缘等防护处理。

5.4 浪涌防护

浪涌防护是综合监测楼雷电防护的重要手段。进入综合监测楼的线缆众多，主要有电源线、信号线和天馈线三类。天馈线实质上也是一种信号线，只是在无线电监测站中天馈线数量较多，并且天馈线的防护也有一定的特殊性，因此本书将天馈线单独列为一类。其他信号线是指除天馈线以外的诸如网线、串口线、光纤线等数据线或控制线。浪涌防护的主要措施是在线缆和设备接口处配置合适参数的浪涌保护器。浪涌保护器应用场合较多，参数选择参考本书**信号系统浪涌防护、电源系统浪涌防护、电源系统防雷设计和信号线的防雷与接地部分章节的内容**。

5.5 接地网设计

5.5.1 一般原则

综合监测楼大多有多个机房，例如网络机房、监测机房和视频指挥机房等。因此监测楼的设备数量也较多，分别接地很容易造成漏接或者“地电位反击”，通常采用共用接地系统。防雷接地电阻参照标准 YD/T 3285—2017《无线电监测站雷电防护技术要求》，通常需要按照各种系统接地电阻要求的最小值确定。综合监测楼内部的接地系统应通过总接地排、楼层接地排、局部接地排、预留在柱内的接地端子等将各子接地系统相互连接构成一个完整的等电位连接系统。无线电监测

站变压器一般应设在单独配电房内，不宜设置在综合监测楼内，当变压器必须设置于楼内时，变压器的中性点应与共用接地网双线连接。

接地装置材料的选择要充分考虑其导电性、热稳定性、耐腐性和承受雷电流的能力，宜选用热镀锌钢材、铜材及其他新型接地材料。

接地首先应从共用接地网引出，通过接地总线引至总等电位接地端子板，然后通过接地干线引至各楼层辅助等电位接地端子板，最后通过接地线引至各设备机房的局部等电位接地端子板。局部等电位接地端子板应与各楼层预留接地端子板连接。接地干线应采用多股铜芯电缆或铜带，高层建筑的接地干线应敷设在电器竖井内，应与各楼层主钢筋做等电位连接。重要的设备机房接地线宜采用多股铜芯电缆穿镀锌钢管敷设。

5.5.2　接地装置的计算

常见人工接地极（体）有垂直接地极（体）和水平接地极（体），在接地网中通常两者混合使用，分别在垂直和水平方向上释放雷电流。垂直和水平接地体设计示意如图 5-6 所示，由 50mm × 50mm × 5mm 规格的热镀锌角钢构成的垂直接地体和 40mm × 4mm 的热镀锌扁钢构成的水平接地体共同组接地网。

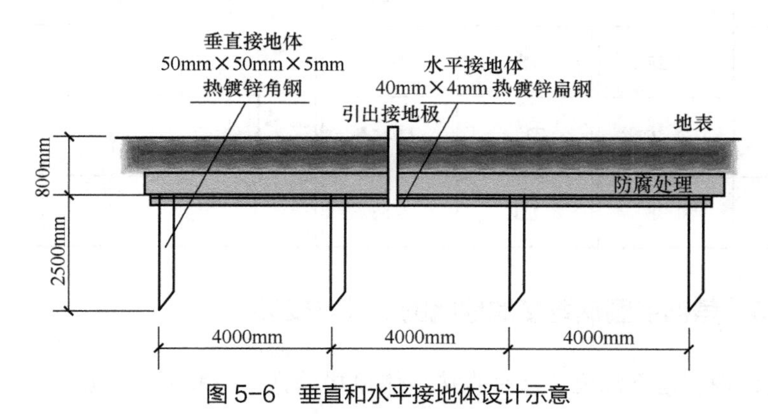

图 5-6　垂直和水平接地体设计示意

1. 垂直接地极（体）的工频接地电阻

垂直接地极（体）的工频接地电阻 R_g 的数值的计算方法如式（5-1）所示。

$$R_g = \frac{\rho}{2\pi L}\lg\frac{2L}{r} \qquad \text{式（5-1）}$$

在式（5–1）中：

ρ ——土壤电阻率；

L ——垂直接地体深度（m）；

r ——接地体半径（角钢为边宽）（m）。

2. 水平接地极（体）的工频接地电阻

水平接地极（体）的工频接地电阻 R_g 的数值的计算方法如式（5–2）所示。

$$R_{g} = \frac{\rho}{2\pi L}\lg\frac{kL^2}{dt} \qquad \text{式（5–2）}$$

式（5–2）中：

ρ ——土壤电阻率；

L ——水平接地体总长度（m）；

d ——水平接地体直径（角钢为边宽、扁钢为宽度的 1/2）；

t ——埋在地下深度（m）；

k ——与接地装置形式有关的系数。系数 k 与接地体形式的关系见表 5–1。

表 5–1　系数 k 与接地体形式的关系

接地体	k	接地体	k	接地体	L_1/L_2	k
—	1	＋	8.45	矩形（L_1、L_2）	1.5	5.81
○	1.27	✳	19.2		2	6.42
∟	1.46	L、D	$L^2/4D^2$		3	8.17
人	2.38	□	5.53		4	10.4

5.5.3　角钢或圆钢管接地地网的设计与安装

接地体埋在地下深度（从垂直接地体顶端计算）一般不小于 0.7m。垂直接地体的间距为长度的 2 倍，水平接地体宜采用扁钢或圆钢。高电阻率土壤环境受限制的地方可采取向外延伸接地体、深埋电极、改良土壤等方式。典型的角钢或圆钢管地网设计与安装如图 5–7 所示。

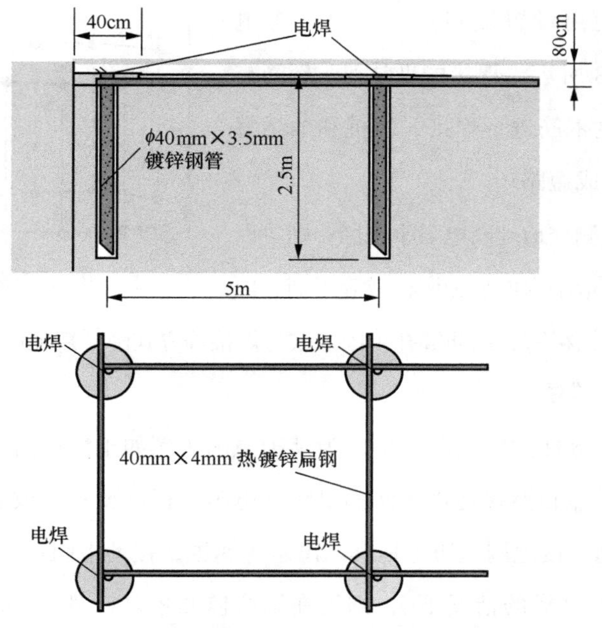

图 5-7　典型的角钢或圆钢管地网设计与安装

5.5.4　设计方法

为减少建设成本，综合监测楼的接地网一般利用自然接地极（体），自然接地极（体）利用建筑物的基础钢筋做接地装置，例如建筑物没有基础钢筋，接地网宜设置在建筑物四周散水坡外，埋设人工垂直接地体和水平环形接地体。水平环形接地体可作为等电位连接带使用。如果接地电阻达不到要求，则应外延增加人工接地装置，外延长度不应大于 60m。

利用自然接地极（体）的方式可以采用短路环法、增设均压带法、延伸接地体法和隔离墙法。

1. 短路环法

新建综合监测楼时可利用大楼的柱内和地下圈梁内的基础钢筋做自然接地极，这种方法也叫基础接地。柱内和地下圈梁内的两条对角主钢筋在绑扎处宜进行焊接，双面焊接长度大于 6*D*（*D* 为钢筋直径），单面焊接长度大于 12*D*。为增强等电位连接效果，减少雷电流通过地桩和地梁时的电感，地桩和地梁每隔不大于 6m 的距离设置短路环。短路环等电位焊接如图 5-8 所示。焊接的做法是：箍筋与地桩、地梁、主钢筋进行焊接，地桩和地梁每隔 6m 进行焊接成短路环。

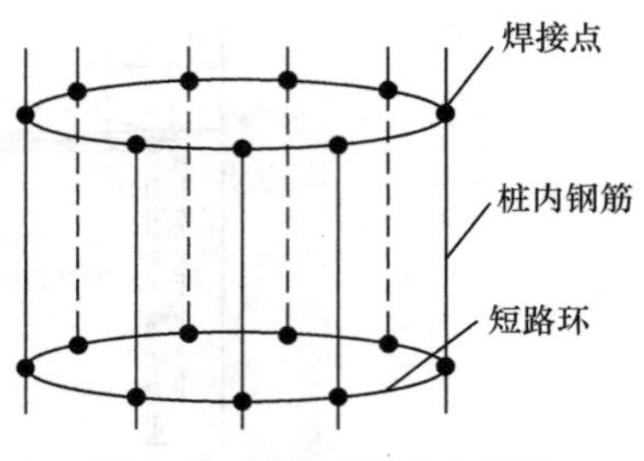

图 5-8 短路环等电位焊接

如果综合监测楼地处高电阻率地区，则可以采取深打地基、地基内增加金属板或降阻剂、内部和地下钢筋尽量粗密、钢筋绑扎牢固或改为焊接等方式降低接地电阻。

2. 增设均压带法

新建综合监测楼的接地网如果因为某种原因（例如土壤电阻率高等原因，岩石较多的地区单靠自然接地极无法满足接地电阻的标准要求，或者综合监测楼已经建造时间久远，接地网经历了地震、洪水等腐蚀，接地电阻虽然满足标准要求，但接地网已经不可靠的情况下），则可在综合监测楼基础外围 1m 外设置均压环（带），并将基础接地极与均压环（带）多点等电位连接。基础接地增加均压环（带）如图 5-9 所示。如果需要进一步降低接地电阻，则均压环（带）宜设置垂直接地极或延伸设置平接地极。

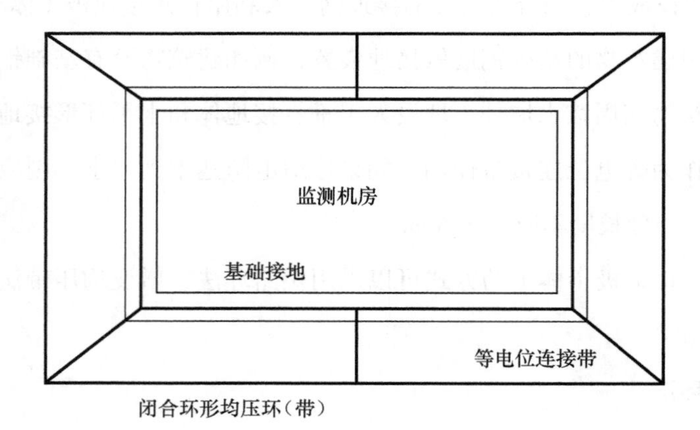

图 5-9 基础接地增加均压环（带）

3. 延伸接地体法

如果想进一步降低或稳定接地电阻，那么还可以在均压环（带）上延伸树形接地体。增加树形接地体如图 5-10 所示。

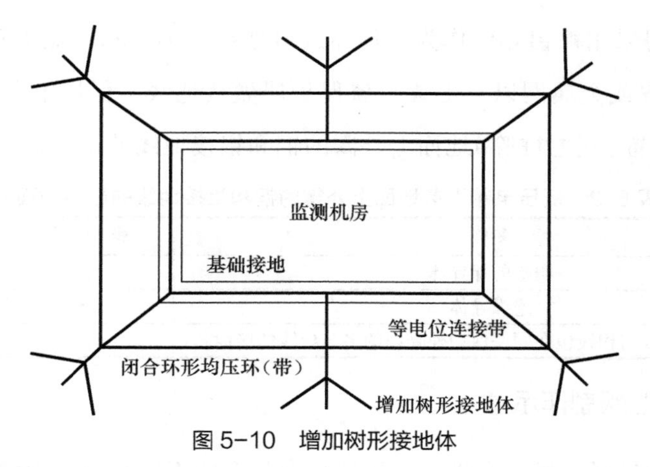

图 5-10　增加树形接地体

4. 隔离墙法

在某些分立接地应用的场合，要求直流接地与交流接地、安全接地和其他接地分开接地时，应当注意直流接地装置也应与建筑物的基础接地保持一定的安全距离，以防止地中闪络、产生反击和其他的接地信号干扰。例如，在计算机机房系统中时常应用隔离墙法。该安全距离视具体环境而定，例如土壤电阻率、接地结构、接地极材料等因素。一般来讲，需要电气安全距离长达 15 ～ 20m，如果因为地形等限制（例如，某些无线电监测站地处市区中心地段，周围高楼林立，沿水平方向无法提供安全距离），则可以采用高电阻率材料，例如沥青、防水水泥等做成隔离墙，增加电流通道长度，达到相同的效果。用隔离墙增大电流通道长度设计示意如图 5-11 所示，$s_1 + b + s_2$的距离大于电气安全距离即可。

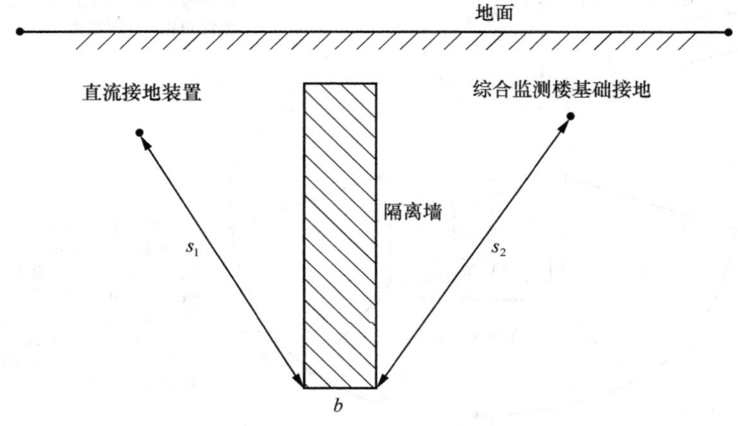

图 5-11　用隔离墙增大电流通道长度设计示意

地下不得采用裸铝导体作为接地体或接地线，不得利用蛇皮管、管道保温层的金属外皮或金属网以及电缆金属保护层做接地线。低压电器设备（例如，空调、监控装置、充电桩等）地面上外露的铜和铝接地线的最小截面积见表 5-2。

表 5-2　低压电器设备地面上外露的铜和铝接地线的最小截面积

名称	铜 /mm²	铝 /mm²
明敷的裸导体	4	6
绝缘导体	1.5	2.5
电缆的接地芯或与相线包在同一保护外壳内的多芯导线的接地芯	1	1.5

5.5.5　地网制作示意

根据天线铁塔、机房和供电变压器分布位置的不同和地形因素限制等条件，可以采用诸如平行式接地网、环形接地网、辐射式接地网 3 种典型的地网制作方法。平行式接地网设计示意如图 5-12 所示，环形式接地网设计示意如图 5-13 所示，辐射式接地网设计示意如图 5-14 所示。

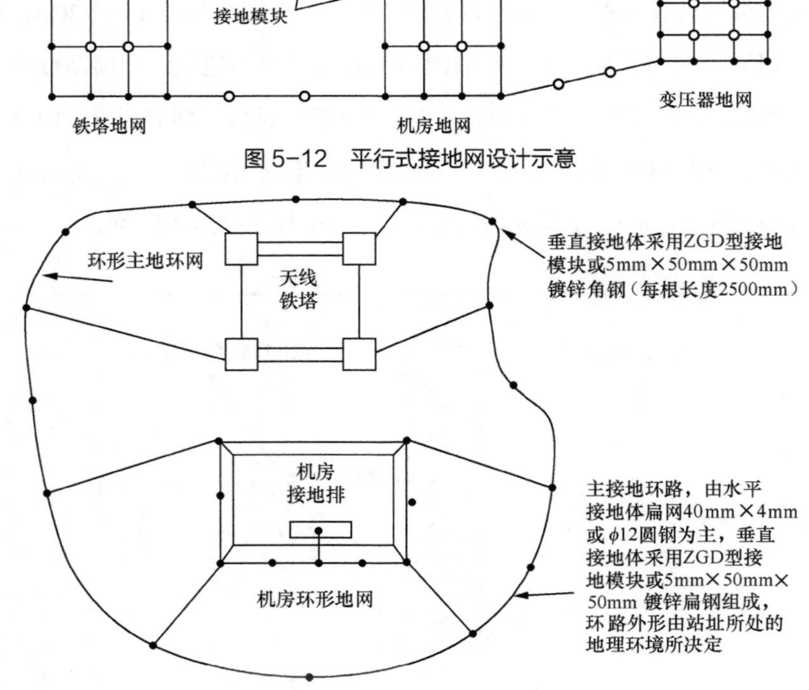

图 5-12　平行式接地网设计示意

图 5-13　环形式接地网设计示意

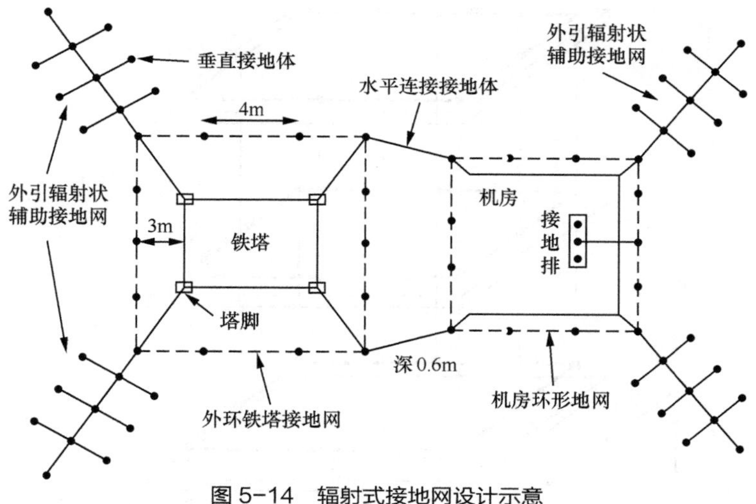

图 5-14　辐射式接地网设计示意

5.6　大楼内部接地

综合监测楼内部的机柜、设备和馈线是不能直接连接到接地网上的，此时需要在综合监测楼内部设置连接线将其接地。综合监测楼内部的接地连接方式可分为环形接地汇集线连接系统和垂直主干接地线连接系统两种方式，有时候也会混合采用环形接地汇集线连接系统与垂直主干接地线连接系统。

环形接地汇集线连接系统设计示意如图 5–15 所示，就是在机房内墙上外设一根环形接地汇集线，常用的是接地汇集带。垂直主干接地线连接系统设计示意如图 5–16 所示，就是在机房内部有一根垂直的主干接地线。这两种方式的区别和应用场合如下。

① 设备分散、高度较低且建筑物面积较大的综合监测楼可采用环形接地汇集线连接系统。环形接地汇集线连接系统也可以在高层综合监测楼的某几层或机房使用。

② 监测设备较集中的综合监测楼或者小型（前置 / 遥控）监测站可采用垂直主干接地线连接系统。

需要说明的是，如果综合监测楼某一层机房设备分散采用了环形接地汇集线连接系统，而其他层的某个机房设备较集中，只有一个接地排就可以将该机房内的所有设备接地，虽然在该机房内接地排没有形成环形接地汇集线，但从系统整体上看仍然为环形接地汇集线连接系统。

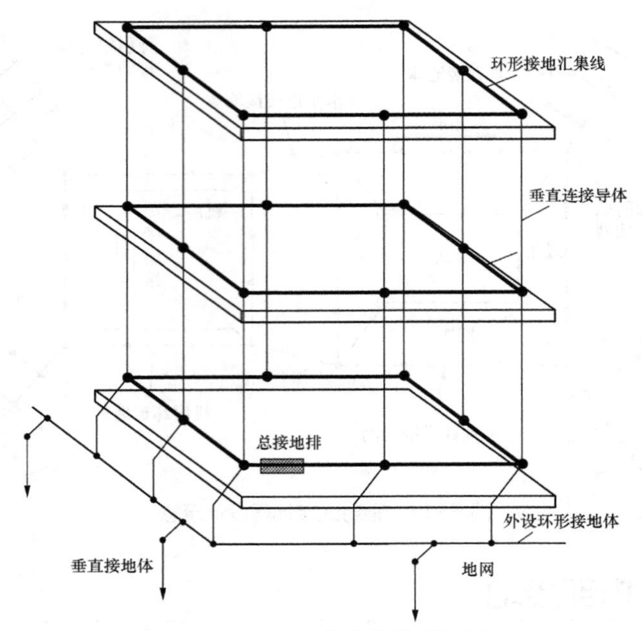

图 5-15　环形接地汇集线连接系统设计示意

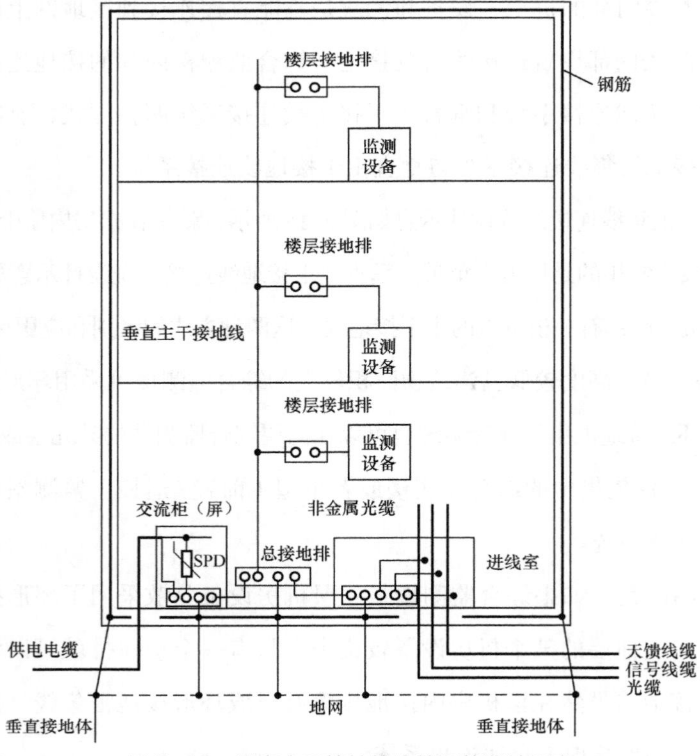

图 5-16　垂直主干接地线连接系统设计示意

5.6.1　环形接地汇集线连接系统

环形接地汇集线连接系统在综合监测楼中的应用较为广泛，新建或者改建综合监测楼时，建议在机房或者有可能今后成为机房的房间预设环形接地连接系统，这样今后机房内部新增设备时位置选择较为便利，不用专门考虑内部机房机柜和设备接地位置。

① 相应楼层沿建筑物内部一周或机房内部一周应设置环形接地汇集线，环形接地汇集线可与建筑物内墙柱内钢筋的预留接地端子连接，环形接地汇集线的高度应依据机房或设备情况选取。

② 垂直连接导体应间距均匀，与相应楼层或机房环形接地汇集线相连接，垂直连接导体利用建筑物柱内钢筋时，应避免与外墙柱内钢筋直接连接。

③ 第一层环形接地汇集线宜与基础接地极多点相连，并应将下列物体接到环形接地汇集线上。

- 每一电缆入口设施内的接地排。
- 电力电缆的屏蔽层和各类接地线的汇集点。
- 建筑物内的各类金属管道系统。
- 其他进入建筑物的金属导体。

④ 机房环形接地汇集线应与楼层环形接地汇集线或楼层接地排相连。

⑤ 在每层设施或相应楼层的机房沿综合监测楼的内部一周安装环形接地汇集线，环形接地汇集线与监测楼柱内的预留接地端连接。

⑥ 建筑物每一个角落都应有一个垂直连接导体，并且垂直连接导体的间距不大于 30m，根据综合监测楼的长度和宽度计算出垂直连接导体的数量。

⑦ 综合监测楼的第一层靠近接地装置，因此要求第一层的环形接地汇集线每间隔 5 ～ 10m 就与外设环形接地体相连一次。

⑧ 如果综合监测楼中只有某个楼层或某个房间有接地连接需求，那么可以根据实际情况将环形接地汇集线的范围缩小至接地需求区域。例如，西南地区某监测站的综合监测楼目前只有中间层的 8 个房间是监测机房、通信机房、网络机房、

值班机房和指挥机房等，可以只对这部分区域铺设环形接地汇集线，垂直接地导体的铺设范围也可以集中在这部分区域。

⑨ 考虑到综合监测楼今后设备、系统和机房的不断扩充情况，在成本允许的情况下，建议在防雷工程施工阶段对所有区域提前进行外设环形接地汇集线的施工，提前解决设备进入机房后再进行防雷和接地施工的困难。

⑩ 考虑到综合监测楼面积较大，为增强外设环形接地汇集线的等电位连接效果，设计增加均匀网。

5.6.2 垂直主干接地线连接系统

垂直主干接地线连接系统一般在综合监测楼面积较小、设备较少或较集中的情况下使用，主要应用于小型监测站、前置机房和遥控站等，应用不如环形接地汇集线连接系统广泛。利用一个或多个垂直主干接地线从总接地排到监测楼的每一楼层，设计如下。

① 总接地排宜设置在交流市电的引入点附近，且应与下列设备相连接。

- 地网的接地引入线。
- 电缆入口设施的连接导体。
- 电缆屏蔽层和各类接地线的连接导体。
- 金属管道和埋地建筑物的连接导体。
- 建筑物钢结构。
- 一个或多个垂直主干接地线。

② 垂直主干接地线从总接地排连接到建筑物的每一楼层，建筑物的钢结构在电气连通的条件下可作为垂直主干接地线。

③ 垂直主干接地线间应每隔两层或三层互连。

④ 各楼层接地排应就近连接到附近的垂直主干接地线。

⑤ 对雷电较敏感的监测设备应远离总接地排、电缆入口设施、交流市电和接地系统间的连接导线。

⑥ 将建筑物内柱主钢筋作为垂直主干接地线，下端已经通过建筑物钢筋引入接地网，不需要做特殊处理。

⑦ 如果建筑物内无内柱主钢筋，需要设计金属导体作为垂直主干接地线，下端可以引到一层的主接地排，通过主接地排引入接地网。

⑧ 垂直主干线的截面积应大于 $60mm^2$，垂直主干线距离墙壁至少 5m，在条件允许的情况下，机房场地应为 10 ～ 15m。

⑨ 由于垂直主干接地线只对以其为中心、长边为 30m 的矩形区域内的电子设备提供接地服务，所以机房设备需要在垂直主干接地线服务区域内。

⑩ 无线电监测站综合监测楼每层的楼层接地排就近接入垂直主干线，并且楼层接地排位于提供接地设备的中央。

通过对以上两种接地线连接系统设计的分析可以看出，外设环形接地汇集线连接系统更适合国家级和省、市级大型无线电监测站的综合监测楼。这种综合监测楼的机房数量多、系统分布范围广，很难将所有的监测、信息和通信设备都围绕一个垂直接地主干线安放，外设环形接地汇集线连接系统可以不用特别考虑今后设备的安放位置，也有利于今后的设备扩容。而垂直主干接地线连接系统适合小型监测站、前置机房或遥控站，垂直主干接地线连接系统的优点是接地线可设置于建筑物中央，可单独拉线，也可借用建筑物中央的主钢筋连入接地网，不容易受到外部雷电流冲击的影响，可以很好地避免“地电位反击”情况发生，并且接地位置较为集中，便于接地系统的日常维护和管理。

5.7　监测设备接地

各个机房内的监测设备是如何连接到监测楼内部的接地系统上的呢？一般情况下，机房内监测设备可以根据自身需求选择星形和网状或两者混合的连接结构，就近进行内部等电位连接，并与楼层或机房接地排或环形接地汇集线相连接接地。星形—网状混合型接地结构如图 5-17 所示。

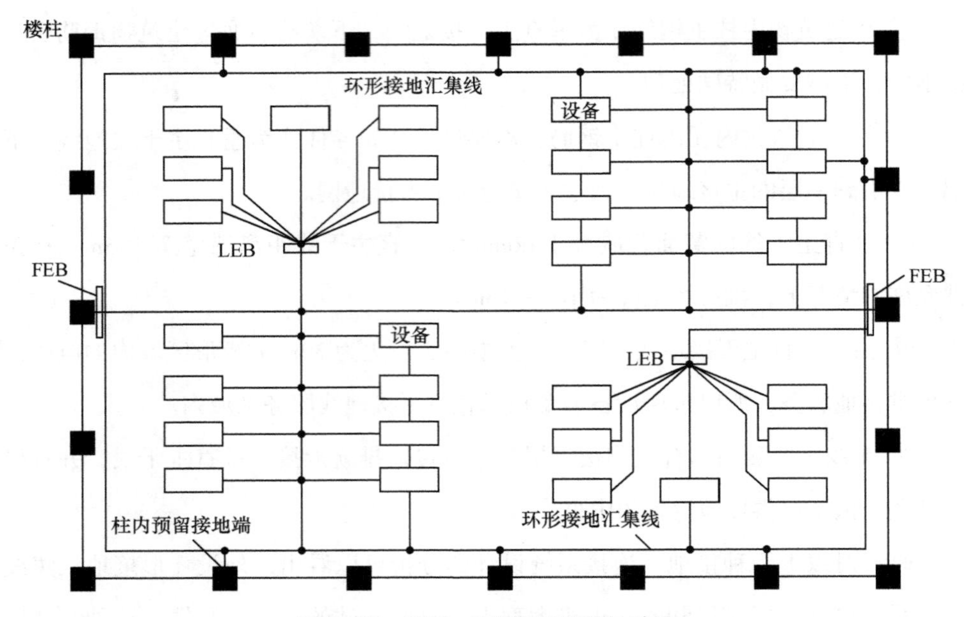

图 5-17　星形—网状混合型接地结构

在实际应用中，如果机房静电地板下有条件铺设金属接地网格，那么设备接地就更加容易，可将机柜或者设备就近接到金属接地网格上。这种方法不仅便利，而且机房内接地非常“干净”，接地线都隐藏在静电地板下面，不会出现接地外部“飞线”的现象。当然仍然可以采用星形和网状或者两者混合的连接结构，只是没有必要一定“舍近求远”将接地连接到环形接地汇集线连接系统或者垂直主干接地线连接系统上。

静电地板下接地网格设备和机柜就近接地如图 5-18 所示。

图 5-18　静电地板下接地网格设备和机柜就近接地

不同子系统或设备间因接地方式引起干扰时，应在机房设立多个接地排，不同监测子系统或设备间的接地线应与各自的接地排相连后再与楼层、机房接地排、环形接地汇集线等连接。

5.8　其他设施的接地

除了综合监测楼内部的电子设备以外，还有一些其他设施的接地需要注意的地方，具体如下。

① 楼顶各种设施的金属外壳应分别与楼顶接闪带或接地预留端子就近连通。例如，楼顶的空调外机、水塔箱等。

② 楼顶的监测设备，例如，某无线电监测站的卫星参考源配备的转角电机和功率放大器等设备、航空障碍灯、照明灯的电源、信号电缆金属外护层或金属管，宜与楼顶接地预留端子就近连通。上下走向的电缆金属外护层或金属管，应至少在上下两端就近接地一次。

③ 综合监测楼内各层金属管道均应就近接地。综合监测楼所装电梯的滑道上、下两端均应就近接地，且离地面 30m 以上，宜向上每隔一层就近接地一次。

④ 综合监测楼内的金属竖井及金属槽道把节与节之间应电气连通。金属竖井上、下两端均应就近接地，且从离地面 30m 处开始，宜向上每隔一层与接地端子就近连接一次。

5.9　屏蔽及布线

5.9.1　屏蔽

屏蔽是一项效果非常好的防雷方法，尤其是应对雷电磁感应，可以利用“法拉第笼”方法对电磁波能量进行衰减。综合监测楼内部的屏蔽和布线也在防雷工程中极为重要，从本书 2.4.5 小节中可以知道，屏蔽是一种非常有效的防雷措施。

新建无线电监测主机房宜选择在建筑物低层中心位置，这个道理很容易理解，雷击一般都会优先选择建筑物较高位置，因此机房位置越高越容易受雷击影响。从本书的 2.5 节中可以看出，机房位于建筑物低层中心位置，如果机房四周和上面都有房间，房间的墙体内部有金属钢筋，无形中给机房形成金属屏蔽网，相当于将机房放置于一个天然的金属“法拉第笼”中，关于金属“法拉第笼”的描述见本书 2.4.5 小节。据资料介绍，现代钢筋混凝土建筑物的金属框架通常有 3 ～ 15dB 的屏蔽效能，如果混凝土浇筑钢筋网，屏蔽效能可以达到 32dB。另外，机房位置越低，距离接地网越近，可以在最短的时间内将雷电流导入大地，进而将雷电流放电的影响降到最低。

对于防雷等级要求特别高的机房，例如，数据容灾备份机房，可以在机房内部增加 6 面金属网格屏蔽体或者金属板，并进行等电位连接，相当于人工建造了金属“法拉第笼”，再次对雷击能量进行衰减，减少外界对机房内部的雷电磁感应的影响。机房内部设备应该尽量远离这些屏蔽体，以免放电时对设备造成电磁感应影响，同时，机房内部设备应尽可能远离机房内部结构柱，因为结构柱内部的钢筋放电时由于电磁感应也会对设备带来影响。一般监测设备宜放置在距离外墙楼柱 1m 以外的区域，并应避免设备的机柜直接接触到外墙。

所有设备应尽量放在机柜内，机柜相当于一个很好的金属屏蔽体。对于易受干扰的精密监测设备可设置单独的专用金属机柜。

机房应采用无窗密闭金属门并接地，机房窗户的开孔应采用金属网格屏蔽，铁门及金属屏蔽网格应与环形等电位连接带均匀多点连接。雷电防护等级划分为一类的无线电监测机房在预算允许的条件下，可采取 6 面金属网格或金属板屏蔽。

屏蔽属于一种电磁兼容的设计方法。例如，监测设备尽量选用金属外壳的配置，也相当于一层屏蔽，由于雷击电磁脉冲（LEMP）也是以一种电磁辐射的方式传播的，所以好的金属屏蔽设计对无线电监测站综合监测楼防雷来说也是一种极为有效的方式。

机房内部的电缆如果是金属芯线缆，那么也要对电缆进行屏蔽，最简单的方式是采用屏蔽电缆。屏蔽电缆的线芯外部包裹有金属织网，保证柔软性的同时又起到屏蔽作用。如果一定要用非屏蔽电缆，则可以将电缆放置于采用金属线槽或金属管道进行屏蔽。对于无线电监测站，目前实际工程应用最多的还是屏蔽电缆，即便如此，工程施工中一般还是将屏蔽电缆放置于金属走线盒（线槽）中，在起

到电缆保护、合理布线和便于后期维护管理的同时，也进一步增加了电缆的防雷电磁感应的屏蔽效果。

需要特别注意两个方面：一是电缆屏蔽层、金属线槽或金属管道两端宜在进入建筑物或设备处做等电位连接并接地；二是部分电缆是非金属线芯，例如光纤电缆，由于部分室外光纤电缆是加了金属线作为加强芯的，这种电缆也应该对金属加强芯进行接地处理。

5.9.2　布线

综合监测楼参照标准 YD/T 3285—2017《无线电监测站雷电防护技术要求规范要求》，设备价值较大，功能性较强，雷电防护等级应划分为一类无线电监测站，所有户外电缆宜敷设在金属线槽或金属管道内，增加屏蔽性，减小雷电磁感应的影响。

目前，无线电监测站户外的线缆主要为天馈线缆和电源线缆。对于这两种电缆，一般建议在户外铺设专门的埋地电缆沟，便于检修维护，也可以防止施工意外损坏电缆，有条件的情况下可以穿金属管或金属线槽。但在实际工程中，考虑到经济成本因素，穿塑料管和水泥线槽的情况较多。因此电缆沟一般设置在地下，这种施工设计风险较低，也是一种较为经济合理的方式。

当电缆进入综合监测楼时，如果机房不在一楼，需要电缆爬墙进入大楼内时，或者有的是通过走线架从高处进入大楼机房，那么此时需要使用金属线槽或者金属管，因为综合监测楼的外墙很容易遭受雷击，也容易受到雷电磁感应的影响，使用金属线槽或金属管可以很好地起到屏蔽防雷作用。如果有条件，则可以将金属线槽或金属管在外墙的适当位置设置进线室接地处理。

布置金属芯电缆的路由走向时，应尽量减小由电缆自身形成的感应环路面积，这样可以最大程度上降低雷电磁感应的影响。值得注意的是，综合监测楼建筑物的外侧立柱或横梁一般都作为直击雷的引下线，这上面承担了直击雷电流的泄放通路，因此电缆及线槽的布放宜避免紧靠建筑物外侧立柱或横梁，如果条件所限无法避免时，应尽量减小沿该立柱或横梁的布线长度。

各类电缆的布放应远离电力、微波铁塔和露水源（人工观景湖）等可能遭受直击雷的位置。对于机房室内，建筑物中部是受雷电磁脉冲影响最小的位置，理论上室内各种电缆的布放宜集中在建筑物中部，但是实际工程应用中对于大型无线电监测站的综合监测楼内的机房数量较多，机房内设备分布较广、电缆众多，很难兼顾，此时，最重要的监测设备机房建议选择在建筑物中部。为降低雷击灾害影响，金属芯电缆空线对应在配线架上接地。

随着光纤通信的逐步发展，目前很多通信电缆为光缆，光缆在机房内部，因为没有金属不需要做屏蔽和接地处理，但是对于进入综合监测楼的光缆，敷设时应符合以下要求。

① 光缆铺设应避免孤立杆塔及拉线、大树、高耸建筑物及其接地保护装置附近，还有以往曾屡次发生雷击灾害的地点。

② 雷击灾害严重地段，光缆可采用非金属加强芯或无金属构件的结构形式。

③ 架空光缆宜埋地进入无线电监测站。

5.10 进站缆线的接地

综合监测楼宜设立电缆进线室，户外电缆金属护层及屏蔽层应按图 2-30 进线室设计示意中通过接地排与主接地排或环形接地汇集线连接，并应符合以下要求。

① 所有连接应靠近建筑物外围。

② 进入监测楼前宜在室外设置接地端子板作为各种电缆或电缆走线槽的入户接地点，室外接地端子板应直接与地网连接，接入地网点应远离防雷引下线。

③ 电缆进线室的连接导体应短而直。

从线缆线路进入综合监测楼的雷电波绝大多数为典型的负极性单脉冲波。脉冲波的幅值平均从几十伏至 200 多伏不等，波头时间多集中在 200 μs 上下，波尾平均值变化较大，短的 100 μs，长的可达 1500 μs，陡度较低。因此，沿线缆进入综合监测楼的雷电冲击波较平缓，但持续时间较长，属于较陡、较短的冲击。由此可知，线缆入户需要对其进行接地保护，削弱雷电波的能量。

进入无线电监测站的线缆一般有电源线、天馈线、光纤线、电话线、网线。例如，某无线电监测站进站线缆有 220V 电源线、短波监听天线馈线（扇锥天线、多模多馈天线、对数周期天线）、应急指挥系统（超短波）天馈线、短波通联电台天线馈线、卫星参考源天线馈线、宽带光纤线、电话线、综合监测楼和前置机房的数据通信网线等。因此，建议在综合监测楼外一层设置进线室，所有进入无线电监测站线缆均从进线室（线缆入户设施）进入综合监测楼。

如果综合监测楼是自行设计建造的，那么可以在入楼前于室外设置接地端子板作为各种线缆或线缆走线槽的入户接地点，室外接地端子板应直接与地网连接。同时，室外接地端子板接入地网的导线应该短而直，并且接入地网点应该远离防雷引下线，以防止雷电反击。如果综合监测楼很难在室外设置接地端子板，那么这个入户接地端子板也应该尽量靠近建筑物外围，并且通过金属导体直接引入接地网。各种线缆可以通过穿金属管埋地的方式进入进线室（线缆入户设施）。

在多雷区和强雷区有一种比较好的方式是采用金属板材制成线槽，包裹在线缆或金属桥架外面进行防雷屏蔽。实践证明，这对于天馈部分的防雷有益无害，既经济实惠而又效果显著。它保持了天馈线缆屏蔽层的连贯性和完整性，不会产生阻抗匹配问题，并且安装和维护线缆方便，如果留有一定的余量还可以为后续线缆扩充作为冗余，并且使用期限较长。

值得注意的是，采用金属线槽包裹线缆或桥架，对线槽而言，线缆所占的屏蔽空间比例不大，填充系数小，如果采用对不同线缆分别进行防雷屏蔽的“小包装”，填充系数大，防雷效果反而差。

由于电源线缆是强电，从合理布线的角度可以与天馈线缆和其他弱电电缆分别装入不同的线槽。

5.11　均压网的设计

均压网就是在各层地板中（含基础底层）暗装金属网格，一般来说，这个金属网格越密越均匀，等电位和屏蔽的效果就越好。设计均压网时，可以在建站时单独铺设金属网格，也可以利用楼板中的主钢筋进行相互焊接形成封闭式的网格环形带。焊接时要注意将该层梁内（不能是有防雷引下线的梁）的主钢筋引出线焊接到避雷网中，这样相互焊接就形成等电位连接的均压网。例如，某无线电监测站机房的地板和天花板均设计均压网，增加了等电位连接效果和屏蔽能力。均压网还有个好处就是可以让机柜或者设备就近接地，缩短了机柜和设备的接地距离，让机柜和设备的放置位置更加灵活。

5.12 电源系统防雷设计

5.12.1 一般原则

电源系统遍布整个无线电监测站的各个重要设施和设备，由于监测和信息系统都离不开电源，所以无线电监测站的防雷是非常重要的。2009 年夏季，西南地区某无线电监测站室外供电变压器遭受雷击，雷电流造成监测站机房内大量工控机主板损坏，无法正常工作，维修金额达 10 万余元。由此可见，无线电监测站的电源系统防雷是非常重要且不可被忽视的。

无线电监测设施交流电源应设置串联式多级浪涌保护器，电路上采用多级泄放方式，保护效果更可靠。浪涌保护器的有效保护水平（$U_{p/f}$）应低于被保护设备的额定冲击耐受电压（U_W）。雷电防护等级划分为一类的无线电监测设施应在变压器低压侧设置第一级保护，在建筑物入口或机房电源柜处设置有效保护水平不高于 2500V 的交流浪涌保护器作为第二级保护，重要的设备电源端口可附加有效保护水平更低的第三级交流浪涌保护器。雷电防护等级划分为二类的无线电监测设施应至少在变压器低压侧设置交流浪涌保护器。

参考 GB 50689—2011《通信局（站）防雷与接地工程设计规范》和 YD/T 3285—2017《无线电监测站雷电防护技术要求》相关标准，并查阅相关资料，一般对无线电监测站综合监测楼供电系统进行的多级电源浪涌防雷保护位置分别为：配电房变压器高压侧（该保护一般为电力公司安装）、配电房变压器低压侧、楼层

配电箱或机房交流配电柜、不间断电源（Uninterrupted Power Supply，UPS）、防雷插座等。

5.12.2　供电系统浪涌保护器的选择和设置

无线电监测站电源供电系统如何选择防雷器的参数和进行位置设置呢？一般来说，从架空高压电力线终端引入监测站配电房的一般是 10kV 或 6.6kV 高压电力线，对于郊区、山区，地处中雷区以上的无线电监测站应使用无间隙金属氧化锌避雷器对配电房高压侧进行雷电过电压保护，避雷器必须采用标称放电电流大于 20kA 的交流无间隙氧化锌避雷器（强电避雷器）。根据 GB 11032—2010《交流无间隙金属氧化锌避雷器》和 GB 50689—2011《通信局（站）防雷与接地工程设计规范》，给出无线电监测站防雷器的保护设置和 SPD 最大通流容量（I_{max}）参数参考。无线电监测站电源供电系统浪涌保护器的选择和设置见表 5-3。

表 5-3　无线电监测站电源供电系统浪涌保护器的选择和设置

类型	环境因素	雷暴日＜25 天	25 天＜雷暴日＜40 天	雷暴日≥40 天	保护位置
第一级	平原 / 易遭雷击	60kA	100kA	100kA	配电房变压器低压侧、低压配电室电源入口处
	平原 / 正常环境	60kA	60kA	60kA	
	丘陵 / 易遭雷击	60kA	100kA	120kA	
	丘陵 / 正常环境	60kA	60kA	60kA	
第二级		40kA	40kA	40kA	后级配电室、楼层配电箱、机房交流配电柜、开关电源入口处
直流保护		15 kA	15 kA	15 kA	直流配电柜、列头柜、用电设备端口处、直流集中供电或 UPS 集中供电的直流配电屏或 UPS 交流配电箱、集中供电的输出端、向系统外供电的端口、外系统引入的电源端口

续表

类型	环境因素	雷暴日＜25 天	25 天＜雷暴日＜40 天	雷暴日≥40 天	保护位置
精细保护		10kA	10kA	10kA	控制、数据、网络机架的配电箱或拖板式防雷插座

注：1. 综合监测楼交流供电系统的第一级 SPD（I/B 级）可根据实际情况选择在变压器低压侧或低压配电室电源入口处安装；第二级 SPD（II/C 级）可选择在后级配电室、楼层配电箱、机房交流配电柜或开关电源入口处安装；精细保护 SPD 可选择在控制、数据、网络机架的配电箱内安装或使用拖板式防雷插座；直流保护 SPD 可选择在直流配电柜、列头柜或用电设备端口处安装；直流集中供电或 UPS 集中供电的通信综合楼，在远端机房的（第一级）直流配电屏或 UPS 交流配电箱（柜）内应分别安装 SPD，集中供电的输出端也应安装SPD；向系统外供电的端口，以及从外系统引入的电源端口应安装 SPD。

2. 由于很多市区无线电监测站使用的是城市配电系统配套的标称电流是 5kA 的交流无间隙氧化锌避雷器（强雷电避雷器），这在郊区、丘陵和山区的无线电监测站是无法满足防雷要求的，所以无线电监测站需要注意该处防雷器的参数。

3. 列头柜是一列机柜设备最顶端的一个机柜，通常在最前端的叫列头柜，最末端的叫列尾柜，主要功能是对这一列机柜的交流或者直流负载提供电源，起到配电、监控、测量、保护、告警等功能。列头柜类似于柜式的配电箱，里边集中了很多断路器。机房配电回路一般是双路市电接入，首先进市电配电箱，一部分给 UPS，一部分给空调和照明、普通插座，UPS 下端再进 UPS 配电柜，分配到各个列头柜，经列头柜后接入各机柜电源分配单元（Power Distribution Unit，PDU）再到负载。采用列头柜的机房配电模式在大型机房里列头柜是必要的：一是由于 UPS 配电柜的输出分路有限，而列头柜可以按设备的电力需求进行优化配置，解决电源柜分路不足的问题；二是方便电路检修，单一分支电路出现故障，总配电柜不用断电检修，只要断开该路电源检修，就可大大提高机房整体电路的容错性。

无线电监测及信息系统设备耐冲击过电压类别、耐冲击过电压额定值如图 5-19 所示。

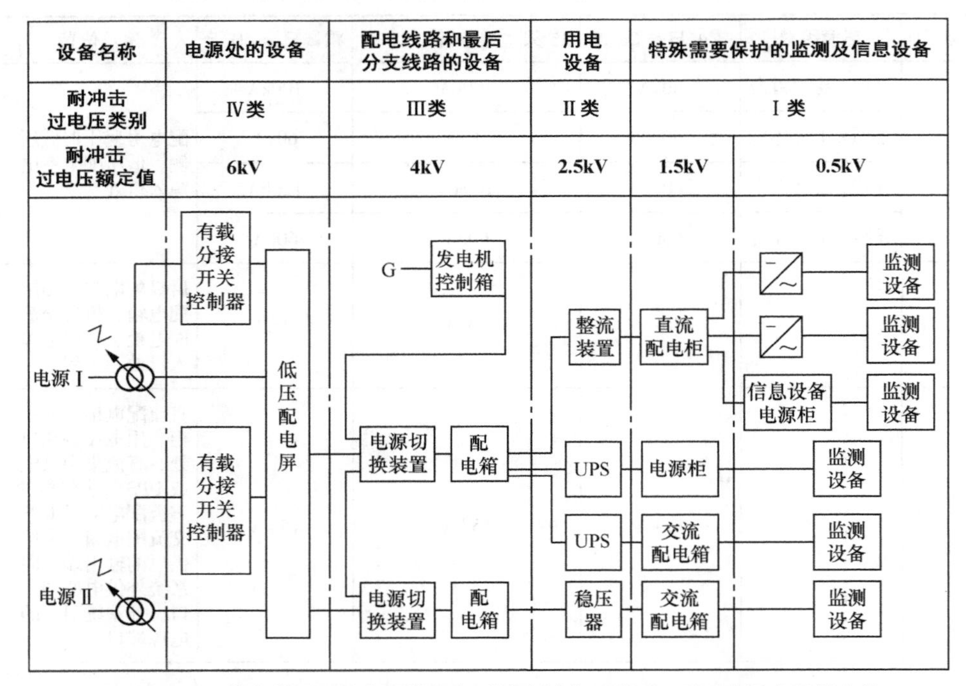

图 5-19　无线电监测及信息系统设备耐冲击过电压类别、耐冲击过电压额定值

无线线电监测及信息系统耐冲击过电压类别、耐冲击过电压额定值及浪涌保护器安装位置如图 5-20 所示。

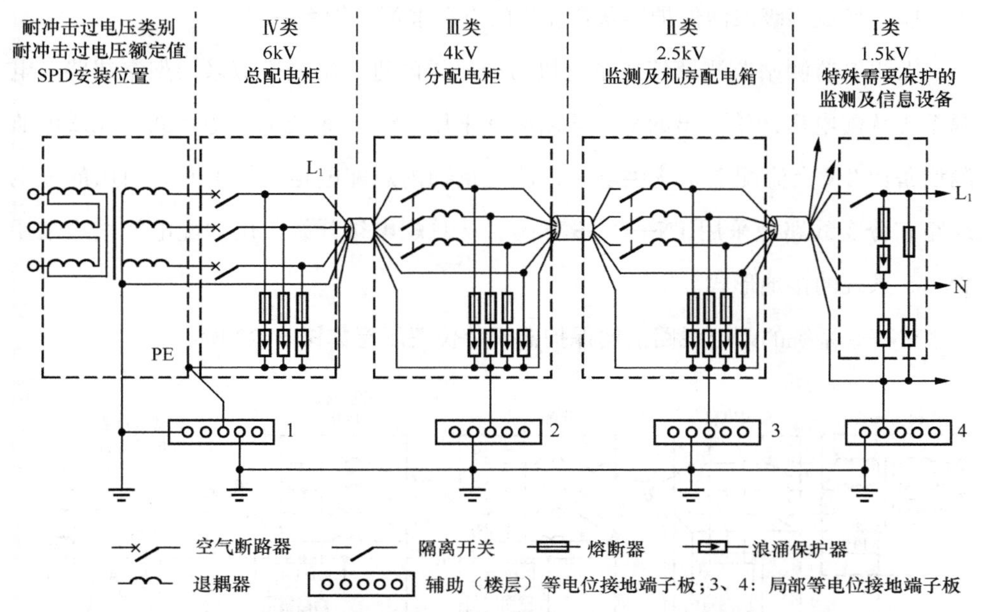

图 5-20 无线电监测及信息系统耐冲击过电压类别、耐冲击过电压额定值及浪涌保护器安装位置

西南地区某无线电监测站电源供电系统如图 5-21 所示。

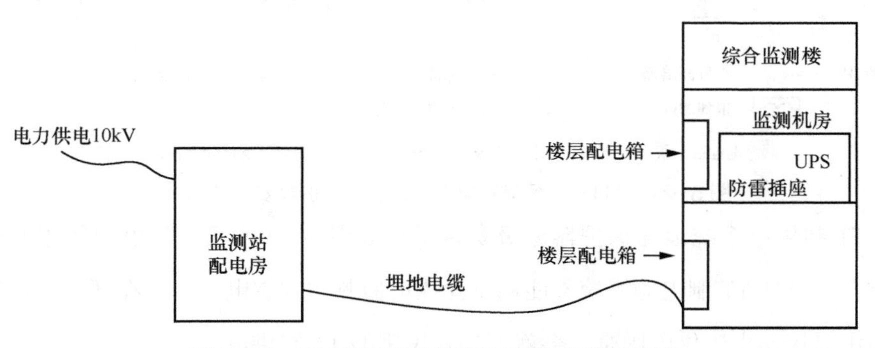

图 5-21 西南地区某无线电监测站电源供电系统

电力系统高压供电额定电压为 10kV，接入无线电监测站应使用高压屏蔽电缆从地下进入监测站，且屏蔽电缆长度宜为 300 ～ 500m。从监测站配电房进入综合监测楼的低压电缆应全程埋地引入，埋地电缆长度应不小于 15m。电力公司可以在电力供电端 10kV 处（高压变压器前）增加一级强雷电浪涌保护器，在监测站

低压配电房增加二级浪涌保护器，在楼层配电箱内增加三级浪涌保护器，在监测站机房的 UPS 处增加四级浪涌保护器，在监测机房的防雷插座内增加精细保护防雷插座，形成多级浪涌保护器联合保护的电源浪涌保护系统。

无线电监测站监测及信息系统机房内电源的进、出线不应采用架空线路。电源系统从配电房开始引出的配电线路必须采用 TN—S 系统的接地形式，无线电监测设备由 TN 交流配电系统供电时，从建筑物内总配电柜（箱）开始引出的配电线路和分支线路应采用 TN—C—S 系统。从总配电箱开始引出的配电线路应采用 TN—S 系统的接地形式。

TN—S 系统的配电线路浪涌保护器安装位置示意如图 5-22 所示。

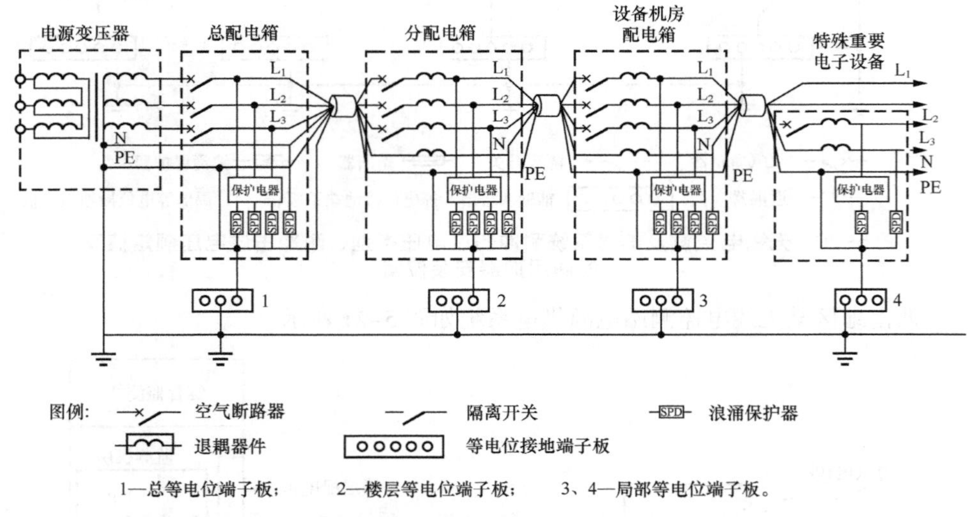

图 5-22　TN—S 系统的配电线路浪涌保护器安装位置示意

TT 制供电系统浪涌保护器分级安装示意如图 5-23 所示。从电源使用的标准要求上，虽然 TT 制电源系统不能用于无线电监测站的供电，但是在部分建设较早的高山遥控站由于供电困难，会就近接入民用的 TT 制供电。

安装浪涌保护器有一定的设计要求，具体要求如下。

① 配电高压侧避雷器宜安装在户外，且离变压器不得大于 10m。

② 配电变压器低压侧浪涌保护器的接线端子、变压器的外壳、交流零线以及屏蔽电缆的屏蔽层就近接地。

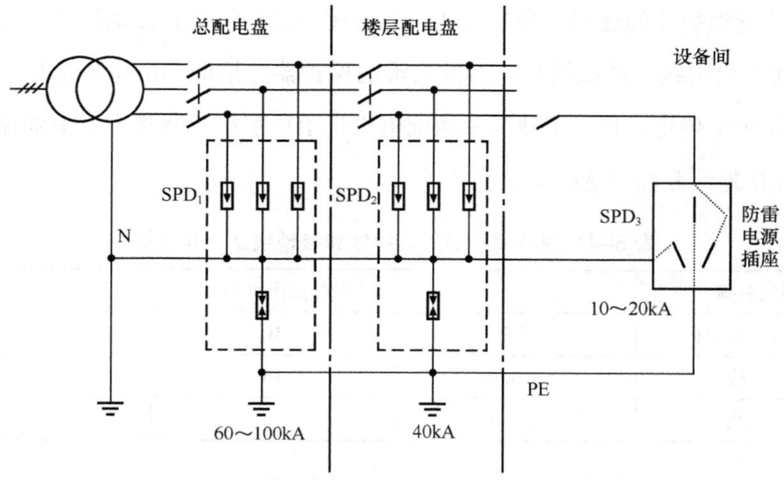

图 5-23　TT 制供电系统浪涌保护器分级安装示意

③ 当上一级浪涌保护器为雷击电流型浪涌保护器，次级采用过压型浪涌保护器时，两者之间的配电缆线间隔应大于 10m；当两级都采用过压型浪涌保护器时，两者之间的配电缆线间隔应大于 5m。如果距离达不到要求，则应在级间加一定长度的电缆或介入解耦器（电感）。

④ 浪涌保护器接相线和地线的引线应做到最短，要求小于 50cm。

⑤ 为减小附件残压（浪涌保护器连接线缆、断路器、熔断器或过流保护器等）和不必要的感应回路，浪涌保护器与保护装置之间应采用分支引线的 V 形（凯文式）或浪涌保护器绑扎双线并联连接法，浪涌保护器引线连接方式示意如图 5-24 所示。

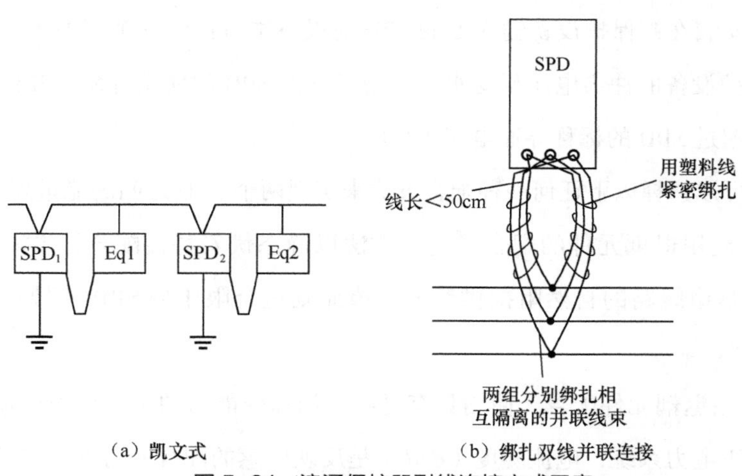

图 5-24　浪涌保护器引线连接方式示意

⑥ 浪涌保护器的连接线和接地线一般采用多股铜线，其接地线的截面积应大于连接线（上引线）的截面积，并按与浪涌保护器连接的等电位连接排主接地线截面积的 50% 确定，按《工业与民用配电设计手册》第三版规定，浪涌保护器的连接线和接地线截面积选择见表 5–4。

表 5–4　浪涌保护器的连接线和接地线截面积选择

导线名称	铜线截面积 /mm^2		
主接地线截面积	≤ 35	50	≥ 70
上引线	10	16	25
接地线	≥ 16	25	≥ 35

⑦ 浪涌保护器的引接线和接地线应通过接线端子或铜鼻子连接牢固。铜鼻子和线缆芯连接时，应使用液压钳紧固或浸锡处理。

⑧ 电源浪涌保护器的引接线和接地线应布放整齐，并应在机架上绑扎固定，走线应短且直，不得盘绕。

5.12.3　电源系统 SPD 的能量配合

电源系统 SPD 能量配合的目的是 SPD 将总雷电过电压（过电流）分级减到被保护设备能耐受的范围内，各 SPD 承担泄放的浪涌电流不得超过 SPD 标称放电电流（I_n）。

直接安装在被保护设备输入处的 SPD 对设备本身任何一个相关参数，都不得超过被保护设备的冲击电压耐受水平。为了确保 SPD 的使用寿命，SPD 泄放的雷电流不得超过 SPD 的标称导通电流（I_n）。

我们可以选择以下任何一种配合方式来实现两个 SPD 之间的能量配合。

① 不使用退耦元件的配合。这种方法以静态伏安特性配合，不需要退耦元件，退耦是由线路的自然阻抗供给的。该原则适合限压型 SPD(例如 MOV 或抑制二极管)。

② 使用退耦元件配合。使用具有足够浪涌承受能力的阻抗作为退耦元件：电感主要用于电力系统，电流陡度（d_i/d_t）是反映电感的配合能力的决定性参数；电

阻主要用于信号系统，退耦元件既可采用分立元件，也可采用各防雷区界面及设备之间电缆的固有电阻及电感。退耦元件可以用分开的装置或经由后续 SPD 之间的电缆的自然阻抗来实现。

电压开关型和限压型 SPD 间的配合如图 5-25 所示，放电间隙（浪涌保护器 SPD_1）的着火放电取决于 MOV（浪涌保护器 SPD_2）两端的残压（U_{res}）以及退耦元件两端（包括连接导线）的动态压降（U_{DE}）之和。在触发放电之前，SPD 间的电压分配如式（5-3）所示。

$$U_{SG} \geqslant U_{res} + U_{DE} \quad \text{式（5-3）}$$

放电间隙两端的电压超过 U_{SG} 时，SPD_1 着火放电，即：

$$U_{SG} \leqslant U_{res}+U_{DE} \quad \text{式（5-4）}$$

图 5-25 中退耦元件电感的选择如下。

SPD_1 的放电电压取决于它的着火电压 U_{SG}，SPD_1 的着火电压取决于 MOV（SPD_2）导通时两端的残压 U_2 与退耦元件两端的动态电压 U_{DE} 之和。电压 U_2 取决于雷电流 i（见 MOV 的电压 / 电流特性），动态压降 U_{DE} 取决于电流陡度，具体如式（5-5）所示。

$$U_{DE} = L_{DE} \cdot d_i/d_t \quad \text{式（5-5）}$$

各级 SPD 泄放的雷电流应满足不超过每级 SPD 的标称导通电流（I_n）；同时，末级 SPD 两端的动态电压必须小于设备电源端口的冲击耐压安全水平。

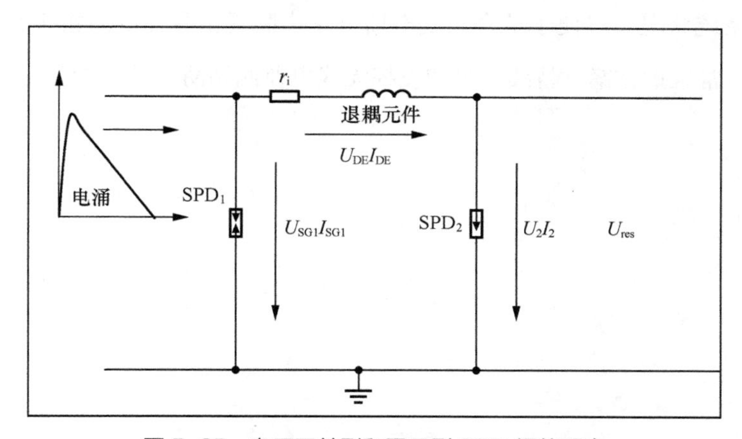

图 5-25　电压开关型和限压型 SPD 间的配合

有了正确的能量配合，如果SPD不是安装在防雷区界面和末级SPD不是安装在被保护设备输入端口处或其附近，则设备的端子上仍可能出现高电压损害。其原因在于SPD导通泄放雷电流时，SPD与被保护设备间的线路可能出现振荡，这种振荡电压会导致超过SPD残压两倍以上的高电压而损坏设备。

5.13 本章小结

无线电监测站综合监测楼包含的设备多、价值高、作用大，是无线电监测的重要枢纽，防雷等级为一类。本章详细介绍了综合监测楼的防雷技术，包含了直击雷和感应雷的防护、信号线和电源线的防护、接地网和设备接地的设置、SPD型号和参数选择等，后续章节中有类似的防雷措施不再重复赘述，将直接引用。

通过对本章的学习，我们可以认识到防雷是一项非常精细的工程，无线电监测站各类机房内设备接地的漏接、错误搭接或松动等任何一处疏忽都有可能给防雷系统埋下隐患，造成雷击防护失败。特别是静电地板下的接地网格和室外的接地网都属于隐蔽工程，施工过后如果没有预留图纸和照片等资料，日后很难进行追溯，给防雷设施日常维护带来一定的困难。

各无线电监测站负责资产和设备管理的相关人员可以通过学习本章内容，进一步理解和掌握无线电监测站综合监测楼的防雷技术，熟悉防雷措施和技术细节，掌握防雷系统状况，以便于结合无线电监测站实际提出具体的防雷工程改造需求和可行的日常维护方案，持续完善和发挥无线电监测站防雷系统的作用。

第6章　小型监测站的防雷与接地

小型监测站一般是指由于监测天线与中心监测机房距离远，需要在靠近天线场或射频前端设置的小型监测机房，其可实现按中心机房远程指令对射频前端信号进行采集、计算和处理，再将处理后的监测数据通过光纤或者网线等信号线送入中心监测机房（通常位于综合监测楼内）数据服务器，供技术人员在监测席位上使用。小型监测站主要分为前置机房和遥控站两大类。

小型监测站与无线电综合监测楼相比，有机房面积不大（甚至没有专门的机房）、设备不多、监测功能单一、通常无人值守、通过远程遥控进行频谱监测或采集等特点。小型监测站点内一般都架设天线塔（阵），具有独立监测、安防、远程遥控等特点。小型监测站数量众多，分布较为分散，通常位于区域位置的最高点，以高楼、高山遥控站居多，相对周围环境而言，形成一个十分突出的目标，因此小型监测站在雷雨季节极易遭受雷击，导致无法监测及信息设备损坏，从而无法持续开展正常监测工作。

小型监测站的地理环境决定了改造接地网的难度高，尤其是位于高山的遥控监测站选址往往处于风口，雷击概率更大，加上交通不便，维护管理成本高。为了有效防止此类监测站遭受雷击损害，确保工作人员、建筑物和监测及信息设备的安全，有必要根据各个小型监测站选址和设备设施的实际情况采取相匹配的防雷措施，以提高安全性，降低运维成本，这在近年来的工程实践中也得到了充分证明。小型监测站的防雷系统应按照全面规划、经济合理、定期检测、持续维护的原则进行综合设计、施工及维护。

6.1 一般原则

小型监测站按照设备价值、工作重要性、地理位置、雷击灾害情况等多种因素来划分为一类或二类防护等级。无线电管理人员需要根据监测及信息设备所在的不同雷电防护区、系统对雷击电磁脉冲的抗干扰度等要求，以及单位的资金预算情况，进行科学决策，选用恰当的防雷接地措施，既经济合理又能够保障安全。

小型监测站机房一般很小，往往为一层建筑物，如果有配电变压器，则配电变压器最好放置于监测机房楼外，如果必须放在机房楼内，那么一定不能与监测设备放在同一机房内。

小型监测站根据在天线铁塔与机房所处的位置不同，机房雷电防护的重点也不同。

（1）天线铁塔与机房位于同一地平面的小型监测站

面对此类情况，机房对直击雷防护无特殊要求，雷电防护的重点在于应对进入机房的射频电缆、电源和通信信号线的防护，天线铁塔与机房位于同一地平面小型监测站防雷示意如图 6-1 所示。

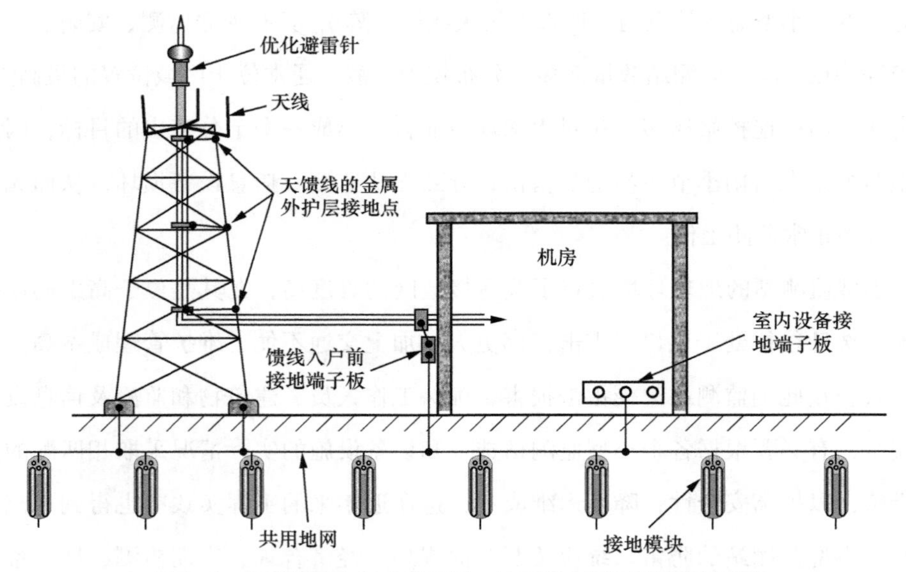

图 6-1　天线铁塔与机房位于同一地平面小型监测站防雷示意

天线铁塔塔顶架设优化避雷针，减小雷电流流经避雷针和引下线时的雷电感

应强度并降低雷电流入地瞬间的“地电位反击”。天线架设位置应处于接闪器的保护范围内，并与接闪器保持 3m 的安全距离。天线馈线的金属外层在天线铁塔的顶端、中端和底端接地，天馈线进入机房前与接地端子板再次接地。天线铁塔的接地网与机房建筑物的接地网有效连接形成联合接地。室内设备接地端子板与馈线入户前连接的室外接地端子板应在接地网的不同位置引出。

（2）天线铁塔位于建筑物楼顶的小型监测站

天线铁塔位于建筑物楼顶的小型监测站防雷示意如图 6-2 所示，防雷重点主要在于直击雷防护。

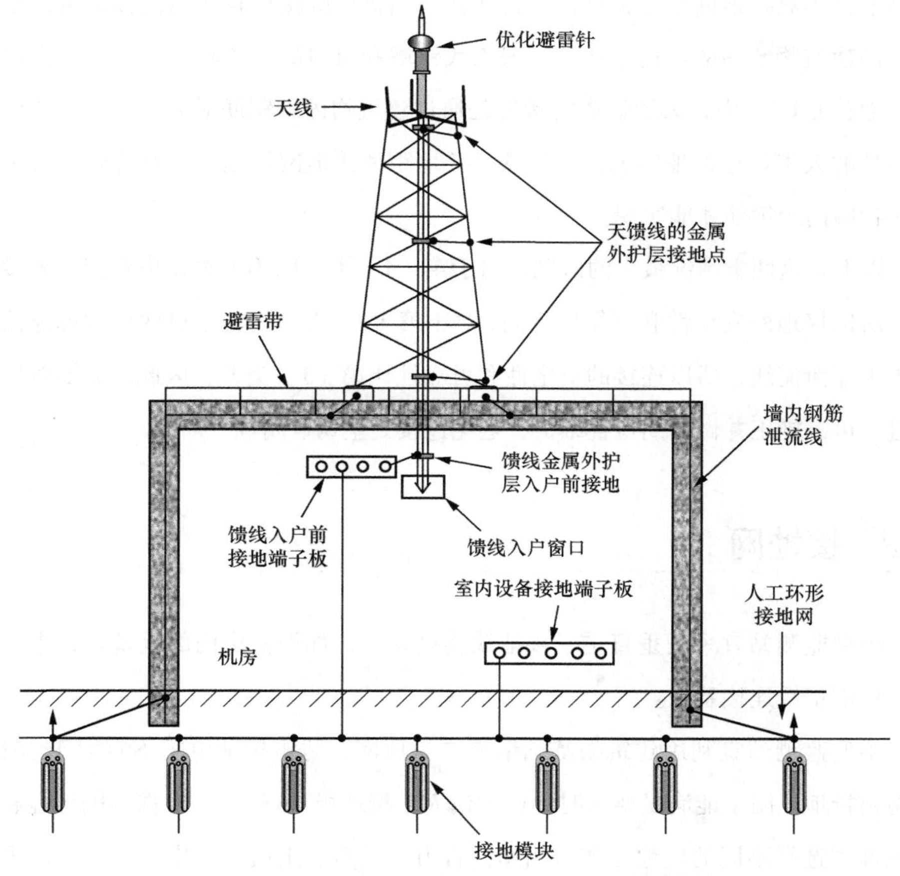

图 6-2　天线铁塔位于建筑物楼顶的小型监测站防雷示意

优化避雷针可以减小接闪器接闪（电）时造成的雷电影响。天线的架设位置应处于接闪器的保护范围内，并与接闪器保持3m的安全距离。天馈线的金属外层在天线铁塔的顶端、中端和底端接地，天馈线在进入机房前金属外层需接地，进入机房后需设置合适参数的浪涌保护器连接至设备端口。天线铁塔的基础连接至建筑物墙内的钢筋泄流线，至少有两处对称连接。建筑物墙内的钢筋泄流线在一楼连接到室外的人工环形接地网上，同样至少有两处对称连接。室内设备接地端子板与天馈线入户前连接的室外接地端子板应在接地网的不同位置引出。楼顶的避雷带应与建筑物墙内的钢筋泄流线可靠连接，天线铁塔基座也可与避雷带可靠连接。

这两类的不同之处主要在于接地网的连接方式：在（1）中，天线铁塔位于地平面上，距离接地网很近，可以将天线铁塔和机房的接地直接接入接地网，不需要借助建筑物墙内的钢筋，并且一般天线铁塔和机房的距离较近，很容易实现联合接地；在（2）中，天线铁塔的接地是通过建筑物内的钢筋泄流线，在一楼连接到室外的人工环形接地网上，天线铁塔接地距离接地网较远，并且需要借助机房建筑物墙内的钢筋才能实现。

以上是这两类情况最大的区别。对于第（1）类，因为天线铁塔直接连入接地网，所以接地的安全性和可靠性较高；对于第（2）类，因为通过两处对称连接的墙内钢筋泄流线，所以连接的安全性和可靠性比第（1）类差，因此，需要对连接处进行可靠施工并做定期检查维护，避免连接处生锈、腐蚀、断裂。

6.2 接地网

小型监测站宜采用垂直主干接地线连接系统，如果机房内的设备多，也可采用环形汇集线连接系统。

小型监测站宜利用建筑物基础钢筋作为地网，防雷接地电阻不宜大于10Ω。当防雷接地电阻不能满足要求时，应增设人工接地极（网），并根据周围环境和地质条件，选择不同的接地方式。例如，若山石较多、土壤电阻率高时，可以采用增添降阻剂、换土等方式降低接地电阻，详细方法参考5.5节（接地网设计）。对于某些小型监测站选址已经确定或者无法避免在极端恶劣的土壤环境（土壤电阻

率大于 1000Ω·m）时，常规方法都无法满足接地电阻的规范要求，从工程实践的角度出发，我们应尽量增大接地网的等效半径，并在接地网周边增设垂直或水平辐射接地极的方式进行接地网的设计和优化，标准 YD/T 3285—2017《无线电监测站雷电防护技术要求》规定接地网的等效半径应大于 10m。

在小型监测站内，可能会新增架设天线塔杆或者建筑（构）物，建议尽量在原有的直击雷防护区域内建设，如果新增物体的位置较高，建议新的直击雷防护措施要与原有的直击雷防护形成联合防护，以提高整个站区的直击雷防护效果。同时，要注意新增接地网要与原接地网建筑物基础的钢筋有效相连，形成共用接地，进一步提高原有接地网的性能。

对于防雷等级为一类的小型监测站（机房）使用铁塔（杆）时，从实际建设实例来看，一般天线塔的基础接地如果不加特殊处理是很难达到接地电阻小于 10Ω 的。如果直接将这样不达标的接地网连入原有的接地网，势必会降低原有接地网的效果，甚至会形成"地电位反击"。因此，小型监测站宜围绕天线铁塔（杆）设置封闭环形接地极，并宜与铁塔（杆）地基钢结构可靠焊接连通，在环形接地极的四角还可增设垂直接地极或向外增设辐射型水平接地极，这样处理可以做到接地电阻小于 10Ω，达到标准规范的要求。

6.3 直击雷防护

小型监测站因为一般位于区域内位置的最高点，或者处于较空旷的场地，所以直击雷的防护是防雷与接地工程的重点，直击雷防护应符合以下要求。

小型监测站因数量较多，单个监测站的防雷与接地工程预算通常较少，防雷设计宜利用建筑物原有的防雷装置作为直击雷防护措施。例如，我国某高山小型监测站，海拔 1533m，是当地最高的小型遥控站，建站多年从未遭受过雷击灾害。经过实地调研发现，该高山遥控站共用了当地气象局监测站的接地网和部分直击雷防护装置，这样大大节约了直击雷和接地网的建设成本。该高山遥控站设计对小型监测站的防雷与接地建设有一定的借鉴作用，详见 6.7 节（高山遥控站防雷与接地设计实例）详细介绍。该高山遥控小型监测站的情况比较特殊，它与气象局共址建设，可以借用气象局监测站的部分防雷措施，这也为小型监测站的新选址提供了一个很好的思路——与现有防雷措施好的设施共址建设，例如，气象监测站、环境监测站、电信基站等，特别是现在的中国铁塔公司为电信运营商提供的租赁机房，不仅解决了供电和安防问题，也能很好地提供完善的防雷措施，这都可以减少无线电小型监测站的防雷投入。

那么，对于无法提供共址建站的情况，我们只能依靠小型监测站所在建筑物原有的防雷装置。一般小型监测站都配备天线铁塔，可以将建筑物的接地网和天线铁塔的接地网连通，增大接地网面积，降低接地电阻，尽量用建筑物和天线铁塔的基础接地作为接地网，如果基础接地无法满足标准要求，可以通过增设接地体等方式进一步降低接地电阻，提高接地网性能，接地网建设详见本书 5.5 节（接地网设计）。

小型监测站有天线铁塔时，可以利用天线铁塔塔顶的接闪器或者利用塔杆作为直击雷的接闪装置，利用滚球法计算利用塔顶接闪器的保护范围，在山顶的小型监测站，雷击风险较高，一般滚球半径建议取 30m，小型监测站内的建筑物、设备设施和天线建议都在天线铁塔接闪器的直击雷保护范围内，这样可以充分利用天线铁塔接闪器对整个小型监测站进行直击雷防护。

对于小型监测站的机房建筑物，即便在滚球法理论计算上处于天线铁塔接闪器的直击雷防护范围内，但由于山顶环境特殊，尤其是附近有山谷风口、露水源等情况下，按照 GB 5005—2010《建筑物防雷设计规范》的要求，仍建议在屋顶女儿墙的位置增设接闪网。由此可见，小型监测站选址时，不能只考虑无线电波的接收效果，还应该全面考虑环境因素，宜避开河边、湖边、山顶、山谷风口等易遭受直击雷的地方；当因环境限制，无法避开时，应提高直击雷的防护能力。

当接闪器采用圆钢时，其直径≥ 16mm；当接闪器采用钢管时，其直径≥ 25mm，管壁厚度≥ 2.5mm；接闪器至地网、接地排至地网应设置专门的接地引下线。接地引下线应采用 40mm × 4mm 的热镀锌扁钢或截面积不小于 95mm^2 的多股铜线。

小型监测站所在建筑物有完善的防雷引下线或建筑物为钢结构时，接闪器应

通过两条不小于 40mm × 4mm 的热镀锌扁钢或截面积不小于 95mm^2 的多股铜线与楼顶预留的端子或接闪带可靠连接。

6.4 浪涌防护

小型监测站的浪涌保护主要是在电源线、信号线、天馈线上配置合适参数的 SPD。由于小型监测站线缆和设备较少，可根据不同类别设置不同的专用接地排，例如监测设备、电源 SPD、信号 SPD 及天馈线 SPD 的接地线应分别接各自的专用接地排，这样做的好处是：按照雷电防护区划分的分区，将雷电流和过电压产生的能量在各自“分区”中释放，降低对其他分区的影响，同时易于接地管理，便于日常维护巡检。需要注意的是，天馈线 SPD 接地线的能量来源于室外的直击雷防护区（$LPZ0_B$），而监测机房内部设备属于第一防护区（LPZ1），所以必须要分别设置接地排。如果使用了同一接地排，就会使室外雷电流能量进入室内，损坏室内机房设备。

SPD 的应用场合较多，小型监测站信号线及天馈线的浪涌防护参考本书 2.8.7 小节（信号系统浪涌防护）、2.8.8 小节（电源系统浪涌防护）、9.9 节（信号线的防雷与接地），电源浪涌防护应该采用两级组合型 SPD，电源线浪涌防护参考本书 5.12 节（电源系统防雷设计）。

小型监测站使用铁塔（杆）时，铁塔（杆）上设备引下电缆的屏蔽层应在铁塔（杆）顶部、下部与铁塔（杆）做等电位连接。

小型监测站设备的机壳及机架等金属构件都应做接地处理，可以防止“地电位反击”。

小型监测站的线缆严禁系挂在接闪器上，否则会在线缆上产生过电压，传至机房内。高山遥控站由于交通不便，日常很少有人巡查，因此有必要在雷雨季节来临前巡检监测站的站区情况，避免由于常年日照腐蚀，鸟类（野兽）破坏，造成天线捆绑不牢，线缆被大风吹落，线缆搭挂到接闪器上，接闪器或者线缆外皮被鸟类（乌鸦等）啄破，金属线芯裸露在外，容易遭受直击雷或雷电磁感应的影响。

6.5 监测及信息设备接地

对于小型监测站，建筑物通常只有 1 ～ 2 层，房间较少，监测机房尽量选择 1 层中间位置的房间。根据实际情况，机房内采取垂直主干接地线连接系统或外设环形接地汇集线连接系统。

各种监测及信息设备主要包括工控机、接收机、路由器、交换机、安防监控器等。

各类监测及信息设备和设备机柜，可使用网状或星形—网状混合型接地结构与楼层局部接地排（LEB）、环形接地汇集线相连接地。如果机房静电地板下有金属接地网格，那么机柜可以直接与金属接地网格接地，为避免接地的“地电位反击”，要求单点接地，接地线要尽量短且直。

监测及信息设备宜全部放入设备机柜内，机柜应选择密封性好的，平时柜门关闭，让机柜形成一个“法拉第笼”，可以对雷电磁感应起到一定的屏蔽作用。为减小墙内雷冲击电流对机柜的影响，机柜尽量设置于机房的中心位置，机柜和墙壁的距离不应小于 1m，从日常维修方便的角度来看，机柜和墙壁的距离应在 1.5 ～ 2m 较为合适。

如果机房内有精密设备，抗干扰性较差、接地容易受到杂音干扰或对接地有特殊要求，不能与其他接地共用，那么可放置于专用机柜。专用机柜及其内部的精密设备应连接至单独的局部接地排（LEB），该接地排距离机房内其他的 LEB 有一定的安全距离。

6.6 前置机房防雷与接地设计实例

以某无线电监测站的固定监测测向系统的前置机房为例，介绍此类型小型监测站防雷与接地设计实例。

该固定监测测向系统的前置机房距离测向天线阵较近，内部主要有接收机、测向处理单元、转换器、工控机、UPS 等。小型监测站（遥控站）的防雷与接地方法建议使用共用接地的方式，接地电阻设计目标小于 2Ω，基础接地采用增加

均压环带方式降低接地电阻，内部接地连接方式因为机房不大、设备较少，所以使用了垂直主干接地线连接系统，垂直主干接地线截面积为 60mm²。内部等电位接地连接方式采用了星形连接，便于检查和维护。

设立专门的进线室，进线 220V 低压电缆采用从配电房到机房全程穿金属管埋地接入的方式。局域网线缆使用双屏蔽双绞线缆，全程穿金属管埋地。测向天线馈线及控制线全程穿金属管埋地，进入机房，并在机房设备接口端使用信号 SPD。

前置机房的电源系统由配电箱、UPS 和防雷插座组成，分别使用 40kA、15kA 和 10kA 的最大通流容量（I_{max}）的 SPD。

设备被全部放置于金属机柜内，实现屏蔽。

屋顶四周架设 3m 高的 8 根金属避雷针，实现直击雷防护。

固定监测测向系统的前置机房防雷与接地示意如图 6–3 所示。

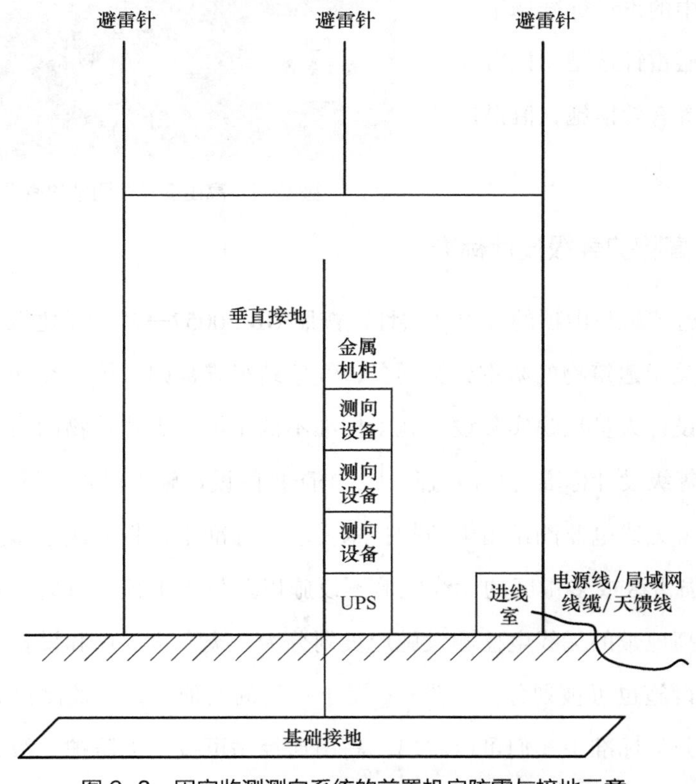

图 6–3　固定监测测向系统的前置机房防雷与接地示意

6.7 高山遥控站防雷与接地设计实例

高山遥控站属于小型监测站的一种，由于监测站的位置高，很容易成为雷击的目标，监测设备遭受雷击损害，因此高山遥控站的雷电防护一直备受关注。以某高山遥控监测站为实例，介绍此类型小型监测站防雷与接地的设计。

该高山遥控站位于海拔1533m的山峰之上，是当地海拔最高的监测站，高山遥控监测站的避雷装置如图6-4所示。该高山遥控站所处地区年雷暴日为28天，属于中雷区，但此座高山遥控站建站10余年，很少遭受雷击灾害。经编者对其防雷与接地设施进行技术调研，分析和总结了该高山遥控站防雷工程中的设计标准选用、接地网设计、避雷针选型、机房屏蔽和日常运维等有效措施，值得技术人员借鉴。

图6-4　高山遥控监测站的避雷装置

6.7.1 高防护等级设计标准

该高山遥控站与山顶的气象站共址，按照GB 50057—2010《建筑物防雷设计规范》中的关于建筑物的防雷分类划分，气象站很难被归入第一类和第二类建筑物，但防雷设计人员反映实际设计施工标准不低于第二类建筑物的防雷等级，也就是高防护等级设计标准是高山监测站雷击防护的设计施工保障。目前，在YD/T 3285—2017《无线电监测站雷电防护技术要求》标准中，将无线电监测站划分为两类：位于强雷区或多雷区的无线电监测设施以及位于山顶、海边、河流附近等雷击风险较高地带的无线电监测设施应被划分为一类，重要性和设备价值较高的无线电监测设施也可被划分为一类；不属于一类的其他无线电监测设施可被划分为二类。从分类标准中我们可以看出，高山遥控站可按一类防护等级设计，为高山遥控站防雷设计提供了指导依据。

6.7.2　高性能接地网

高性能接地网是高山遥控站防雷工程中最重要的措施之一。所有的雷电流都通过接地网泄放，而通常高山土壤中的岩石较多，电阻率较高，接地电阻很难降低，另外山地地貌复杂，必须依据地形因地制宜进行设计施工，尤其是部分山地为国家保护区域，施工范围要符合环境保护要求，这对接地网的设计和施工都提出了严峻的考验。该高山遥控站所处山峰的岩石多为变质岩，电阻率高达 $10^2 \sim 10^5\Omega\cdot m$，理论上接地网很难做到低电阻。而该高山遥控站借用了已建成的气象站接地网，该接地网的接地电阻测试结果为 1.09Ω，远远低于防雷接地电阻的国家标准规定值（$< 10\Omega$），因此雷电流释放效果非常好。

该高山气象站接地网采用了总长约为 1580m 的 40mm × 4mm 的热镀锌扁钢作为水平接地极，1.5m 长 50mm × 50mm × 5mm 的角钢作为垂直接地极，并且沿水平接地极加注了大量的降阻剂，接地网设计分布如图 6–5 所示。根据图纸数据计算，接地网面积高达 $10000m^2$，所以高山遥控站的机房、天线塔等设施可以就近接入地网。设计人员还反映，实际施工时根据山顶地形和岩石的分布情况，在满足原有设计图纸的要求下，尽量扩大接地网的分布范围，几乎整座站区包括站区四周都埋有接地网。

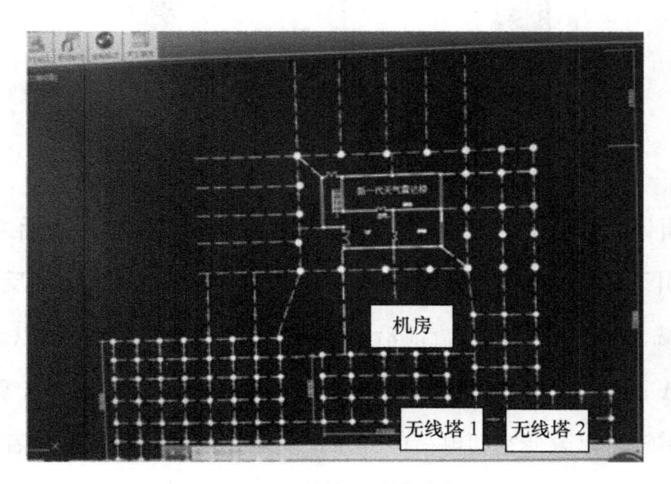

图 6–5　接地网设计分布

经过技术调研和查阅资料，该高山遥控站接地网通常使用**“深井”**技术，就

是在合适的土壤位置，通过打深敷设垂直接地，将接地网向纵深扩展，进一步扩大接地网面积。接地网采用抗腐蚀性材料，增加接地网寿命，这与平原接地网的设计原则相同，此处不再赘述。

综上所述，高山遥控站接地网设计施工的要点可以总结为 3 点：扩大面积、加降阻剂和“深井”技术辅助。

6.7.3 新型避雷针

由于高山遥控站地处山顶，因此避雷针的接闪次数高于平原监测站的接闪次数，那么对避雷针（接闪器）的性能提出了较高的要求。普通避雷针对雷电的吸引力有限，其保护范围也是十分有限的，并且避雷针和引下线在流过雷电流时，所产生的电磁场会损坏其作用范围内的系统和设备，造成雷击二次效应。

目前，随着防雷元器件技术的发展，很多新型高性能避雷针出现，常见新型高性能避雷针如图 6-6 所示，主要有优化避雷针、闪盾避雷针和提前放电避雷针等。

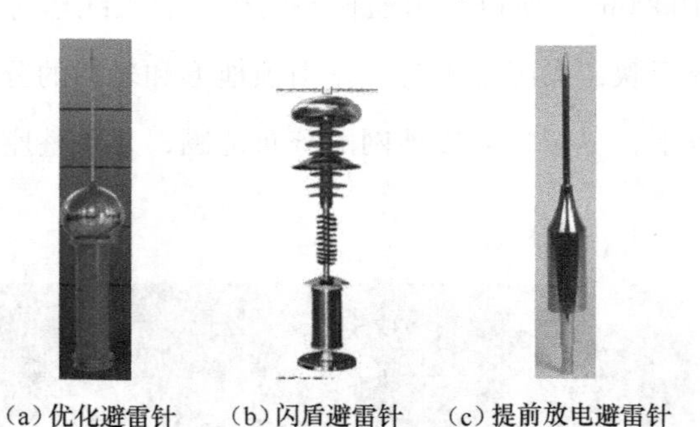

（a）优化避雷针　（b）闪盾避雷针　（c）提前放电避雷针

图 6-6　常见新型高性能避雷针

优化避雷针的主要特点有：对雷电吸引力强、保护范围大、显著减小雷电流流经避雷针和引下线时的雷电感应，降低雷电流入地瞬间的“地电位反击”；对雷电流的幅度衰减大于 80%；雷电流前沿上升陡度（d_i/d_t）下降 33 倍以上；冲击通流容量≤ 300kA；在相同的安装高度时，保护半径比普通避雷针大数倍等特点。

闪盾避雷针可以改变空间电荷的分布，使之在该区域不发生或者少发生雷击。该避雷针目前应用于无线电综合楼楼顶，可以最大限度地保护综合监测楼免受直击雷袭击，进一步增加楼顶天线的直击雷防护效果。

提前放电避雷针（Early Streamer Emission，ESE）的直击雷防护范围由法国防雷国家标准 NF C17-102-1995《法国（建筑物）防雷标准》对其进行技术支撑。其主要原理是指提前放电，提高直击雷的防护范围。

该高山遥控站早在 10 年前就采用了符合法国防雷国家标准 NF C17-102-1995 的高性能提前放电避雷针（ESE），大幅增加保护半径。近年来，该避雷针在部分监测站的测向天线场直击雷防护实际应用中的良好效果也得到了验证。

6.7.4　高等级的机房屏蔽

屏蔽是一项非常有效的防护雷脉冲的措施。通常机房会采用接地网格和静电地板的方式加强机房屏蔽，而高等级的机房屏蔽会对机房外墙加屏蔽，进一步提高屏蔽等级。

经过调研，该高山遥控站使用的机房外墙内除了自有钢筋作为屏蔽网外，还在墙内敷设了金属网，提高了屏蔽效果。外墙屏蔽施工如图 6-7 所示。由此可见，高山监测站在预算允许的范围内可适当提高机房屏蔽等级，例如采取 6 面金属板或网格屏蔽、设备装入金属机柜、使用金属门等方式，避免破坏墙体的同时又提高了机房对雷击电磁脉冲（LEMP）和雷电磁感应的防护等级。

图 6-7　外墙屏蔽施工

6.7.5　注重施工细节

防雷是一项工程，细节决定成败，防雷施工中需要注意很多细节，例如设备等电位连接、SPD 馈线安装位置、焊接点防腐处理、信号线和电源线布线等。调研中发现，该高山遥控站机房内做了大量的等电位连接，墙上塑铝板的固定架都进行了等电位连接，墙上固定架等电位连接如图 6-8 所示，由

图 6-8　墙上固定架等电位连接

此可见施工过程非常注意细节处理。

6.7.6 重视后期的运维保养

再好的接地工程，没有后续的维护保养也会出现防雷漏洞，该高山遥控站和气象站都非常重视日常的维护保养，每年定期做了大量的运维保养工作，其中包括防雷设施保养。尤其是在雷雨季来临之前和雷击发生后，做好防雷设施的检查和维护工作对高山监测站防雷系统持续发挥良好的防雷效果也是一个重要的因素。

6.7.7 建议

该高山遥控站防雷系统经受了长时间的实践检验，实现了良好的防雷效果，对保障设备和人身安全是非常必要的。通过实地调研，结合相关资料，从防雷标准、环境因素、建设实施等几方面总结出以下建议。

① 高山遥控站防雷措施必须依据国家和行业标准因地制宜进行设计和施工，这是防雷设计的理论依据。

② 高山遥控站在最初建站选址时除了考虑信号接收性能外，还需考虑地理环境因素，例如土壤电阻率、岩石结构、是否为风口、植被是否可以被破坏和恢复等。

③ 高山遥控站如果为自建，可以在建设之初就结合当地的地质情况，在地基内加降阻材料，减少后期设计接地网的难度。

④ 新型避雷针可以组合使用，改变空间电荷的分布或合理转移雷电接闪点，实现保护重要设施设备的效果，例如，组合使用闪盾避雷针和提前放电避雷针。

6.8 本章小结

单纯从技术的角度上考虑肯定是雷电防护等级越高越好，但是高的防护等级就意味着高的经济投入。小型监测站（前置机房、遥控站）内虽然设备不多，但站点数量众多，一个省动辄就有数百个，且分布范围广泛，每个位置的天气、地理和设备防护的要求都有其特殊性。因此，小型监测站的防雷与接地系统最重要

的是根据实际情况确定雷电防护等级，根据实际情况仔细勘测、认真计算、精准评估，因地制宜地设计防雷方案，既要做好小型监测站的雷电防护，又要做到投入经济合理，追求最佳的性价比。总体来说，就是尽量借助建筑物原有的防雷装置，尤其是建筑物自身的基础接地已满足小型监测站防雷接地网技术规范的要求时，就能节约小型监测站防雷和接地系统的建设成本。

本章从小型（前置、遥控）监测站的直击雷防护、等电位连接、屏蔽、综合布线、共用接地、设计安装 SPD 以及防雷装置的测量方法、维护与管理等多方面提出雷击防护的建议，供无线电管理和技术人员参考选择，力争最大限度地减少小型监测站遭受雷击损坏的频次，确保其设备的安全和正常工作。

第 7 章　移动监测车的防雷与接地

移动监测车是开展野外无线电监测任务的重要工具，当固定监测站完成信号定位后，移动监测车负责逼近查找。移动监测车内部设置精密设备，由于设备位于车内，而车体本身是金属的，具有一定的电磁屏蔽作用，所以目前的移动监测车没有防雷措施。但当移动监测车工作的环境处于山顶或旷野且在雷雨天气时，车顶的接收天线就可能成为雷击目标，其他行业的通信车已经有被雷击的案例。由此可见，对于移动监测车的雷击防护措施主要是防直击雷，可参照 YD/T 3285—2017《无线电监测站雷电防护技术要求》。

7.1　一般原则

移动监测车的防雷设计应充分考虑移动监测车的特点，根据车辆的尺寸、天线架设的高度、内部设备的特征（位置、接口、EMC 防护、信号走向）等实际情况采取有效的防雷措施，确保雷电天气下移动监测车、设备和车内人员的安全。

移动监测车在雷雨天外出工作时宜避开河边、湖边、山顶、山谷风口等易遭受直击雷的区域。有条件的监测站应使用地下车库或有防雷措施的地面车库停放移动监测车。

移动监测车在雷雨天工作时，在不影响监测性能的前提下，应合理利用附近建筑物的防雷装置进行直击雷防护。

7.2 直击雷防护

移动监测车应采取以下直击雷防护措施。

① 雷雨天野外固定工作的移动监测车，雷击风险较高时，宜采用接闪器作为直击雷防护措施，接闪器应根据移动监测车的外形尺寸和车辆上的天线位置及高度布置，接闪器与天线距离应大于 3m，接闪器支架与车体应绝缘。

② 安装在移动监测车上的接闪器可根据车体的空间布局采用拆卸式或升降式，也可采用经实践证明行之有效的其他接闪器。

③ 当移动监测车靠近有避雷装置的高大建筑物或其他设施时，可以不架设接闪器，但应与建筑物或设施保持 3m 以上的距离。

④ 引下线应采用不小于 $50mm^2$ 的多股铜芯绝缘电缆。

⑤ 移动监测车接地宜采用方便快速安装和拆卸的快装接地极，快装接地极不宜少于两根，有效长度应大于 0.5m。

⑥ 当移动监测车靠近高大建筑物且利用建筑物防雷设施作为直击雷防护措施时，可利用建筑物的地网作为防雷接地网，将引下线直接与建筑物的防雷地网连接。

7.3 浪涌防护

移动监测车应采取以下浪涌防护措施。

① 外接交流电源（或车载发电机）进入车辆整流设备前应安装浪涌保护器，其标称放电电流不应小于 40kA（8/20μs），浪涌保护器接地线就近与车内接地排相连。

② 整流设备输出的直流电源进入无线监测设备前宜安装直流电源浪涌保护器，其标称放电电流不应小于 5kA（8/20μs），直流浪涌保护器接地线就近与车内接地排相连。

③ 天线的馈线金属屏蔽层两端应与金属车体进行等电位连接。

④ 天馈线在进入无线监测设备之前宜安装天馈线浪涌保护器，其标称放电电

流不应小于 10kA（8/20μs），天馈线浪涌保护器接地线就近与车内接地排相连。

⑤ 车内地板应设置接地排，接地排可采用 40mm×4mm 的热镀锌扁钢，金属车体、设备金属外壳、保护地、直流电源地、防雷地、静电地等就近与接地排相连，连接导体宜采用不小于 $16mm^2$ 的多股铜芯线。

⑥ 接地排应采用不小于 $50mm^2$ 的多股铜芯线与接地极连接。

7.4　设计实例

移动监测车采用独立避雷针比较稳妥可靠，如果将避雷针放置在车顶，当雷电流导入大地时，势必会对车内设备造成电磁脉冲冲击，对车内人员和设备造成损害，尤其是车的油箱可能在电磁脉冲冲击能量的作用下产生电火花而引起爆炸。所以最好的工作方式是在山顶或野外空旷位置监测时，移动监测车旁应架设独立的避雷针，移动监测车防直击雷示意如图 7–1 所示。

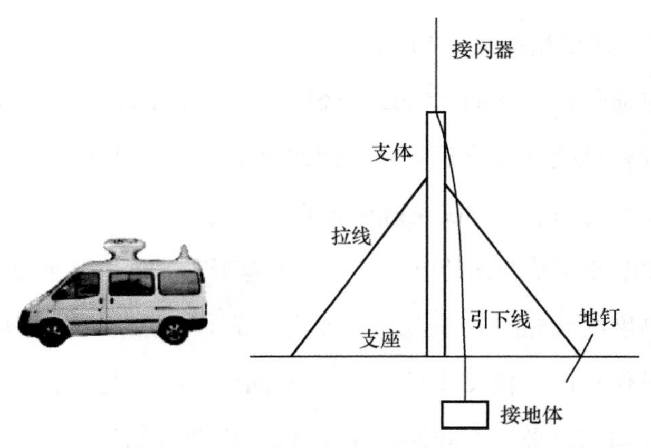

图 7–1　移动监测车防直击雷示意

独立避雷针应该具有系统简单、性能可靠、架设灵活、便于存储和运输的特点。建议使用分节式或可伸缩式的避雷针，采用不同直径的钢管用插销结构连接而成作为支座体，支座体顶端作为接闪器，这种设计结构简单，重量轻，便于运输携带。引下线可以采用截面积不小于 $35mm^2$ 的紫铜编织线，方便折叠运输，尽量不使用避雷针的支体作为引下线，如果用其作为引下线，一定要可靠连接。组合避雷针的节数（ABCD）和长度之间的关系见表 7–1。

表 7–1　组合避雷针的节数（ABCD）和长度之间的关系

避雷针高度		1	2	3	4	5	6	7	8	9	10	11	12
避雷针节数	A	1	2	1.5	1	1.5	1.5	2	1	1.5	2	2	2
	B			1.5	1.5	1.5	2	2	1	1.5	2	2	2
	C				1.5	2	2.5	3	3	3	3	3	3
	D								3	3	3	4	5

在雷雨天气，需要架设避雷针后才能开启监测设备。即使不开启监测设备，如果正处于山顶或空旷的野外，为了设备和人身安全，也有必要停车后在车旁架设避雷针，并从工程的角度利用滚球法计算它的保护范围，使移动监测车完全处于避雷针的有效保护范围内，否则就应调整避雷针的高度和位置。接地体一般要求小于 10Ω，为了更好地保护设备和人身安全，可适当提高接地电阻的要求，例如可要求小于 5Ω。为了防止避雷针与移动监测车的金属外壳或天线发生闪络，它们之间的距离不得小于 3m，应单独设置避雷针的接地体，并与移动监测车的接地装置保持一定的安全距离，建议相距大于 10m。

从移动卫星通信地面站的防雷设计经验来看，不安装适当的防雷器，低噪声放大器的某些元件就会经常出现故障，因此对于无线电监测站的移动监测车，在不影响系统性能的前提下，建议在射频前端加天馈 SPD。

例如某无线电监测站的移动监测车为丰田越野车，车辆尺寸为 4.78m × 1.885m × 1.845m，天线高度约 0.5m，考虑到计算要有一定的保护余量，将天线尺寸折算入车的尺寸后，被保护的车辆尺寸近似为 5m × 2m × 2.4m。另外，避雷针垂直架设，为防止雷击，应与移动监测车相距不小于 3m，因此近端保护半径为 3m，重点计算移动监测车停放后整个车体最远不能超过的保护半径，即远端保护半径。远端保护半径通过本书 3.8.5 节滚球法中的介绍，由公式（7–1）计算可得。

$$r_x = \sqrt{h_r^2 - (h_r - h)^2} - \sqrt{h_r^2 - h_r - h_x^2} \qquad 式（7–1）$$

在式（7–1）中：

r_x ——未考虑移动监测车体积时，直击雷防护区最远防护半径（安全距离上限）；

h_r ——滚球半径（一般根据情况取 30m 或者 45m）；

h ——接闪器高度；

h_x ——被保护对象高度。

当选取滚球半径 h_r 分别为 30m 和 45m，避雷针高度 h 为 5m、6m、7m 时，远端保护半径 r_x，如果车体是一个无体积的点，那么远端保护半径就是 r_x'，但是车的体积近似于一个立方体，因此我们应将车身平行于避雷针停放，移动监测车的长度 L 假设为 5m，则远端保护半径 r_x' 由公式（7–2）计算可得。

$$r_x' = \sqrt{r_x^2 - (L/2)^2} \qquad \text{式（7–2）}$$

在式（7–2）中：

r_x' ——考虑移动监测车体积时，直击雷防护区最远防护半径（安全距离上限）；

r_x ——未考虑移动监测车体积时，直击雷防护区最远防护半径（安全距离上限）；

L ——移动监测车的长度。

因此**保护环半径 = 远端保护半径 – 近端保护半径**，即被保护对象移动监测车（整个车体）应停放于该保护环内：既不能超出远端保护半径，否则将遭受直击雷；又不能进入近端保护半径，否则会引起雷击。通过式（7–1）和式（7–2）的计算，本实例中移动监测车保护半径见表 7–2。

表 7–2　移动监测车保护半径

滚球半径 h_r/m	避雷针高度 h/m	被保护车体高度 h_x/m	远端保护半径 r_x/m	远端保护半径 r_x'/m	近端保护半径 /m	保护环半径 /m
30	5	2.4	4.82	4.12	3	1.12
30	6	2.4	6.24	5.71	3	2.71
30	7	2.4	7.50	7.07	3	4.07
45	5	2.4	6.11	5.57	3	2.57
45	6	2.4	7.95	7.54	3	4.54
45	7	2.4	9.60	9.26	3	6.26

移动监测车车身平行于避雷针停放，保护环半径应该至少大于车身宽度时才能使车辆处于直击雷防护区域内，避免直击雷。本实例移动监测车近似尺寸为 5m × 2m × 2.4m 的条件下，车身宽度为 2m。

① 当选用滚球半径 h_r 为 30m，避雷针高度 h 为 5m 时，保护环半径为 1.12m，小于车身宽度 2m，车辆车身即使平行于避雷针都无法停放在保护环内，因此选取 6m 或者 7m 高的避雷针，才能有效地保护移动监测车免受直击雷袭击。

② 滚球半径 h_r 为 45m，避雷针高度 h 为 5m、6m 和 7m 时，都可将车辆停放在直击雷防护区域内，甚至当避雷针高度为 7m 时，车辆即使车身不平行于避雷针仍然可以将车辆停放在直击雷防护区域内，对车辆停放的位置要求有所放宽，但我们仍然建议车身平行在避雷针停放，这种停放方式可以降低避雷针的高度尺寸。

综合考虑，采用 6m 高的避雷针可以有效地保护用越野车改装的移动监测车。目前，各级无线电监测站大多将越野车改装为移动监测车，其具备机动性强、空间适宜、行车安全的特点，对于这类移动监测车的防护，技术人员可以直接参考这个实例，并根据车辆和天线的实际尺寸计算。

在雷雨季节，移动监测车的日常停放也要注意雷击防护，有条件的地方应修建地下车库停放移动监测车，如果是地面车库，最好是有屋顶的，在屋顶上架设避雷针（按建筑物防雷标准设计）。如果临时停放并无合适的车库，也应将移动监测车尽量停放在高大建筑物的附近，同时保持 3m 的安全间距。

7.5 便携式快速直击雷防护区确定装置

在移动监测车旁临时架设避雷针实现直击雷防护时，需要确定避雷针直击雷防护的有效区域，目前接闪器的直击雷防护区可按照国际和国内的相关标准（例如 GB 50057）中的滚球法计算。对于固定架设式接闪器由于保护对象固定，所以接闪器的位置和高度一般由专业的防雷公司设计后固定不变，而对无线电监测领域的车载或可搬移站，一般需要在监测系统旁临时架设接闪器。由于保护对象的位置和高度不定，每次架设直击雷防护区都要计算确定，对普通用户使用有一定的技术难度且不方便。

笔者推荐一种便携式快速直击雷防护区确定装置（辅助工具）：将固定旋转扣固定在接闪器底部，将滑动标记扣滑动至软尺上标记的被保护对象高度的刻度

位置，牵动软尺围绕接闪器做 360° 旋转，通过标记笔做标记，确定直击雷防护区半径上限；将滑动标记扣滑动至软尺上标记的安全距离的刻度位置下限标记区域，同样 360° 旋转，确定直击雷防护区半径下限，上下限保护半径之间的区域作为直击雷防护区。

通过使用本实用新型快速直击雷防护区确定装置（辅助工具）可以直观和快捷地确定移动监测车和临时架设可搬移站的直击雷防护区，不需要专业人员计算，达到了直击雷防护区简单、快捷、成本低、直观确定的技术效果。

下面我们详细介绍便携式快速直击雷防护区确定装置（辅助工具）。

（1）装置

装置包括软尺、固定旋转扣、滑动标记扣、标记笔。

① 软尺：软尺分为 A 面与 B 面，分别对应不同的防雷等级，A 面为高防雷等级使用（例如，滚球法计算时滚球半径取 30m，不限于此），B 面为低防雷等级使用（例如，滚球法计算时滚球半径取 45m，不限于此）。软尺上标有以 m 为单位的标记刻度，标记刻度分为安全距离下限刻度和安全距离上限刻度。根据 GB 50057—2010《建筑物防雷设计规范》安全距离下限为 3 ～ 5m，最小不能低于 3m；安全距离上限标记刻度对应被保护对象（移动监测车或可搬移站）高度（单位为 m）的防雷防护区的最大半径。

② 固定旋转扣：固定在软尺首端，可以卡挂于接闪器上的圆扣，使用人员可牵动软尺尾端，围绕接闪器 360° 自由旋转，确定直击雷防护范围。

③ 滑动标记扣：可以在软尺上滑动的扣子，扣子连接软尺端可以对应软尺的刻度，扣子附带标记笔夹，可固定标记笔。

④ 标记笔：可以被夹在滑动标记扣上的标记笔，根据环境不同可采用粉笔或油性笔等，当软尺围绕接闪器旋转时，标记笔可在不同的地点做标记。

（2）装置创新点

① 接闪器位置变化时可快速便捷地确定直击雷防护区。

② 可根据不同保护对象的高度，快速便捷地确定直击雷防护区。

③ 成本低、携带和使用方便，不需要专业计算，对使用人员的技术要求不高。

（3）使用实例

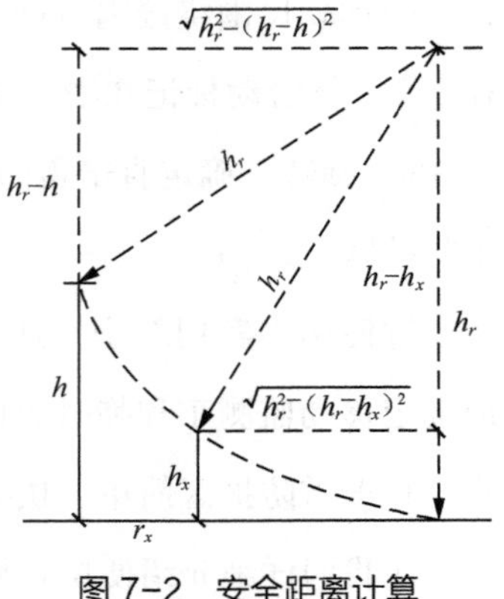

图 7-2　安全距离计算

便携式快速直击雷防护区确定装置（辅助工具）利用滚球法计算，安全距离计算如图 7-2 所示。其中被保护对象高度为 h_x，接闪器高度为 h，滚球半径为 h_r，在高防雷等级下 h_r 可取 30m 典型值或更小，在低防雷等级下 h_r 可取 45m 或者更小，那么被保护对象直击雷防护区的最远防护半径（安全距离上限）r_x 可通过公式（7-3）计算。

$$r_x = \sqrt{h_r^2 - (h_r - h)^2} - \sqrt{h_r^2 - (h_r - h_x)^2} \qquad \text{式（7-3）}$$

在式（7-3）中：

r_x——直击雷防护区最远防护半径（安全距离上限）；

h_r——滚球半径（一般根据情况取 30m 或者 45m）；

h ——接闪器高度；

h_x——被保护对象高度。

当接闪器出厂时，接闪器高度 h 固定，当被保护对象确定后，高度 h_x 值确定，在防护等级确定时 h_r 值也可以确定，因此可以根据式（7-1）计算出在某一防护等级下的不同保护对象高度 h_x 对应的最远保护半径 r_x，并且根据 GB 50057—2010《建筑物防雷设计规范》被保护对象距离接闪器的安全距离为 3 ～ 5m，确定为直击雷防护区最近防护半径（安全距离下限）。

本实例中使用的便携式快速直击雷防护区确定装置（辅助工具）为配合接闪器使用的辅助工具，安全距离装置实物设计如图 7-3 所示，包括固定旋转扣 1、滑动标记扣 2、标记笔 3 和软尺 4，其中软尺 A 面 41 为高防雷等级使用（滚球法计算时滚球半径 h_r 为 30m），B 面 42 为低防雷等级使用（滚球法计算时滚球半径 h_r 为 45m），软尺上的刻度为不同保护对象高度 h_x 对应的保护半径 r_x 的值。

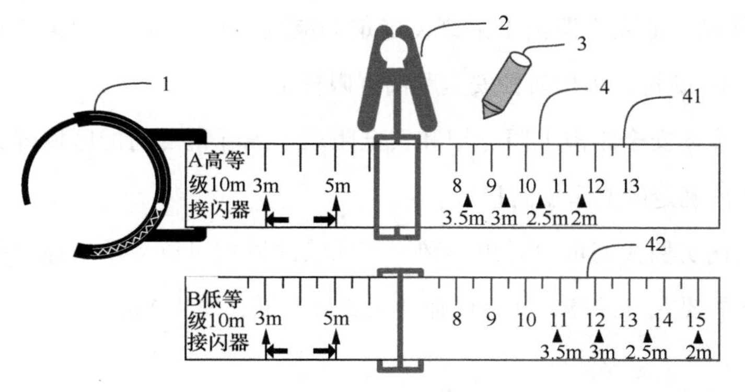

图 7-3　安全距离装置实物设计

便携式快速直击雷防护区确定装置的使用示意如图 7-4 所示，具体步骤如下。

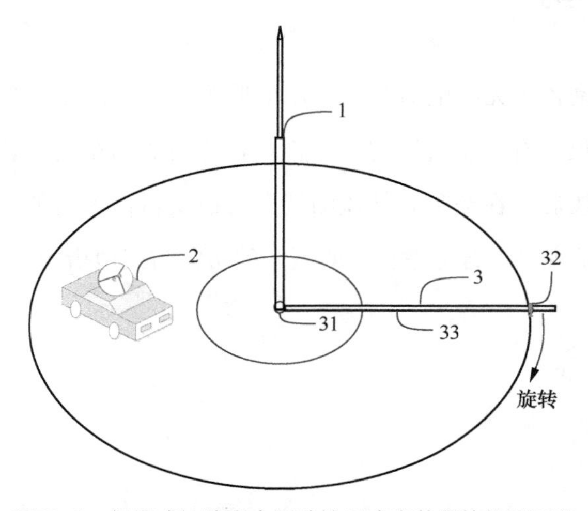

图 7-4　便携式快速直击雷防护区确定装置的使用示意

第一步，确定被防护对象 2（例如移动监测车或其他可搬移式监测系统）的高度 h_x，可以使用便携式快速直击雷防护区确定装置 3 中的软尺 33 测量。

第二步，确定直击雷防护区最远保护半径（安全距离上限 r_x）（本实例中使用高防雷等级），首先将软尺首端的固定旋转扣 31 扣在接闪器 1 的底部，然后将滑动标记扣 32 滑动到软尺 A 面对应防护对象高度 h_x 的安全距离上限标记刻度上，并使用滑动标记扣的标记夹将标记笔固定，最后拉直软尺并用标记笔围绕接闪器 360° 旋转，画出防护安全距离上限标记。

第三步，确定直击雷防护区最近保护半径（安全距离下限），将滑动标记扣

32滑动到软尺上的安全距离下限刻度确定的范围（3～5m），同第二步用标记笔绕接闪器360°旋转，画出防护安全距离下限标记。

以上三步在安全距离上限标记和安全距离下限标记之间的区域即为被防护对象运用滚球法确定的直击雷防护区。

通过上述实例我们可以看出，利用滚球法的原理可以简单快速地确定防雷安全区域，不需要人员计算，并且该辅助工具成本低，使用携带方便。

7.6　本章小结

移动监测车是各级无线电监测站常用的监测工具，但是很少注意雷电防护设计，主要原因是很少有汽车遭受雷击损害。若移动监测车内部装有精密的监测设备，车顶配备天线后，在空旷野外监测就会有遭受雷击灾害的隐患，因此，希望引起技术人员的重视，综合考虑移动监测车的防雷与接地措施。

第8章　可搬移站的防雷与接地

可搬移站是指在某个特定区域开展监测而临时架设的无线电监测设备（系统），可搬移监测站如图 8-1 所示。任务开始前临时架设，结束后回收，形成可搬移站，主要应用于大型会议、活动、赛事以及特殊地区。随着近年来大型活动及赛事的频繁举办，可搬移站应用得越来越广泛。在开展监测任务时，为了取得较好的监测效果，可搬移站往往架设于区域位置最高点，容易成为雷击目标，因此可搬移站的防雷与接地也是需要我们重视的。

图 8-1　可搬移监测站

8.1　一般原则

可搬移站应根据使用时间、地点、雷暴风险等因素，采取适宜的雷电防护措施。

对于非雷雨季节，可搬移站的架设位置主要是根据监测效果选择的，可以不考虑雷电防护问题。但是在雷雨季节，一定要采用相应的雷电防护措施，在选择位置时，除了考虑监测技术因素以外，还应考虑雷电综合防护措施的可行性和经济性，例如将设备架于可借助建（构）筑物防雷装置的位置，实现低经济投入、高有效保护的目标，确保可搬移站设备和监测人员的安全。

8.2 直击雷防护

可搬移站直击雷防护可采取以下措施。

① 天线系统自身带有接闪装置时，应采用带有外层绝缘的专用引下线并可靠接地；天线系统自身未带有接闪装置时，可采用专设接闪器防护，接闪器宜与绝缘支撑结构连接，并采用带有外层绝缘的专用引下线可靠接地。

② 直击雷防护采用滚球法设计保护范围，可选用 7.5 节中介绍的便携式快速直击雷防护区确定装置快速确定防护范围。

③ 可搬移站的站址宜避开河边、湖边、山顶、山谷风口等易遭受直击雷的地方，当因环境限制无法避开时，应提高直击雷防护水平。

④ 监测设备外壳应与金属塔（杆）保持大于 3m 的距离。

⑤ 专用引下线应采用不小于 $50mm^2$ 的多股绝缘铜芯电缆。

8.3 接地网

可搬移站的接地网应符合下列要求。

① 地面设置的可搬移站宜在天线支架周围或专设接闪器周围设置 4 支以上的垂直接地极，接地极间距宜大于其长度两倍，接地极应相互连接，连接线宜采用截面积不小于 $70mm^2$ 的可拆卸多股铜线。

② 楼顶设置的可搬移站应首先利用所在建筑物的接地网。

③ 垂直接地极宜采用经济适用的快装接地极等符合接地极技术要求的接地装置。

④ 防雷接地电阻不宜大于 10Ω。当可搬移站架设地的土壤电阻率大于 1000Ω · m 时，可不对接地电阻予以限制，但接地网的等效半径应大于 10m，并应在接地网周边增设垂直或水平辐射接地极。

8.4　浪涌防护

可搬移站浪涌防护应符合以下要求。

① 主要是在电源线、信号线、天馈线上配置合适参数的 SPD，具体可以参考本书 2.8.7 小节、2.8.8 小节、9.9.1 小节和 9.9.5 小节的介绍。

② 外接交流电源（或车载发电机）进入设备处应安装 SPD，其标称放电电流不应小于 40kA（8/20 μs）。

③ 设备处宜配置防雷插座，有条件的情况下可使用 UPS。

④ 监测设备宜装入金属机柜，金属机柜应可靠接地。

⑤ 天馈线金属外层应多点接地，设备接入端口宜设置匹配的天馈线 SPD。

8.5　本章小结

随着重大活动、重要会议的无线电保障日益增多，可搬移站的应用也越来越频繁。以往，在临时架设可搬移站时，技术人员主要考虑无线电频谱接收及监测效果，较少或根本不考虑雷电防护。但是在雷雨季节，如果不考虑合理的防雷措施，尤其当临时架设的可搬移站的天线较高时，不仅监测设备有雷击风险，还会有人员安全隐患。因此，可搬移站的雷电防护是需要在架设时根据实际情况综合考虑的。

第 9 章　天馈系统及信号线的防雷与接地

天馈系统是指无线电收发天线及配套的连接馈线。无线电监测站有大量的天线，与天线连接的馈线很容易将室外的过电压和雷电流引入机房，损坏机房内部的监测及信息设备。另外，无线电监测站还有较多的信息化设备以及与之相连的信号线，例如计算机网络线、通信电缆、视频监控线、遥控线缆等。这些天馈系统及信号线都应加装 SPD，抑制线路上的感应雷电流，电路上采用多级串联泄放方式，保护效果更好。

无线电监测站的天线按照工作频段划分可分为短波天线、超短波天线和卫星天线，按设计原理可分为多模多馈天线、对数周期天线、偶极子天线和八木天线等，按是否对外发射可分为监听天线和通联天线等。目前，无线电监测站的天线多以接收为主，少量天线具有发射功能，例如卫星参考源天线和短波通信天线。

为取得良好的接收效果，天线一般被放置于室外位置最高点或空旷处，因此天线很容易成为雷击目标，若将雷电流通过馈线引入监测机房内，会造成监测设备受雷击损坏。因此，天馈系统的防雷与接地非常重要。另外，对于大型的无线电监测站，除了具有无线电监测功能外，还具有数据存储、遥控指挥和视频会议等功能，因此对信息通信设备的信号线路进行雷电防护也是必不可少的。

9.1　一般原则

无线电监测站的天线首先需要考虑直击雷防护，最有效的方式就是架设接闪器保护。接闪器的保护范围应按**滚球法**计算，**架空天线必须置于接闪器的保护范

围直击雷防护区（LPZ0_B）内。

对于部分天线对周围金属物有一定要求的时候，我们应根据被保护天线的种类和特点合理选择接闪器，尽量减少对天线性能的影响。例如，相关干涉体制的短波测向天线阵，要求周围一定距离内不能有金属物体，否则会影响测向精度。笔者曾经做过实验，在短波测向阵的中间和每个天线振子的周围架设杆状金属接闪器，都会对测向精度产生较大的影响，对于此类情况就必须选择特殊的接闪器，尽量减少对测向天线的影响。

当被保护天线的占地面积较大，无法用一只接闪器有效保护时，可以使用多只接闪器联合保护。这种情况常常出现在短波天线上，因为短波天线一般体积较大，特别是天线阵，保护面积更大，此时单靠一只接闪器是很难完成有效保护的。

接闪器在接闪（电）泄放雷电流时会在周围产生较大的电磁场，甚至会形成“闪络”效应，因此独立接闪器与天线体需要保持一定的安全距离，通常安全距离需要大于3m。

防雷引下线应采用截面积不小于40mm×4mm的热镀锌扁钢或95mm^{2}的多股铜线。

天线的防雷接地装置的防雷接地电阻按标准要求不宜大于10Ω，有特殊要求的天线按其要求设计。

各类信号线（包括天馈线、控制线、网线等）还需要根据**传输功率、工作频率、插入损耗、驻波、带宽、阻抗特性、三阶互调、接口等加装适配的天馈线SPD**进行过电压防护，详见本书9.9节介绍。

9.2 扇锥天线

扇锥天线是一种宽频带的全向天线。该天线结构简单、性能优越、方向特性随频率的变化符合短波天波通信对天线的要求，是短波通信的常用天线。一般由3座支撑的铁塔、拉线和天线体组成。某无线电监测站的短波扇锥天线如图9-1所示，

图9-1　某无线电监测站的短波扇锥天线

此短波扇锥天线塔高 18m，天线铁塔间距 60m，天线占地宽度 35m。

短波扇锥天线防雷示意如图 9-2 所示，短波扇锥天线应采取以下防雷措施。

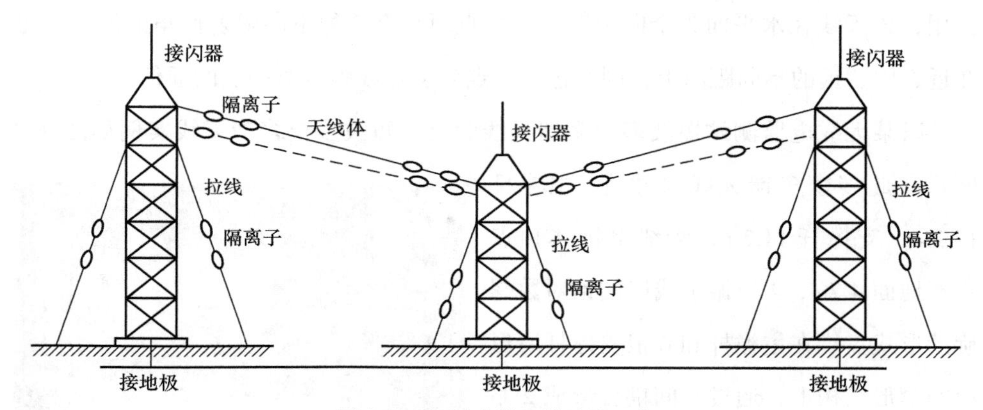

图 9-2　短波扇锥天线防雷示意

① 支撑天线铁塔上可架设接闪器，高度应高于天线体 2 ～ 3m，接闪器可直接焊接到铁塔上。

② 引下线可利用电气贯通良好的天线铁塔（杆），也可专设引下线。

③ 拉线和天线体使用隔离子与铁塔（杆）有效隔离。

④ 扇锥天线宜围绕天线铁塔(杆)基础设置封闭环形接地极，并宜与铁塔(杆)钢结构可靠连通，在环形接地极的四角还可增设垂直接地极或向外增设辐射型水平接地极。各支撑铁塔(杆)接地网宜用两根 40mm × 4mm 的热镀锌扁钢焊接连通。当支撑铁塔（杆）的接地网与机房距离较近时，支撑铁塔（杆）的接地网应与机房地网互相连接，形成共用地网。

在图 9-1 中，扇锥天线实例的支撑天线铁塔上焊接了 3 根大约为 5m 高的接闪器，通过天线铁塔自身作为防雷引下线，天线铁塔的拉线上使用了大量间隔 3m 的隔离子与铁塔（杆）有效隔离，在塔底增加了接地体将防雷接地电阻降低在 10Ω 以下。

9.3　多模多馈天线

短波多模多馈天线也是无线电监测站常用的监听天线，它是一种较复杂的四振子对数螺旋天线阵。该天线由阻抗变换器、主桅杆、支撑杆和网络匹配器等组成倒伞形结构，具有独特的馈电网络，可同时供3部大功率短波发射机或接收机使用，该天线在水平面为全向辐射，在垂直面具有3种不同辐射仰角的波束，可在近、中、远的不同距离上，同时进行一点对多点或多点对一点的通信。

以某无线电监测站短波多模多馈天线为例，短波多模多馈天线实例如图9-3所示。此多模多馈天线尺寸为：主桅杆12.2m，支撑杆11.2m，天线倒锥体顶点距离地面4.7m，4根振子线以圆锥对数螺旋的形式盘绕在主桅杆和6根支撑杆所形成的伞形结构上，通过空间耦合形成2路高仰角、1路低仰角的辐射模式，用于接收远、中、近距离的短波信号。天线设计独特、结构牢固可靠、占地面积小，可与小于1.6kW的各类短波电台配套使用，能够实现宽带跳频全向通信。天线辐射椭圆极化波，抗极化衰落能力强。

图9-3　短波多模多馈天线实例

对于多模多馈天线，目前常用的防直击雷措施是在主桅杆上架设接闪器，主桅杆作为防雷引下线，在基座上通过接地板和引下线接入接地装置，可以参考短波扇锥天线的防雷方法。短波多模多馈天线防雷示意如图9-4所示。短波多模多馈天线应采取以下防雷措施。

① 天线主桅杆和支撑杆上可架设接闪器。

② 接闪器应采用专设引下线，引下线应采用截面积不小于95mm²的绝缘多股铜线。

③ 多模多馈天线宜围绕天线

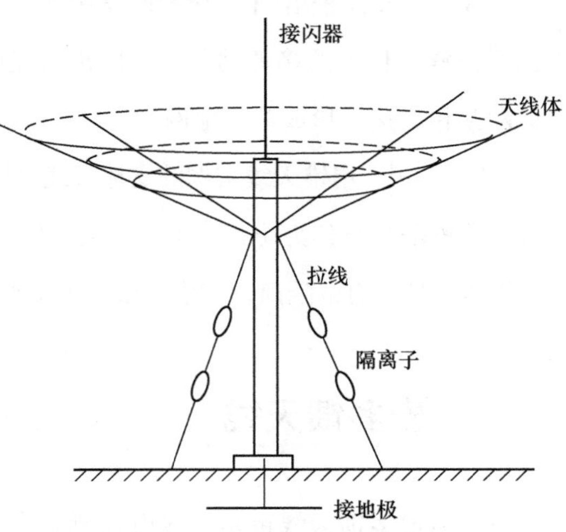

图9-4　短波多模多馈天线防雷示意

主桅杆基础设置环形接地极，并与专设引下线和支撑钢结构可靠连通，环形接地极四角还可增设垂直接地极或向外增设辐射型水平接地极。当多模多馈天线地网与机房距离较近时，应将多模多馈天线接地网与机房接地网互相连接，形成共用接地网。

9.4　笼形天线

短波笼形天线也是无线电监测站中常用的一种监听天线，短波笼形天线如图 9-5 所示。短波笼形天线具有宽带、输入阻抗平缓和架设方便的特点，笼形天线两臂通常由 6 ～ 8 根细导线构成，每根导线的直径通常为 3 ～ 5mm，笼形直径通常为 1 ～ 3m，特性阻抗 250 ～ 400Ω。

图 9-5　短波笼形天线

笼形天线通常由笼形两臂、支撑铁塔和拉线组成，笼形天线的防雷可以参考扇锥天线的防雷方式，笼形收发天线的防雷与接地示意如图 9-6 所示。笼形天线应采取以下防雷措施。

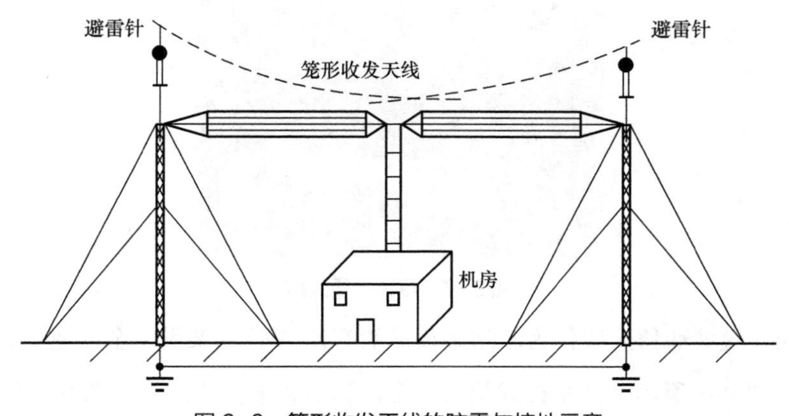

图 9-6　笼形收发天线的防雷与接地示意

① 笼形天线宜采用支撑铁塔上架设接闪器的方式进行直击雷防护，接闪器高度应高于天线体 2 ～ 3m；接闪器高度应保证滚球半径的最低点不会接触到笼形收发天线，滚球半径一般取 45m 或 30m，如遇特殊的地理和天气条件，可进一步缩小滚球半径。

② 拉线和天线体使用隔离子与支撑铁塔（杆）有效隔离。

③ 笼形天线宜围绕天线铁塔（杆）基础设置封闭环形接地极，并宜与支撑铁塔（杆）钢结构可靠连通，在环形接地极的四角还可增设垂直接地极或向外增设辐射型水平接地极。各支撑铁塔（杆）的接地网宜用两根 40mm × 4mm 的热镀锌扁钢焊接连通。当支撑铁塔（杆）的接地网与机房距离较近时，应将支撑铁塔（杆）的接地网与机房地网互相连接，形成共用地网。

9.5 三线式通信天线

为了应急通信，无线电监测站一般都配有短波通信天线，尤其是在偏远山区的无线电监测站，短波通信更是必不可少的。目前，短波通信天线使用最多的是三线式天线，工作频段为 1.6 ～ 30MHz，不用天调，中、远距离都能保持良好的通信效果，应用广泛，短波三线天线如图 9-7 所示。

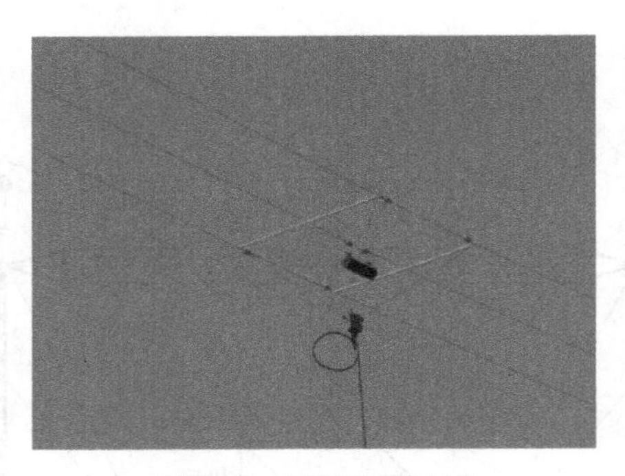

图 9-7 短波三线天线

三线式短波通信天线作为基站架设一般有倒“V”式架设（全向通信，倒“V”式架设如图 9-8 所示）和平拉式架设（定向通信，平拉式架设如图 9-9 所示）两种形式。

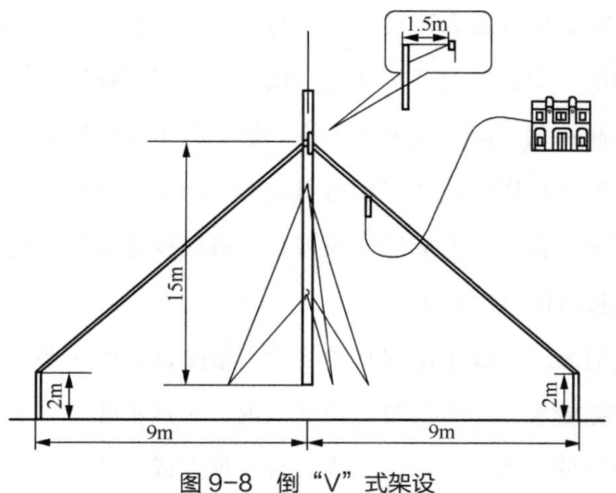

图 9-8　倒“V”式架设

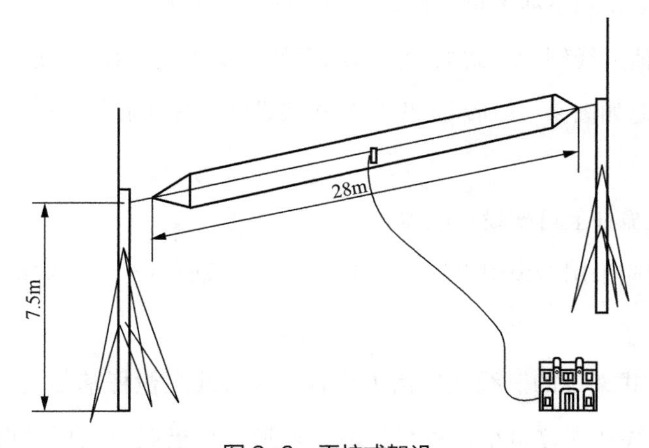

图 9-9　平拉式架设

倒“V”式短波三线式天线可以通过在中间杆塔上架设接闪器，使用专用的引下线或利用金属塔杆作为引下线，接入接地装置防直击雷。同样的，平拉式短波三线式天线可以通过两端的塔杆架设接闪器防雷。因为三线式天线都比较高和长，利用滚球法计算，需要非常高的避雷针才能将整个天线置入保护区域，但实际中一般很少用这么高的避雷针。从经验上来讲，由于避雷针的引雷作用，天线导线着雷现象极为罕见，较多的还是避雷针接闪（电）和隔离子闪络或击穿造成雷电流窜到天线导线上。因此，接闪器选择 3 ～ 5m 即可，另外天线与支撑塔杆的连线应有隔离子，与支撑杆塔连接处不能选在接闪器上，应在接闪器以下。

如果杆塔为非金属，那么连接线不能与引下线相连。如果杆塔为金属，通常将杆塔作为防雷引下线，此时应加强杆塔接地，并利用杆塔的拉线分流降低塔杆雷击时的电位升高幅值，减少隔离子闪络。如果为了增加发射效率通信天线没有反射网，那么不能将杆塔的接地与反射网相连，因为雷电流有可能通过反射网传到机房内，对短波电台设备造成反击损害。杆塔架设防雷与接地方法可参考短波扇锥天线的铁塔和钢杆防雷和接地。

如果短波通信天线架设于监测站的综合大楼楼顶，此时要注意的是尽量让短波通信天线处于综合监测楼直击雷防护区域内，并且不能将其架设于容易遭雷击的角落或靠近角落的地方，切忌将天线安装在顶点或靠顶点的地方，或者是屋顶突出的部位，防雷引下线要可靠接入屋顶的均压环（上）。

三线式通信天线倒“V”式架设防雷示意如图 9-10 所示，三线式通信天线平拉式架设防雷示意如图 9-11 所示。倒“V”式架设的三线式通信天线应采取以下防雷措施。

① 天线主桅杆上可架设接闪器。

② 接闪器应采用专设引下线，引下线应采用截面积不小于 95mm^2 的绝缘多股铜线。

③ 倒“V”式架设的三线式通信天线宜围绕天线主桅杆基础设置环形接地极，并与专设引下线和支撑钢结构可靠连通，环形接地极四角还可增设垂直接地极，或向外增设辐射型水平接地极。当倒“V”式架设的三线式通信天线的接地网与机房距离较近时，应与机房的接地网互相连接，形成共用地网。

平拉式架设的三线式通信天线应采取以下防雷措施。

① 应在支撑铁塔上架设接闪器，接闪器高度应高于天线体 2 ～ 3m。

② 拉线和天线体使用隔离子与支撑铁塔（杆）有效隔离。

③ 三线式通信天线宜围绕塔（杆）基础设置封闭环形接地极，并宜与塔（杆）钢结构可靠连通，在环形接地极的四角还可增设垂直接地极，或向外增设辐射型水平接地极。各支撑铁塔（杆）的接地网宜用两根 40mm × 4mm 的热镀锌扁钢焊接连通。当支撑铁塔（杆）的接地网与机房距离较近时，应将支撑铁塔（杆）的

接地网与机房的接地网互相连接，形成共用的接地网。

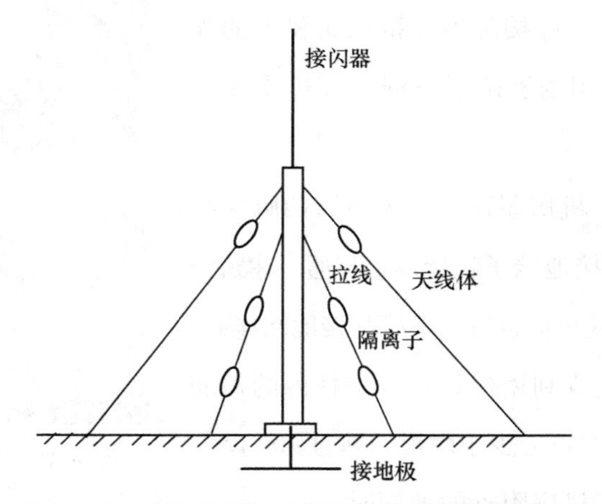

图 9-10　三线式通信天线倒“V”式架设防雷示意

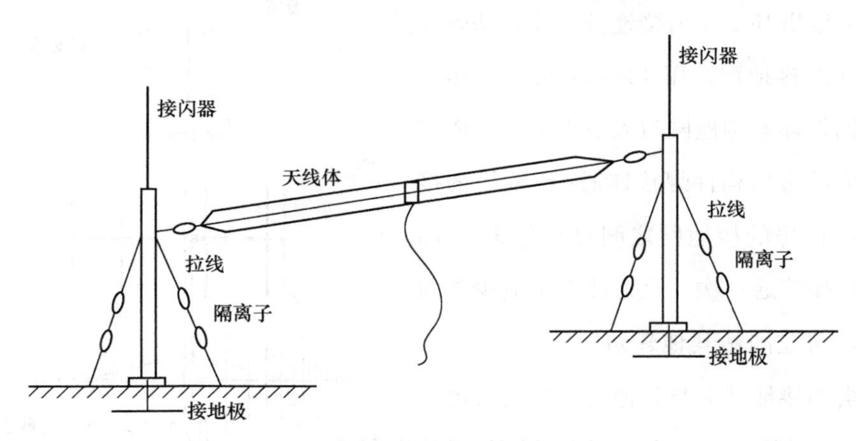

图 9-11　三线式通信天线平拉式架设防雷示意

9.6　接收天线组

接收天线组是指在同一天线铁塔上，共址架设性能和功能不同的天线，以满足监测工作的需要，例如，天线铁塔上经常共址架设多通道测向天线、对数周期天线、八木天线、喇叭天线等，无线电监测站接收天线组实例如图 9-12 所示。

接收天线组（八木天线、对数周期天线等）的防雷示意如图 9-13 所示。接收天线组应采取以下防雷措施。

① 接闪器与支撑杆之间应采用非金属杆连接，支撑杆要具有支撑接闪器和抗风所要求的强度；引下线采用专用的屏蔽引下线，穿过支撑杆连接至铁塔平台。

图 9-12　无线电监测站接收天线组实例

② 天线塔位于机房屋顶时，天线塔四脚应与屋顶接闪带或预留接地端子就近焊接连通。建筑物无防雷装置时，天线塔应设置引下线与接地网连通，可采用专设引下线或利用建筑物外侧柱内的钢筋作为引下线，引下线不应少于两根，并对称设置。

③ 天线塔位于机房附近的地面时，宜利用天线塔基础作为接地极，并在基础外设置环形接地网，用 40mm × 4mm 的热镀锌扁钢将环形接地网与天线塔的 4 个塔脚基础内的金属构件焊接连通；天线塔的接地网与机房的接地网之间可每隔 3 ～ 5m 相互焊接连通一次，且连接点不应少于两个点。与监测站其他建筑物距离较近时，天线塔的接地网应与其他建筑物的接地网在地下焊接连通。

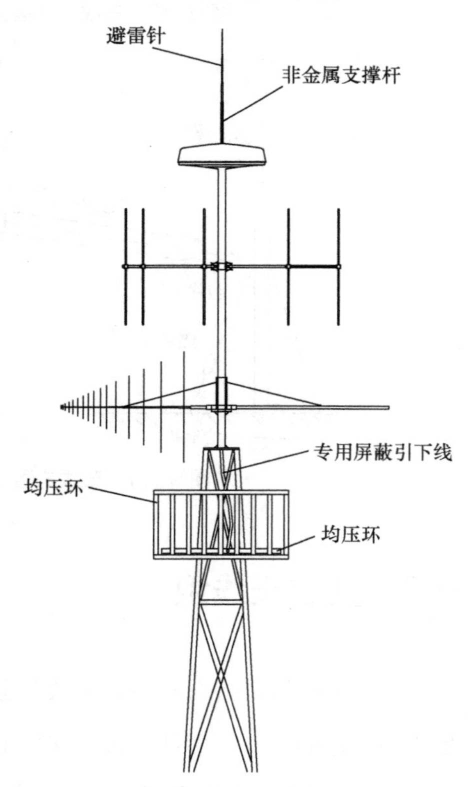

图 9-13　接收天线组（八木天线、对数周期天线等）的防雷示意

④ 设备引下电缆宜沿铁塔中部敷设，电缆屏蔽层应至少在铁塔顶部、下部与铁塔等电位连接。

接收天线组建设于地面时，地面铁塔防直击雷示意如图 9-14 所示。

为了达到良好的接收效果，很多天线铁塔建设在建筑物顶部。当天铁线塔在建筑物顶部时，屋顶天线铁塔防直击雷示意如图 9-15 所示。

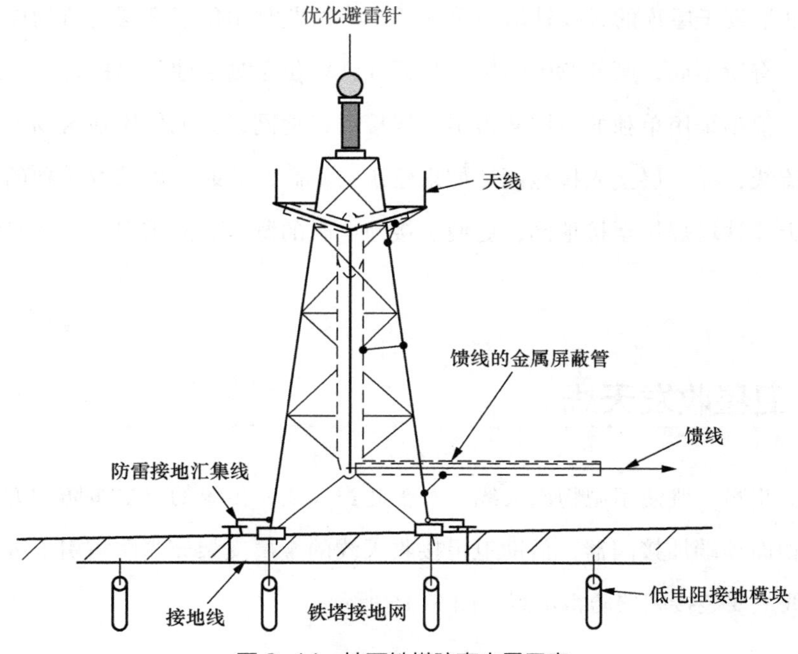

图 9-14　地面铁塔防直击雷示意

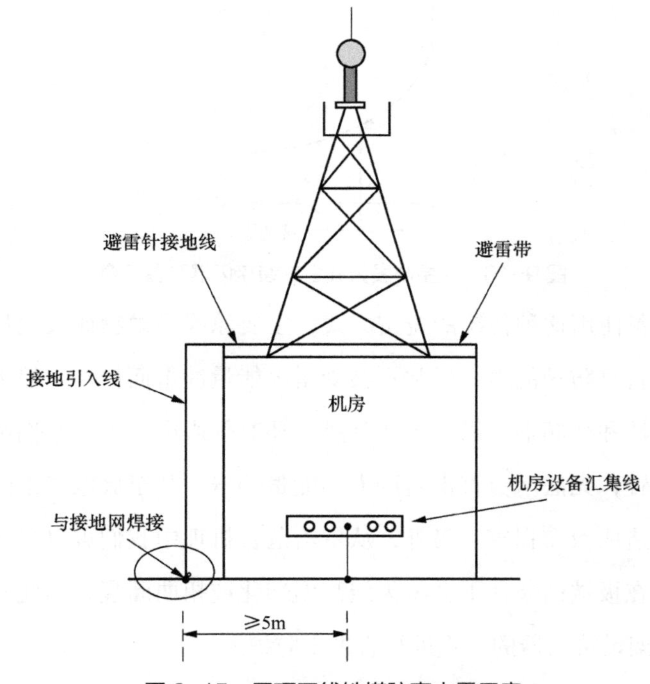

图 9-15　屋顶天线铁塔防直击雷示意

此处架设于屋顶的天线铁塔与第 6 章中小型监测站位于高层建筑物屋顶的接地处理上有所不同，第 6 章中的情况是天线铁塔位于高层建筑物的楼顶，距离地面较高，很难采用单独的专用防雷引下线接入接地网，只能借用建筑物外墙内的钢筋泄流线，在一层接入接地网。如果建筑物不高，此时可以采取单独的防雷引下线从天线铁塔焊接至接地网，更便于接地电阻的测试和防雷引下线的日常维护和管理。

9.7 卫星收发天线

卫星监测一般使用抛物面天线，对于此类天线，传统的直击雷防护方式是直接在抛物面顶端加接闪器，借助卫星接收天线的金属支架充当防雷引下线，卫星收发天线上安装接闪器防雷示意如图 9-16 所示。

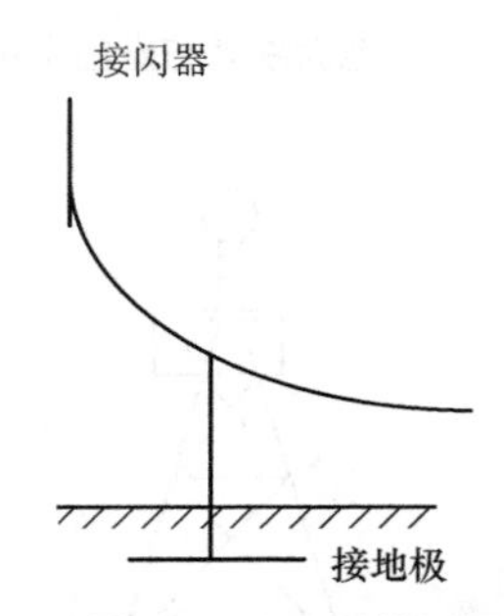

图 9-16 卫星收发天线上安装接闪器防雷示意

目前不推荐使用这种传统的避雷方式，主要原因是抛物面天线虽然机械强度高，有一定的自身防护能力，通常不会受雷电能量冲击而损坏，但天线系统中还有低噪声放大器和变频器，以及天线基座上还有伺服电机等，它们都是高精密的电子、电气装置，无法承受直击雷巨大的能量冲击，甚至放电产生的雷击电磁脉冲都会对它们造成致命损害。另外，从雷击危害机理中我们可以看出雷电的热效应和机械效应在极端的条件下会将天线高温熔化或扭曲断裂，因此不推荐直接在抛物面天线上架设接闪器的方式进行直击雷防护。

目前正确的处理方式是应该架设独立的避雷针对其进行直击雷防护，独立避

雷针对卫星收发天线直击雷防护示意如图 9-17 所示。

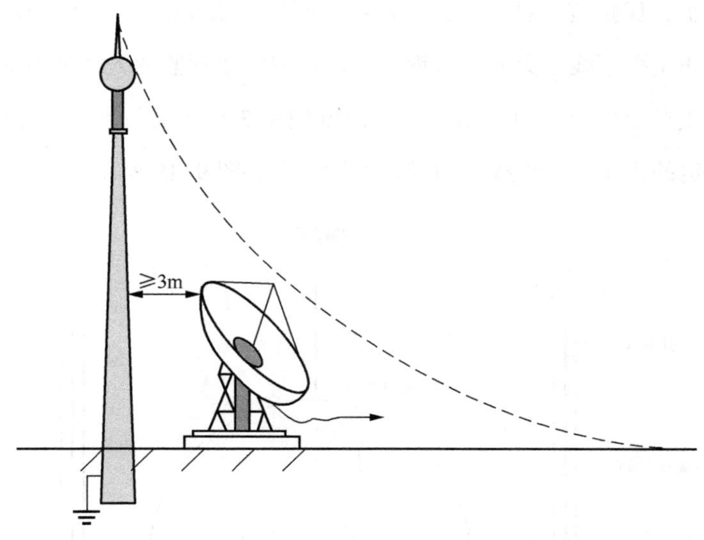

图 9-17 独立避雷针对卫星收发天线直击雷防护示意

如果卫星收发天线系统比较复杂，例如包括配套的伺服电机、放大器和变频模块，体积较大或者卫星收发天线数量较多，很难用一根独立的避雷针有效防护，可以考虑使用对称的多根独立避雷针联合防护。如果避雷网（带）对天线性能无影响，还可以采用避雷网（带）联合防护，多根避雷针加避雷网联合直击雷防护示意如图 9-18 所示。

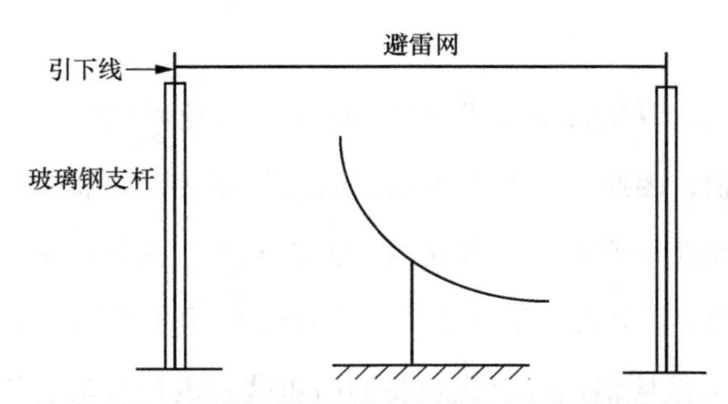

图 9-18 多根避雷针加避雷网联合直击雷防护示意

卫星收发天线通常有天线罩，天线罩一般采用玻璃钢材质，用于天线的避雨、遮阳，减少天线的腐蚀和老化。相关技术人员可以在天线罩中央架设一根 3m 高的避雷针，并在天线罩周围对称地加装 4 根辅助玻璃钢避雷针，该避雷针只有针尖为金属接闪器，其下部使用玻璃钢杆支撑，辅助玻璃钢避雷针应与中央避雷针形成联合保护，保护范围将天线完全覆盖。同样，用 4 根截面积在 $50mm^2$ 以上的铜绞线作为防雷引下线，穿入玻璃钢支杆接地或焊接到监测大楼屋顶的均压环上，对于天线罩上的避雷针，可以沿天线罩内壁使用 3 ～ 4 根引下线，这样对抑制雷电脉冲有一定的作用。带天线罩的避雷保护示意如图 9-19 所示。

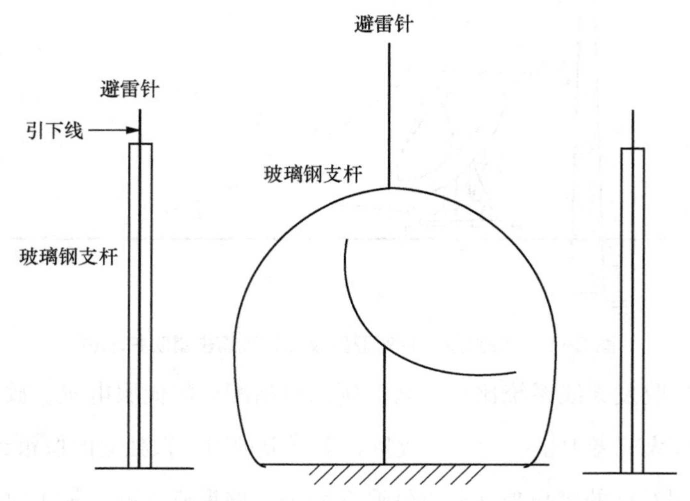

图 9-19　带天线罩的避雷保护示意

对于很多卫星收发天线，如果在天线上方或者前方架设避雷针或避雷网（接闪网）会影响接收和发射效果，那么卫星收发天线应使用独立避雷针进行直击雷防护。

值得注意的是，卫星收发天线为提高性能，避免周围环境干扰，往往架设于综合监测楼的楼顶，因此我们要考虑屋顶的实际环境，一般屋顶的边缘和角落是容易落雷电的，此处一般不适合安放卫星收发天线。卫星收发天线应尽可能借助综合监测楼现有的防雷装置，架设于综合监测楼楼顶的直击雷防护区内。

① 卫星收发天线应借用现有建筑物的防雷装置进行直击雷防护，卫星收发天线防直击雷及接地示意如图 9-20 所示。需要注意的是，卫星收发天线的金属边缘需要与接闪器及塔杆有一定的安全距离，防止闪络，安全距离一般大于 3m。

② 应合理设置接闪器数量、位置和高度等参数，避免对天线的发射和接收性

能产生不可接受的影响。

③ 卫星收发天线的天馈线电缆、电源电缆、控制电缆应采用屏蔽措施，电缆屏蔽层应就近与楼内等电位连接排连接接地。

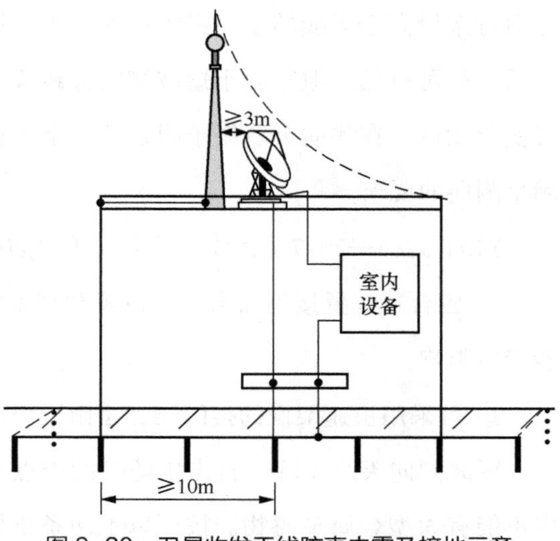

图 9-20　卫星收发天线防直击雷及接地示意

对于卫星收发天线的天馈线浪涌保护，除了室内单元需要SPD_1外，室外收发单元同样也需要SPD_2，卫星收发天线的浪涌防护如图 9-21 所示，除了天馈线需要加装浪涌保护器，信号电缆也需要架设浪涌保护器。这是与普通的监听无源天线所不同的地方，普通的监听无源天线在室外一般没有电子设备，因此只需要在天线和接收的设备端口处做一级浪涌防护即可。

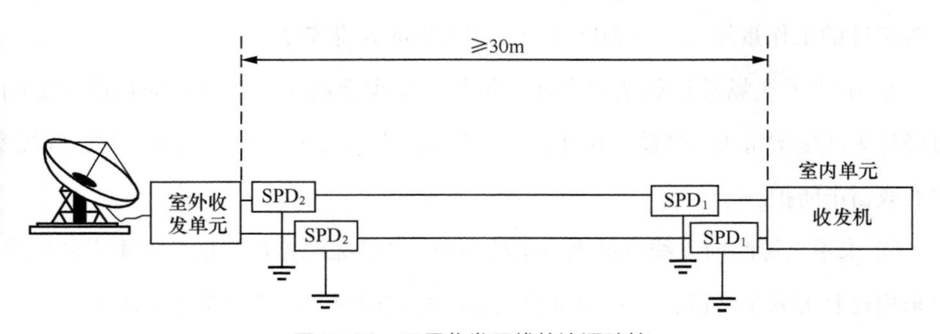

图 9-21　卫星收发天线的浪涌防护

9.8　测向天线（阵）防雷与接地

无线电测向是利用无线电测量设备测定无线电信号的来波方向，测向天线（阵）是接收无线电信号的关键设备。如果不采用必要的雷电防护措施，当测向天线振子遭受直击雷时，就可能造成金属天线振子熔穿、核心监测设备损坏等一系列灾难。而测向天线（阵）直击雷防护一直是业内的难点，传统直击雷防护方式是通过架设高于天线的金属避雷针保护天线振子，这种方式对于大部分超短波测向天线是可行的。但是对于短波测向天线阵，测向天线附近不能有金属障碍，经过实验测试，在测向天线振子附近架设金属避雷针后会导致测向精度偏大，无法满足测向的要求。

YD/T 3285—2017《无线电监测站雷电防护技术要求》规定的指导措施如下。

① 应合理设置接闪器数量、位置和高度等参数，减少对天线的发射和接收性能产生影响。

② 可采用快速架设的接闪器，雷雨天架设，非雷雨天拆除。

短波测向天线（阵）直击雷防护的难点主要是为保证测向精度，测向天线场内不能有大型金属障碍物。按照以上两条指导措施，传统的防雷解决方式都不可行，具体说明如下。

① 在雷电来临前夕，人工现场架设避雷设备。由于短波测向天线场一般选址在电磁环境良好的郊区，远离城市，交通不便，在遇到雷电天气时，人工临时架设避雷针的工作量较大，且难以保证工作人员的人身安全。

② 在离天线场较远处架设金属避雷针，减少金属避雷针对测向精度的影响，可降低天线场遭雷击的风险。由于避雷针距离天线场较远，该方式无法对天线场实现有效雷击防护。

③ 采用无源测向天线降低遭雷击的风险。虽然无源器件降低了遭雷击的风险，但采用这种方式虽然降低了系统接收灵敏度，但应对直击雷效果也不理想。

为了找到解决方法，本节研究和探讨提前放电式避雷针和临时架设式避雷系统两种方案，以短波测向天线阵为例，详细介绍这两种解决方案。

9.8.1 提前放电式避雷针对短波测向天线阵直击雷防护

综合多种直击雷防护方式的优缺点，调研相似的防雷工程案例，本小节提出了一种使用提前放电式避雷针改变天线阵周围雷暴日的方法，它是实现低成本、简化设计和操作的短波固定测向天线场直击雷防护的方法。该设计已经在某国家级无线电监测站的短波测向天线阵实践中得到验证，基本达到了保护天线阵的效

果，安全运行多年。

9.8.1.1　设计原理

当雷电云层形成时，云层与地面之间就会生成一个电场，此电场的强度可达10kV/m，甚至更高，从而使地面凸起部分或金属部件上开始出现电晕放电。当雷电云层内部形成一个下行先导时，闪电电击就开始了。下行先导电荷以阶梯形式向地面移动，当下行先导接近地面时，会从地面较突出的部分发出向上的迎面先导。当迎面先导与下行先导相遇时，就产生了强烈的“中和”过程，出现极大的电流（数十到数百千安），这就是雷电的主放电阶段，伴随着出现雷鸣和闪光。虽然地面上的其他建筑物也可能会生成好几个迎面先导，但是与下行先导会合的第一个迎面先导决定了闪电雷击的地点。提前放电式避雷针的工作原理就是产生一个比普通避雷针更快的迎面先导，在自然的迎面先导形成前，此迎面先导会迅速地向雷电方向传播直至捕获雷电，并将其导入大地。在使用过程中，提前放电式避雷针比普通避雷针更早产生迎面先导，这个启动抢先时间称为 ΔT，赋予了提前放电式避雷针更加有效的防雷保护功能。

由此可见，架设提前放电式避雷针后会将周围的雷电吸引过来主动放电，使避雷针周围一定的区域得到了保护，法国某实验室证实提前放电式避雷针比普通避雷针的保护半径大，直击雷防护示意如图 9-22 所示，保护距离按法国标准 NF C17-102 中应用提前放电式避雷针向建筑物或开阔地区提供闪电保护计算。这种利用提前放电式避雷针主动改变现场雷暴日的方法已经在光伏发电厂中得到应用，并且产生较好的防护效果。

图 9-22　直击雷防护示意

9.8.1.2　设计实例

以某无线电监测站短波测向天线阵为实例进行方案设计。

此测向天线阵是由 9 根天线振子组成的一个圆形天线阵，查阅资料并现场调查后得知，该区域雷雨季节的季候风一般为东北至西南方向。从无线电测试中心到测向天线阵，有一条由北向南的乡村道路直通天线阵，乡村道路上靠东有一排高大的树木。根据现场的情况，为减少投资和尽量不增加人工和金属支撑，考虑充分利用现有合理位置的树木作为支撑，在该树木高度不够的情况下，再设计适当增加金属支撑杆。

（1）高度及位置

根据现场勘察，确定将避雷针的位置固定在一根相距最近测向天线 48m 的树木上，该树木距离最远测向天线的距离为 98m。天线高度为 2.8m，这里计算取值为 3m，也就是要求：安装完成提前放电式避雷针后，在距离地平面 3m 高度上（测向天线高度）的保护半径 R_p 至少不能低于 98m。

若提前放电式避雷导体的抢先时间为 ΔT，上行先导的抢先距离 ΔL 可由式（9–1）计算。

$$\Delta L = V \cdot \Delta T \qquad \text{式（9–1）}$$

保护半径示意如图 9–23 所示，图中可能的电击点为 A 与 C，保护半径为 R_p 可由式（9–2）计算。

$$R_p = \sqrt{h(2D-h)+(2D+\Delta L)} \qquad \text{式（9–2）}$$

在式（9–2）中：

D ——电击距离；

ΔL——上行先导的抢先距离，且由式 $\Delta L = V \cdot \Delta T$ 来定义；

h ——提前放电避雷导体高出被保护表面的距离；

ΔT——提前放电避雷导体的启动抢先时间。

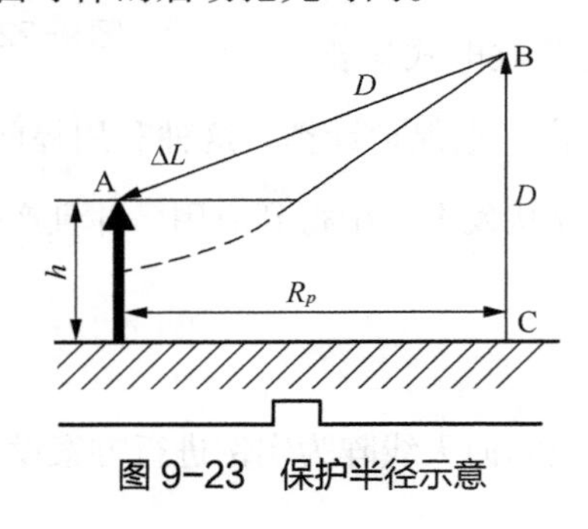

图 9–23　保护半径示意

其中：

V 为上行先导的抢先速率，取 1m/μs。

ΔT 为避雷针的启动抢先时间，计算时我们分别取值 10μs、20μs、30μs、40μs、45μs、50μs、55μs、60μs 进行计算，目前市场上最好的提前放电式避雷针的 ΔT 最高可到 60μs。

D 为电击距离，这里按照二类保护级别取值为 45m；h 为避雷针尖高出被保护测向天线顶部的距离，设计 h 高差从 7m 开始，依次取值 7m、8m、9m、10m、11m、11m、12m、13m、14m、15m、16m、17m、18m、19m、20m、21m、25m、30m、35m、40m 进行计算。

D=45m，h=7 ～ 40m 的保护半径计算见表 9-1。

表 9-1　D=45m，h=7～40m 的保护半径计算

ΔL/m h/m	10	20	30	40	45	50	55	60
7	46.7	58.2	69.2	79.9	85.9	91.1	96.3	97.9
8	46.7	58.2	69.2	79.9	85.9	91.1	96.3	98.3
9	46.7	58.2	69.2	79.9	85.9	91.1	96.3	98.6
10	47.3	58.7	69.7	80.3	86.1	91.4	96.6	99.0
11	47.3	58.7	69.7	80.3	86.1	91.4	96.6	99.3
12	46.7	58.2	69.2	79.9	85.9	91.1	96.3	99.6
13	47.3	58.2	69.7	80.3	86.1	91.4	96.6	100
14	46.7	58.2	69.2	79.9	85.9	91.1	96.3	100.3
15	47.3	58.7	69.7	80.3	86.1	91.4	96.6	100.6
16	46.7	58.2	69.2	79.9	85.9	91.1	96.3	100.9
17	47.3	58.7	69.7	80.3	86.1	91.4	96.6	101.2
18	47.9	59.1	69.9	80.6	85.9	91.1	96.3	101.5
19	48.5	59.6	70.3	80.9	86.1	91.4	96.6	101.7
20	49.0	60.0	70.7	81.2	86.5	91.6	97.0	102.1
21	49.5	60.4	71.1	81.5	86.7	91.9	97.1	102.2
25	51.2	61.9	72.3	82.6	87.8	92.9	98.0	103.1
30	52.9	63.3	74.4	83.7	99.7	93.8	98.9	103.9
35	54.1	64.2	74.3	84.4	89.4	94.5	99.5	104.9
40	54.8	64.8	74.8	84.6	89.9	94.9	99.9	104.9

从上述计算结果中我们可以看出，提前放电式避雷针的上行先导抢先距离达最高 60m 时，该避雷针的高度高出测向天线最顶端达 8m（即提前放电式避雷针的高度为 11m），其保护距离可以达 98.3m，这样就能实现完全覆盖保护整个测向天线阵。由于周围树木的高度会远远超过该高度，所以建议提前放电式避雷针的高度至少与周边树木的高度一致，在现场测试确定高度后，再截断树木，同时增加支撑杆固定，短波测向天线阵提前放电式避雷针架设位置如图 9-24 所示，借助树木架设提前放电式避雷针实物如图 9-25 所示。

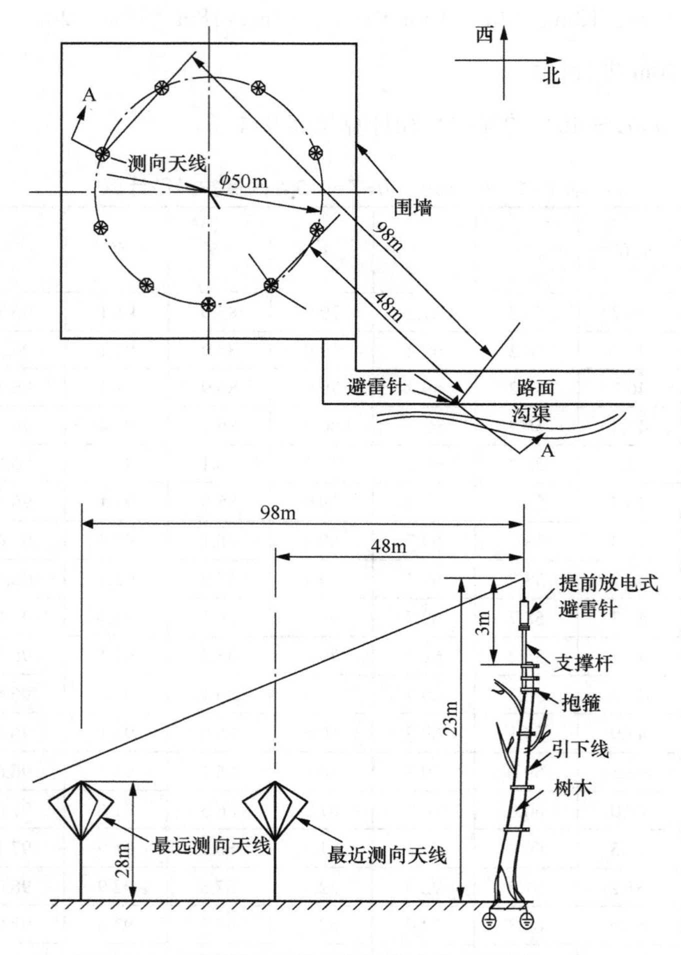

图 9-24　短波测向天线阵提前放电式避雷针架设位置

图 9-25　借助树木架设提前放电式避雷针实物

（2）支撑杆体

支撑杆杆体采用 F50 的镀锌钢管，顶端与提前放电式避雷针的底座配做法兰盘，提前放电式避雷针用螺栓与支撑杆顶部法兰盘固定。支撑杆用抱箍（3 个）分上、中、下固定在树木主干上。

（3）引下线

引下线用两根 40mm × 4mm 的热镀锌扁钢对称从支撑杆下端焊接引出，沿树木主干引下至新建接地网，引下线固定用抱箍紧固在树木主干上。

（4）接地

直击雷的接地电阻要求≤ 10Ω，由于地形有限，所以我们设计从树干根部开始，沿沟渠边成条形分布一字形接地网。垂直接地体采用 ZGD-II 型低电阻接地模块 10 块，水平接地体采用 40mm × 4mm 的热镀锌扁钢连接，接地网设计如图 9-26 所示。

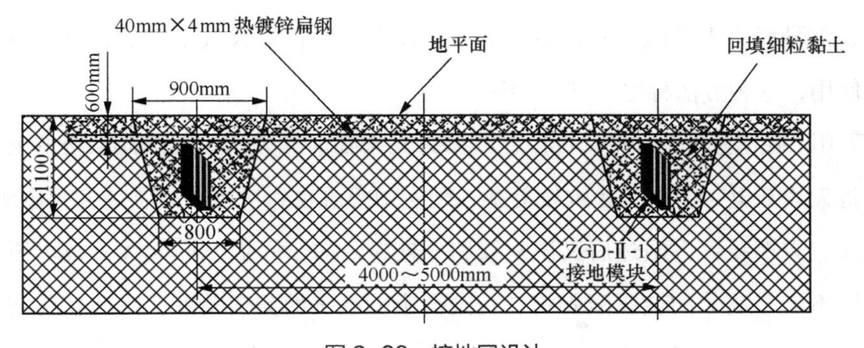

图 9-26　接地网设计

按照以上设计，技术人员在短波测向天线阵外围一定距离迎季风方向架设提前放电式避雷针，经实际测试，达到了在不影响测向系统精度的前提下有效防护直击雷的目的。

使用提前放电式避雷针解决短波测向天线阵直击雷方案是基于法国某实验室相关数据和其他行业的防雷应用经验，虽然未纳入国家标准，但在工程实践中得到了初步验证。此方案已在某无线电监测站短波测向天线阵应用，经过5年的实际验证，起到了一定防雷效果，可以供技术人员参考。

需要说明的是，从理论上讲，在天线阵附近增加提前放电式避雷针的数量，例如，在天线阵4个角分别架设4个提前放电式避雷针，应该可以进一步提高防雷效果和安全等级，降低避雷针的架设高度，减少对测向天线阵的影响。提前放电式避雷针在直击雷防护中的使用设计和防护效果有待于专家同行进一步研究和实践。

9.8.2 临时架设式避雷系统对短波测向天线阵直击雷防护

对当前短波固定测向系统常见的防雷方式综合分析，本小节以测向天线阵雷击防护为着眼点，介绍一种可远程遥控、灵活架设、多移动终端控制、可视现场图像和天气信息采集的智能防雷系统。此系统弥补了传统测向天线场防雷方式的不足，大大降低了人力成本并且有效提高了现有测向系统的雷击防护安全等级。

1. 设计原理

在雷暴天气来临之前，让所有待保护的设备停止工作，去掉与外界相连的电源线、信号线、天馈线，防止雷电流侵入设备，待雷暴天气结束后，再恢复设备正常使用，这种方法称之为“躲避法”。

采用“躲避法”的思想，可以在雷暴天气来临前，关闭短波测向系统的测向设备并将天线断电，但由于系统较复杂，现实中很难在每次雷雨来临前去掉电源线、信号线、天馈线，雷雨过后又恢复线路的连接。对于短波测向天线，技术原因使其周围不能有高大的金属障碍物，否则会影响系统的测向精度，因此在传统设计的方式下，测向天线处于直击雷非防护区（$LPZ0_A$）内，我们仍然采用“躲避法”的思想：

用升降式避雷针或卧立式避雷针，当雷电来临时，将避雷针升到合适的高度或将卧立式避雷针竖立，临时建立直击雷防护区，使测向天线处于直击雷防护区（$LPZ0_B$）内，达到有效避雷的目的；在非雷电天气时，将升降式避雷针高度降到天线振子基座以下或将卧立式避雷针睡卧，撤除临时建立的直击雷防护区，测向天线周围无高大的金属障碍物，不影响系统的测向精度。这种方法的优点是符合目前国家和国际电工委员会（International Electrotechnical Commission，IEC）的直击雷防护标准，可以最大限度地对天线进行直击雷防护，又不影响系统的测向精度。

2. 设计实例

根据短波固定测向系统雷电防护设计要求和实现方式，在测向天线阵和前置机房接地良好的前提下，设计一种可远程遥控的防雷装置，具体设计要求如下。

（1）在保证测向精度的前提下进行直击雷防护

实现方式：雷电来临前，在天线振子旁临时架设金属避雷针，同时为保证测向精度，在非雷电天时拆除金属避雷针。

（2）便于架设和拆除避雷针

实现方式：采用升降式避雷针或卧立式避雷针，当雷电来临时，将避雷针升到合适的高度或将卧立式避雷针竖立，达到有效避雷的目的；当非雷电天气时，将升降式避雷针高度降到天线振子基座以下或将卧立式避雷针睡卧，等同于“拆除”避雷针，不影响测向精度。

（3）防护感应雷

实现方式：在连接天线振子和矩阵开关的馈线两端加装 SPD 进行过压和过流保护。

（4）完备的接地系统和等电位连接

实现方式：整个测向系统应保持良好的接地，保证雷击电流快速导入大地，测向系统接地包括测向天线阵接地、天线井设备接地、前置机房设备接地、电源接地。测向天线阵应设置接地网，机房应做好基础接地。将分开的机柜、装置、设备和静电地板等用等电位连接导体或 SPD 连接起来，以减小雷电流在它们之间产生的电位差。

（5）电源防雷和稳压

实现方式：对系统电源安装防雷器，除此以外，测向设备应安装 UPS 进行稳压，防止电压波动。

（6）远程遥控架设避雷针，减少人力成本

实现方式：短波固定测向天线阵一般位于电磁环境较好的郊区，当郊区交通不便，偶遇雷电天气时，人工架设避雷针耗时长并且架设人员有遭雷击的安全隐患，因此我们可利用步进电机带动测向天线阵金属避雷针升降或睡卧，控制人员只要在中心机房就可以远程遥控架设避雷针，减少人力成本并消除人员遭雷击的隐患。

（7）多移动终端无线遥控

实现方式：如果中心机房与测向天线阵通信故障，就会出现无法遥控的情况，为解决这一问题，可以考虑使用公众移动通信无线接口模块，利用公众移动通信终端（手机）控制测向天线阵的步进电机动作，移动终端的无线遥控实现机房无人值守，大大减少了人力成本，并且提高了控制的机动性和灵活性。

（8）现场图像信息采集

实现方式：在天线阵内安放图像采集模块，我们可以通过中心机房计算机或移动控制终端随时查看测向天线阵内天线振子或避雷装置的状态，如果有异常，则可以及时处理。

（9）天气信息采集

实现方式：为进一步降低人力成本，可以设计天气信息采集模块，采集声音、湿度、气压和亮度等信息，由控制计算机根据采集信息运算后决定是否触发避雷装置。

（10）优化避雷针高度、个数和安装位置

实现方式：根据被保护短波天线振子的个数、高度，按滚球法来确定避雷针的个数、高度和安装位置，以达到用最少（经济）的系统投入来保护整个短波测向天线阵。

卧立式避雷针系统设计原理如图 9-27 所示，在测向天线振子旁架设独立的接闪器，接闪器位于玻璃钢管（杆）顶端，防雷引下线穿过玻璃钢管接入接地网，使用弹簧固定玻璃钢管。

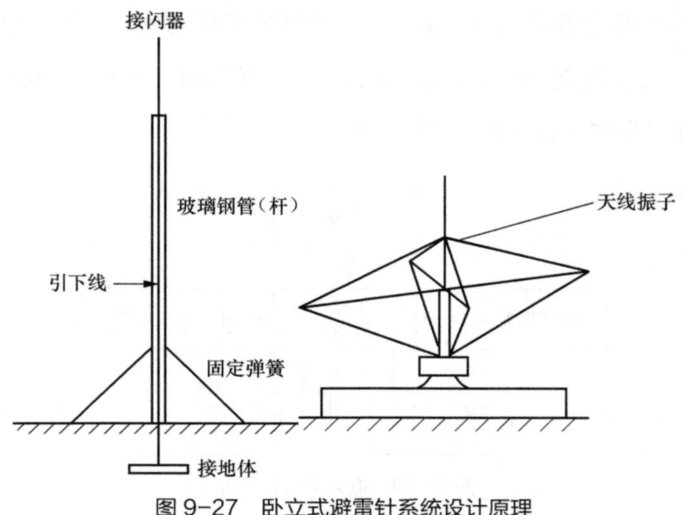

图 9-27　卧立式避雷针系统设计原理

整个避雷系统由控制中心计算机、移动控制终端、现场避雷装置、卧立式避雷针组成。控制中心计算机可以通过有线或无线的方式与测向天线阵内嵌入式处理模块通信，向现场避雷装置发送指令（数据），移动控制终端通过公众通信网向现场避雷装置发送指令（数据），执行器可以采用步进电机带动液压装置实现避雷针的卧立动作，避雷系统组成单元如图 9-28 所示。

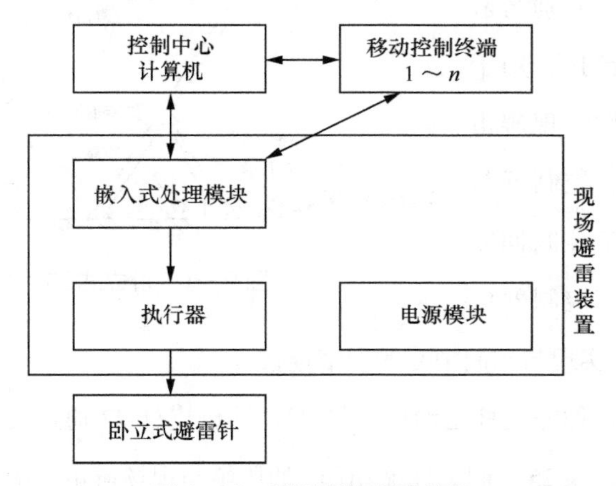

图 9-28　避雷系统组成单元

嵌入式处理模块如图 9-29 所示。ARM 微处理器（Advanced RISC Machines 的缩写，是英国 Acorn 有限公司设计的低功耗成本的第一款 RISC 微处理器）负责运算和接收控制中心计算机和移动控制终端的指令；图像和天气信息采集模块负责采集现场的图像信息和天气信息；数据存储单元存储现场的图像信息和天气信息，可以回放历史数据；外部实时时钟提供现场装置时钟；无线模块负责通信；通用外部 I/O 接口提供了各种模块的相关接口。

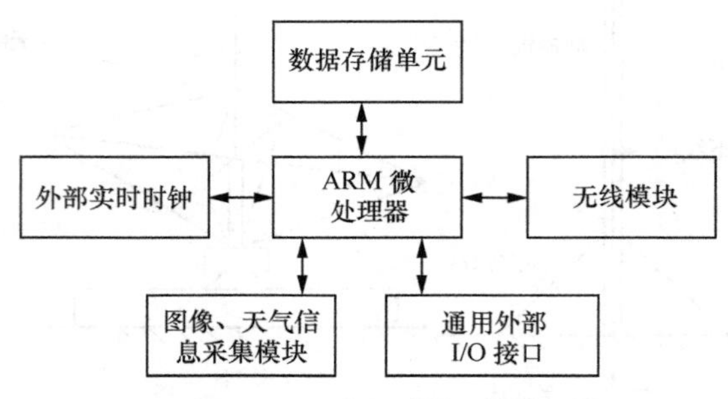

图 9-29　嵌入式处理模块

卧立式避雷针结构如图 9-30 所示，避雷针末端 21 通过避雷针铰支座 22 铰接于地面金属基座上，金属基座使用金属桩固定并可靠接地，天线组件安装于水泥基座上，为了避免避雷针的地面金属基座对天线的测向精度产生影响，用于安装避雷针的地面金属基座高度低于安装天线组件的水泥基座高度。伸缩支杆两端分别与避雷针和地面基座铰接，用于通过支杆伸缩动作实现避雷针的卧倒和竖立。控制器与伸缩支杆连接用于控制伸缩支杆的伸缩动作，控制器包含通信模块，用于实现与控制中心的通信连接。

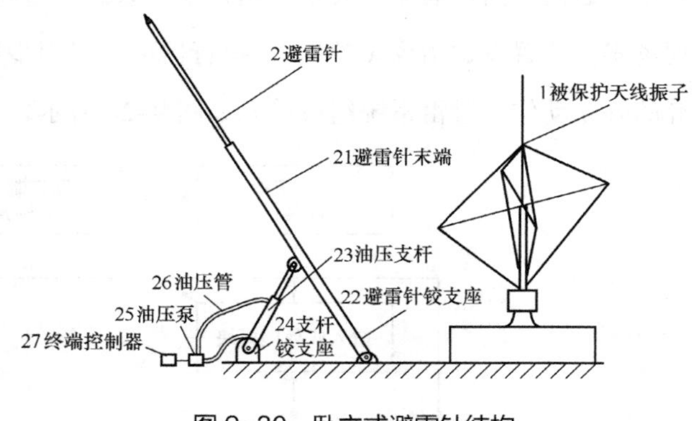

图 9-30　卧立式避雷针结构

在图 9-30 中，伸缩支杆是油压支杆 23，油压支杆 23 通过支杆铰支座 24 与地面铰接，并通过油压泵 25 控制其伸缩动作。油压泵与现场避雷终端的终端执行器（步进电机）相连接，根据终端控制器接收的控制中心的指令实现避雷针的控制。

本防雷系统实例能在雷电天气保障测向设备的安全，非雷电天气保障测向精度，有效解决了短波测向精度和直击雷防护使用金属避雷针的矛盾。同时，通过

可远程遥控、现场信息采集等功能，实现了防雷系统的智能化和安全化。

9.9 信号线的防雷与接地

无线电监测站各类信号线（包括天馈线、控制线、网线等）都应加装SPD抑制来自线路上的感应雷电流，当条件具备时，电路上采用多级串联泄放方式，保护效果更可靠。

通常在终端设备接口处安装SPD，并对无线电监测站出入线缆采取屏蔽、接地等措施，可以大大减少雷电对信号线及各类系统的侵害。天馈线路上选用的SPD最大传输功率应大于等于平均功率的1.5倍，其他参数应根据监测及信息设备的工作频率、电压、阻抗特性、传输速率、频带宽度、接口类型选用电压驻波比和插入损耗小、限制电压不超过设备端口耐压的适配SPD。本节以天馈线为重点，介绍无线电监测站各类信号线过电压保护的技术要求。

9.9.1 天馈线的过电压保护

对于天馈线的过电压保护，最有效的方式是加同轴SPD、馈线穿金属管屏蔽和接地、馈线埋地，具体措施如下。

① 对于铁塔或钢杆架设的天馈线，同轴电缆金属外保护层应在天线侧及进入机房入口外侧就近接地。对于经走线架上天线塔的馈线，其屏蔽层应在其转弯处上方0.5～1m做好接地，当馈线长度大于60m时，其屏蔽层宜在天线塔中间部位增加一个与塔身的接地连接点。室外走线架始末两端均应和接地线、避雷带或接地网相连。

② 建在城市内独立的高大建筑物或建在郊区及山区的无线电监测站，其地理位置位于中雷区以上的，当同轴馈线长度超过30m时，应在同轴电缆引进机房入口处安装标称放电电流不小于5kA的同轴SPD，同轴SPD接地端子的接地线应从天馈线入口处外侧的接地线、避雷带或接地网引接。

③ 特殊线路：一般来讲，天线都是无源的，只用对天馈线线路进行防护即可，但是近年来随着技术的发展，出现了有源天线。例如，卫星参考源天线有电机驱

动和功率放大两个部分都需要电源供电，对数周期天线通过电动机实现天线的旋转，还有相控阵天线同样也需要供电。针对这类天线供电的电源线与监测站的综合监测楼的供电系统具有一定特殊性。这类天线的设计一般将天馈线、控制线和电源线直接连接至机房，很少单独将电源设计成室外供电，如果供电是从机房内部向天线供电，那么必须注意此时的电源线是从室外直接引入电源最后一级保护端。从雷电防护区划分中可以看出，电源线将直击雷防护区（$LPZ0_B$）与第一防护区（LPZ1）甚至后续防护区（LPZn）连通，在此借用一个形象的比喻，雷电流直接进入了我们电源系统的“大后方”，这种设计“漏洞”一旦引入雷电流和过电压，对监测机房设备的损害是大面积且致命的。这方面尤其需要我们注意，在第 2 章中有详细规定：监测设施室外天线或其他室外监测设备由监测机房内部向其供电时，应在天线或监测设备的电源端口以及监测机房内部供电输出端口增设匹配参数的电源浪涌保护器（SPD）。

④ 将标称导通电压 $U_n \geq 1.5U_{max}$（U_{max}：最大连续工作脉冲峰值电压），标称放电电流 $I_n \geq$ 5kA（8/20 μs 波形），响应时间≤ 10ns 的浪涌保护器（SPD）作为天馈线路防护。典型天馈线 SPD 性能参数见表 9–2。

表 9–2　典型天馈线 SPD 性能参数

名称	插入损耗 /dB	电压驻波比	响应时间 /ns	用于收发通信系统的 SPD 平均功率 /kW	特性阻抗 /Ω	传输速率 /（bit/s）	工作频率 / MHz	接口形式
数值	≤ 0.20	≤ 1.3	≤ 10	>1.5 倍系统平均功率	应满足系统要求			

产品实例 1：宽带天馈线 SPD 实物如图 9–31 所示，其具体技术参数如下。

- 接口：N（K/J）。
- 特性阻抗：50Ω。
- 频率范围：DC（直流）≤ 2500MHz。
- 驻波系数：≤ 1.2。
- 插入损耗：≤ 0.20dB。
- 最大放电电流（8/20 μs）：20kA。

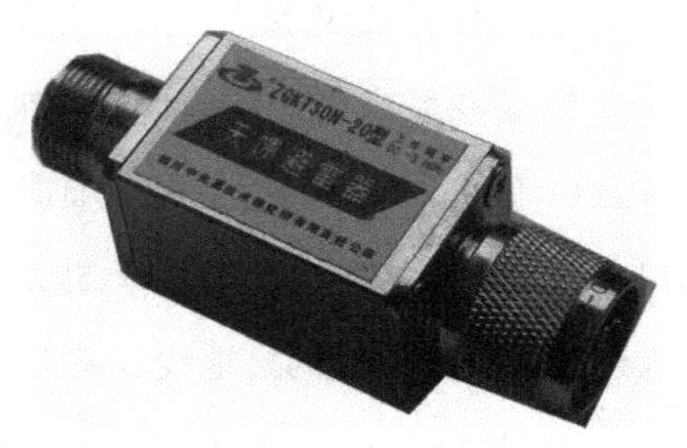

图 9–31　宽带天馈线 SPD 实物

- 限制电压（10/700 μs）：≤ 700V。

产品实例 2：λ /4 天馈线 SPD 实物如图 9-32 所示，其具体技术参数如下。

- 接口：DIN 7/16（K/J）。
- 特性阻抗：50Ω。
- 频率范围：(1710 ～ 2170)MHz。
- 驻波系数：≤ 1.15。
- 插入损耗：≤ 0.15dB。
- 最大放电电流（8/20 μs）：60kA。
- 限制电压（10/700 μ）：≤ 100V。

图 9-32　λ /4 天馈线 SPD 实物

9.9.2　天馈线浪涌保护器安装位置

通常天馈线是从室外连接到机房室内接收机上的，即从室外的直击雷防护区（$LPZ0_B$）进入机房内的第一防护区（LPZ1），而天馈线的 SPD 一般是串接到接收设备的射频输入端口。在雷电防护区划分中可以了解到，防雷接地重要的原则是"分区接地"，尽量让雷击能量在同一分区内接地"中和"，因此，虽然天馈线 SPD 位于机房内，但是天馈线 SPD 的接地理论上应该接到室外的接地排，天馈线 SPD 安装示意如图 9-33 所示。

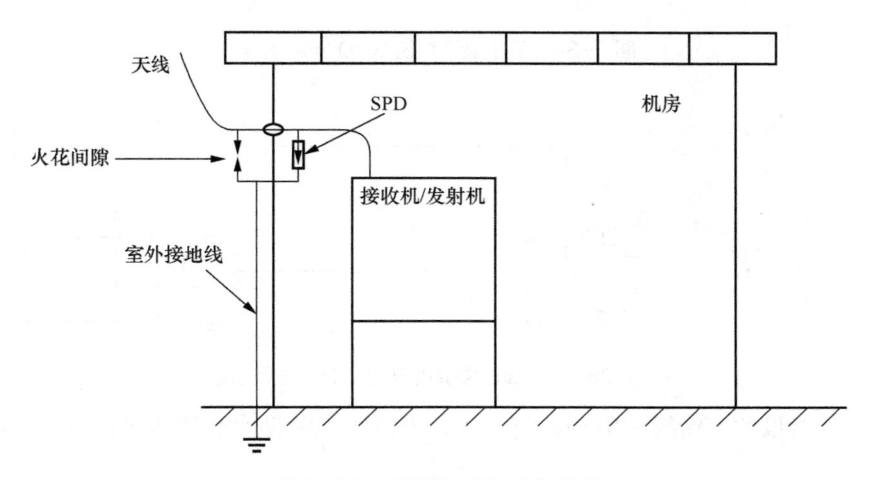

图 9-33　天馈线 SPD 安装示意

但在实际的工程施工过程中，由于室内连至室外接地线并不方便，特别是在有多个 SPD 的时候，线路较多更是无法操作，所以在实际防雷与接地工程中，我们应该在室内进线处设置专用的室外接地排。所有从进线室进入机房的天馈线缆上的 SPD 的接地都应该与这个室外专用接地排连接，切记不能为了方便直接将 SPD 接到机房室内的接地排，否则会将室外的雷击能量直接引入室内，损坏机房内的设备，这也是日常施工操作中容易犯的错误。

无线电监测站还有一类比较特殊的系统，在室外和室内都有电子设备，例如，卫星监测系统和可转动对数周期天线，中间的线路较长，在大于 30m 的情况下，一般建议除了在室内接收 / 发射机端口加装 SPD 外，在室外电子设备单元接口处也增加 SPD，避免室外单元的电子设备遭受雷击感应电流而损坏，卫星监测系统 SPD 安装示意如图 9-34 所示，可转动对数周期天线 SPD 安装示意如图 9-35 所示。

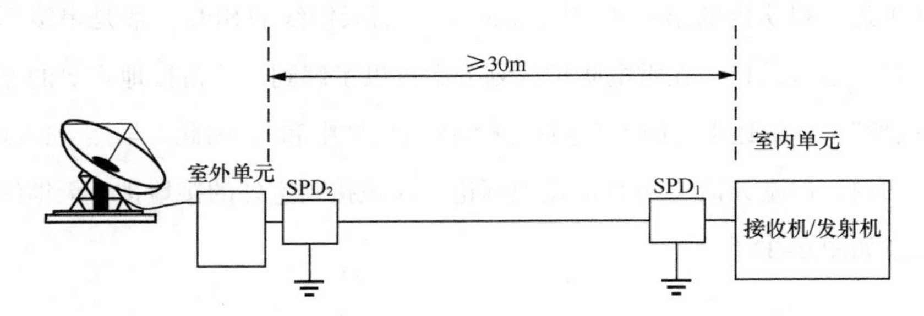

图 9-34　卫星监测系统 SPD 安装示意

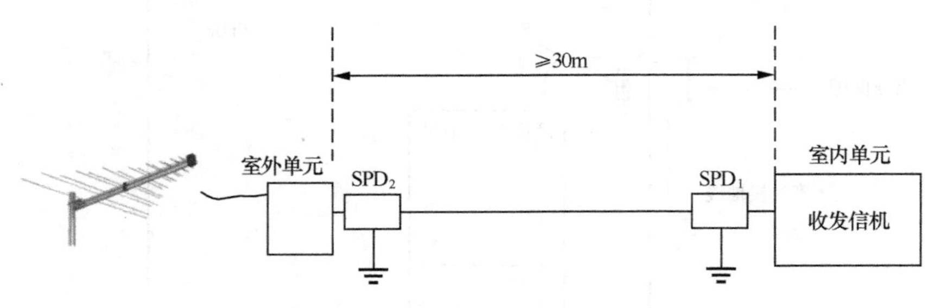

图 9-35　可转动对数周期天线 SPD 安装示意

室外增设的天馈线 SPD 应注意防水，天馈线 SPD 防水套管的设计与安装示意如图 9-36 所示。

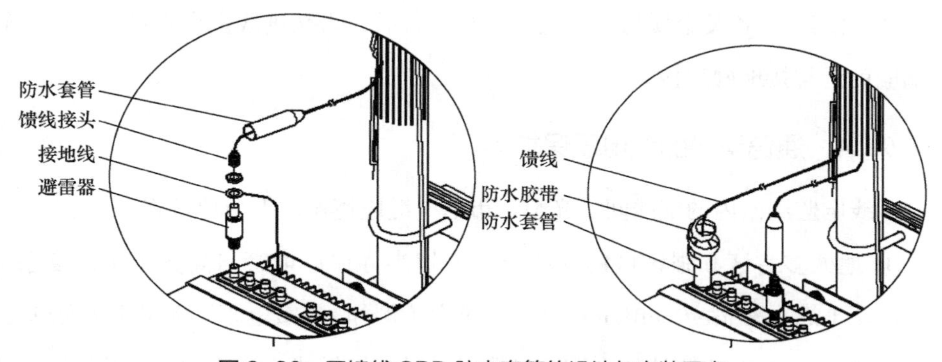

图 9-36 天馈线 SPD 防水套管的设计与安装示意

9.9.3 计算机、控制终端及网络设备数据线的过电压保护设计

无线电监测站计算机、控制终端及网络设备的数据线雷电过电压保护，具体可参照下列措施。

① 在无线电监测站内计算机、控制终端及网络设备数据线的雷电过电压保护设计中，应根据其所在站内具体的雷电保护位置、保护等级来确定 SPD 的保护参数。

② 建在城市、地处中雷区以上的无线电监测站内计算机、控制终端及各类网络的数据线如果长度小于 50m，则宜穿金属管道（金属管道应与电气连接），金属管两端应就近与均压网焊接；建在郊区或山区、地处多雷区、强雷区的无线电监测站内计算机、控制终端及各类网络的数据线如果长度小于 30m，则宜穿金属管道，金属管两端应就近与均压网焊接。

③ 建在城市、地处中雷区上的无线电监测站内各类数据线长度如果大于 50m 且小于 100m，则应在设备的一端采用数据线 SPD 保护；如果长度大于 100m，则应在两端采用数据线 SPD 保护。

④ 建在郊区或山区、地处多雷区、强雷区的无线电监测站内计算机、控制终端及各类网络的数据线如果长度大于 30m 且小于 50m，则应在两端采用数据线 SPD 保护。

⑤ 地处多雷区以上的无线电监测站对于有出入网络数据线的设备过电压保护应采取以下措施：控制及数据采集用的计算机接口应采用计算机接口的 SPD 保护；在局域网工作站输入端及文件服务器前端应采用数据线 SPD 保护；出入站的各类金属数据线两端设备必须采用数据线 SPD 保护。

⑥ 出入站的各类金属信号线应在穿金属管后，再从进线室出入机房，金属管两端应就近与接地网焊接。

9.9.4 通信电缆的过电压保护

无线电监测站内的配线间、光缆、市话电缆应遵循以下防护措施。

① 地处多雷区和强雷区的配线架应采用半导体放电管与高分子正温度系数(Positive Temperature Coefficient, PTC)元件(例如，热敏电阻)组成的保安单元。

② 出入无线电监测站的光缆，光缆金属吊挂钢缆线、光缆的外屏蔽层、光缆内的加强金属筋等金属构件应在终端入户处接地，并做好等电位连接，光缆无须安装浪涌保护器。

③ 站内光纤配线架、数字配线架应就近接地。

④ 在总体规划通信机房时，总配线架宜安装在一楼进线室附近，且应从建筑物预留的接地端子或从接地汇集线上就近接地，接地引入线应从接地网两个方向分别就近引入，典型接入接地网示意如图 9-37 所示。配线架和总接地排分别从不同方向（位置）接入环形接地体（图 9-37 中画圈部分），这样做的好处是配线架处的雷电能量来源于室外，可就近泄放导入大地。从两个方向引出至接地网，可最大限度地实现机房室内设备的等电位，即防止“高电位的反击”。

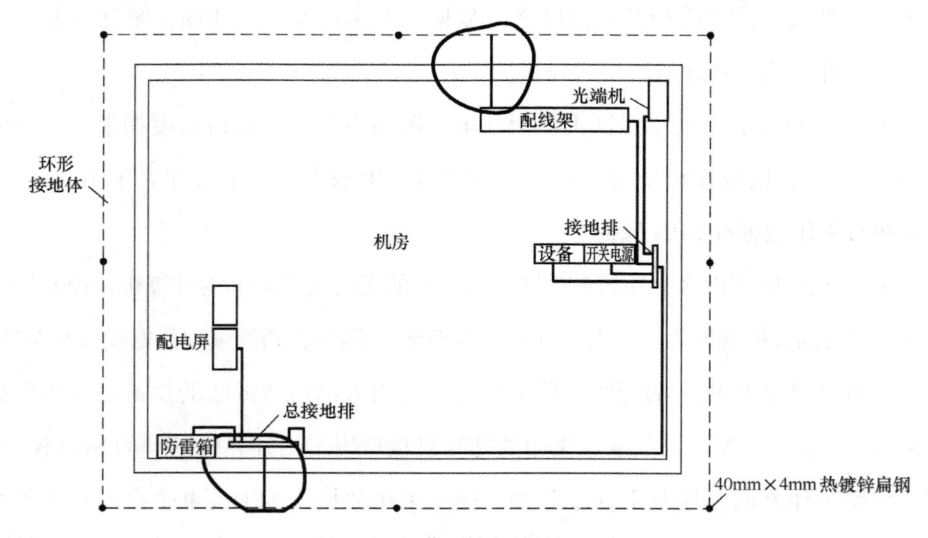

图 9-37 典型接入接地网示意

⑤ 市话电缆空线对应在配线架上接地。

9.9.5　遥控、监控系统线缆的过电压保护

无线电监测站还有各类安防监控系统，应对该系统的信号线进行过电压保护。

① 出入站的遥控、监控系统的控制线必须埋地，线缆的金属外套两端应就近接地。

② 建在中雷区以上的无线电监测站，其内部的遥控、监控系统的线缆（控制线、电源线、视频线）如果长度大于 50m 且小于 100m，则应在设备一端采用 SPD 保护；如果长度大于 100m，则应在两端采用 SPD 保护。对于出入站的遥控、监控系统的线缆（控制线、电源线、视频线），应在其两端分别安装 SPD 保护。

③ 监控信号采集器的遥信输入端应加装半导体二极管组成的数据线 SPD。

④ 监控系统的云台、防雨罩必须就近接地。

9.9.6　浪涌保护器的参数选择

选择 SPD 应遵循以下规则。

① 各类信号线、数据线、天馈线、计算机网络接口的 SPD 标称导通电压 $U_n=1.2U$（U 为工作电压）。

② SPD 的通流容量必须是每线的通流容量。

③ 各类信号线、数据线、天馈线、计算机网络接口的 SPD 元件一般由陶瓷放电管、半导体放电管、氧化锌压敏电阻（MOV）、PTC 热敏电阻等元件组成，在满足信号传输速率及带宽的情况下，应尽可能用半导体放电管。

④ 信号 SPD 的箝位电压应满足设备接口的需要，雷电响应时间应在纳秒级。

⑤ 总配线架的保安单元应符合 YD/T 694—2004《总配线架》的技术要求规范。

⑥ 信号 SPD 应满足信号传输速率及带宽的要求，其接口应与被保护设备兼容。

⑦ 信号 SPD 的插入损耗应满足监测系统的要求。

⑧ 信号 SPD 的标称放电电流值＞ 3kA。

⑨ 同轴 SPD 的插入损耗值应小于等于 0.2dB，驻波比≤ 1.2，同轴 SPD 最大输入功率能满足发射机最大输出功率的要求，安装于接地方便处，同轴 SPD 与同轴电缆接口应具备防水功能。

⑩ 同轴 SPD 的标称放电电流值≥ 5kA。

⑪ 电源 SPD 必须考虑无线电监测站供电电源的不稳定等因素，根据工程的具体情况选择 SPD 的标称导通电压、标称放电电流、冲击通流容量、限制电压、残压等参数。

⑫ 无线电监测站采用的电源用模块式或箱式 SPD，建议具备损坏告警、遥信、模块替换、热容和过流保护、保险跳闸告警和雷电记数等功能。

⑬ 计算机接口、控制终端、监控系统的网络数据线 SPD 应满足各类接入设备传输速率的要求，SPD 接口的线位、线排、线序应与被保护设备接口兼容，设计时在满足设备传输速率的条件下，应采用由半导体放电管组成的 SPD。

⑭ 计算机接口、控制终端、监控系统的网络数据线 SPD 的标称放电电流≥ 3kA，如果采用半导体二极管器件组成的 SPD，则其标称放电电流值≥ 300A。

⑮ 数据线 SPD 以及其他类型 SPD 的接地线截面积≥ 2.5mm^2，材料为多股铜线。

⑯ 电源模块式 SPD 的接线端子与相线和零线之间的连接线长度＜ 0.5m，SPD 接地线的长度＜ 1m，且应就近接地。

⑰ 对于电源箱式 SPD 接线端子与相线和零线之间的连接线，如果接线确有困难，可视具体情况适当放宽连接线的长度，但应适当增大其截面积，SPD 接地线的长度＜ lm，且应就近接地。

⑱ 各类管线应在进无线电监测站前与接地网就近焊接成一体，对于需要阴极保护的管道，宜在其与接地网间加装隔离式等电位 SPD。

⑲ 为了避免在各类信号线、控制线、通信线上感应各种干扰信号和雷电脉冲，在设计无线电监测站时，应穿金属管布放各类没有屏蔽的线缆，在建筑物中部设立线缆竖井，在机房的布线应离开建筑物雷电引下线的柱子。

⑳ 无线电监测站联合接地地网的接地电阻值已满足 SPD 接地的需要，因此

对在无线电监测站使用的 SPD 接地电阻值不作严格要求，设计时仅需将无线电监测站使用的各类 SPD 的接地端子就近接地。

9.10　本章小结

本章对无线电监测站常见的天馈系统和信号线的防雷与接地进行了描述。无线电监测站天线种类繁多，架设位置较高，很容易成为雷击目标，如果防护不当，则雷电流会顺天线馈线引入机房。因此天线的防雷与接地是无线电监测站雷电防护的重点，特别是针对有源天线，不仅要对信号线进行雷电防护，还要对天线的供电电源线进行合理的雷电防护，这点特别容易被忽视。

防雷设计是一项烦琐细致的工程，稍有疏忽，可能就会在某一天引起重大雷击灾害。无线电监测站在建站之初统一进行防雷设计后，如果后期新增的天线暴露在原有设计的直击雷防护区外，或是天馈线、控制线和电源线未经过合理的防雷和接地保护，就进入机房，极有可能破坏原有的整体防雷系统。因此，在站内新增天线时，除了考虑天线的性能，防雷与接地设计也不能被忽视。

第 10 章　附属设施（备）的防雷与接地

一个大型的无线电监测站除了必要的监测设施以外，还有大量必需的附属设施（备），例如，供水、供电、安防、食堂、值班宿舍等，附属设施（备）的防雷与接地也是无线电监测站雷电防护工程中重要的组成部分。

10.1　燃油库房的防雷设计

无线电监测站通常会配备燃油发电机，在市电断电时，保障站内无线电监测系统的正常运行。大型燃油发电机一般放置在配电房内，方便与市电进行切换，另外，还有一些小型的燃油发电机，方便在长时间开展野外监测时为设备稳定供电。目前，监测站所用燃油主要是指柴油和汽油，日常用油桶储存，存放于燃油库房，也称为危险品库房。燃油库房一旦遭受雷击，容易导致起火、爆炸等恶性事故，因此无线电监测站应建立专门的建筑物用作燃油库房，并进行可靠的防雷设计。

在建筑设计时，应从防雷的角度选择适当的修建地址。这类建筑应尽量独立，远离综合监测楼、远离天线铁塔、远离河流和苇塘等容易落雷的地点。如果燃油库房周围有孤立的大树、地下水露头以及附近有落雷点，就应该增设避雷针，以改善周围的雷击环境。另外，这类建筑物应采取不让雷电流通过的木质结构，如果采取了钢筋结构，则应将所有钢筋焊接在一起，不留任何雷击时打火的间隙，且采用良好接地的钢混结构或全钢结构。

这类建筑物应按一类建筑物防雷规范设计，在采用避雷针、避雷线或避雷网做直击雷防护时，不能将它们直接安装在建筑结构上，而是要采取独立的屏蔽方式。燃油库房防雷与接地示意如图 10–1 所示，避雷装置在空中应与建筑物相距 3m 以上，其接地装置在地下应与建筑结构相距 5m 以上，以防止雷电反击。如果避雷网的支撑杆架设在建筑结构上，且又必须拉到这类建筑物上固定时，最好经过绝缘子串相连。绝缘子串的片数应通过计算来确定，并且绝缘子串的固定点也应做集中接地处理。

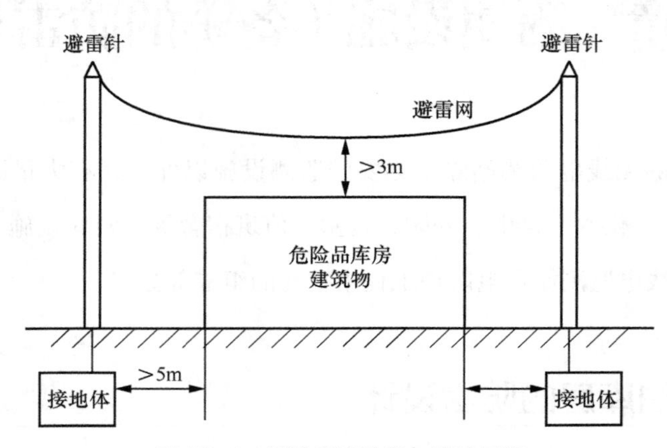

图 10–1　燃油库房防雷与接地示意

燃油库房建筑物的供电系统应采用金属铠装电缆，从距建筑物 50m 以外的地方埋地引入。在该电缆与架空电力线连接处应安装低压电源 SPD，或者在距建筑物 50m 处设置配电盘。架空电力线在这类建筑物区域之外，每隔 100 ～ 200m 应将电杆瓷瓶的铁脚接地一次，其接地电阻＜ 20Ω。同时，燃油库房所用的电气设备，包括照明灯具和开关等，均应选用相应等级的防爆型电气设备并配置相应的防爆型 SPD。电气设备的保护接地可以与防感应雷和防静电的接地装置一起采用联合接地，接地采用闭合环形系统，距离危险品建筑物结构在 3m 以上，接地电阻小于 4Ω。

10.2　车库（充电桩）

按照 GB 50057—2010《建筑物防雷设计规范》，车库建筑为第三类建筑物，应按第三类建筑物进行雷电防护，屋顶设置防护直击雷的避雷带（针、网）、引下线及接地网设施，直击雷接地电阻可≤ 30Ω。

室内车库的配电箱可安装一级最大通流容量 I_{max} 在 40 ～ 80kA 的电源 SPD。充

电桩安装保护接地系统的接地电阻≤4Ω。在充电桩的交流输入端加装交流电源 SPD（室外部分安装 I_{max} 在 60～100kA 的交流电源 SPD，室内部分加装 I_{max} 在 20～40kA 的交流电源 SPD），在充电桩的直流输出端加装直流电 SPD（室外部分安装 I_{max} 在 40～60kA 的交流电源 SPD，室内部分加装 I_{max} 在 20～40kA 的交流电源 SPD）。

10.3　高大树木

通常无线电监测站内或周边会有高大树木，建议架设监测天线时避开或远离这些高大树木。如果不能避开或者远离时，则需要将周边的高大树木和天线一并纳入直击雷防护区域，采用完善和一体的防护措施。对于珍贵树木，也可考虑进行单独的直击雷防护。

10.4　门卫室

通常门卫室属于保卫部门，室内有消防报警设施与安防监控设施。按照 GB 50057—2010《建筑物防雷设计规范》，门卫室为第三类建筑物，应按第三类建筑物进行雷电防护，屋顶设置防护直击雷的避雷带（针、网）、引下线及接地网设施。接地系统根据共用接地原则设计安装接地网，接地电阻按照消防主机或者是监控系统主机要求的最小值确定。门卫室的配电箱安装一级电源 SPD，在安防监控与消防控制主机电源前安装第二级电源 SPD，信号部分根据视频监控与消防安全的弱电系统配置信号 SPD。

10.5　食堂

食堂与餐厅建筑按照第三类建筑物进行雷电防护，屋顶设置防护直击雷的避雷带（针、网）、引下线及接地网设施。

食堂配电箱安装一级电源 SPD。

10.6 宿舍

宿舍楼建筑物按照第三类建筑物进行雷电防护，屋顶设置防护直击雷的避雷带（针、网）、引下线及接地网设施。宿舍楼总配电箱安装一级电源 SPD，楼层配电箱安装第二级电源 SPD。

10.7 消防系统

目前，大多数重要建筑物采用了火灾报警及消防联动控制系统，将烟雾、温度等参数通过探测器传输给控制室分析处理，一旦发生火灾就会自动启动灭火系统，能够及时有效地控制火情。而火灾报警及消防联动控制系统是非常容易遭受感应雷侵袭的系统，一旦遭受雷击就可能无法正常工作，从而带来重大的安全隐患。因此，火灾自动报警及消防联动控制系统的雷电防护是非常重要的。

消防系统主机进行三级电源防护是指从为消防主机供电的总配电房开始，直至主机房的供电线系统都进行电源的多级防护：总配电房为第一级电源防护；楼层的配电房或配电箱为第二级电源防护；消防系统主机的电源供电为第三级电源防护。在各配电电源附近安装电源 SPD，确保电源 SPD 的地线与 PE 地线可靠地连接在一起，接地电阻必须达到 4Ω 以下时才为合格。

1. 信号浪涌防护

与消防主机连接的设备主要有火灾报警探头、自动喷淋装置、消防联动控制、24V 直流电源装置、火警电话、火警广播等，其两端的数据线路都必须串接信号 SPD。而音频信号线路则必须串接音频 SPD，直流电源必须串接直流电源 SPD。另外，火灾报警探头在很多情况下传输的是模拟感应信号，要适配插入损耗较小的 SPD 才能确保信号在通过 SPD 时不发生衰减。

火灾报警控制系统的报警主机、联动控制盘、火警广播、对讲通信等系统信号传输线缆应在进出建筑物直击雷非防护区（$LPZ0_A$）或直击雷防护区（$LPZ0_B$）

与第一防护区（LPZ1）交界处装设适配的信号 SPD。

消防控制中心与本地区或城市“119”报警指挥中心之间联网的进出线路端口应装设适配的信号 SPD。

2. 等电位连接

等电位连接是内部防雷装置中一个非常重要的部分，其设置目的在于减少雷电流引起的电位差。等电位是用连接导线或过电压 SPD 将处在需要防护的防雷装置、建筑物的金属构架、金属装置、外来的导线、电气装置、电信装置等连接，形成等电位连接网络，以实现均压等电位，防止需要防护的空间发生火灾、爆炸，以及危及生命和损坏设备的危险。

① 消防控制室内要设置等电位连接网络，室内所有的机架（壳）、配线线槽、设备保护接地端、安全保护接地端、SPD 接地端均应就近接至等电位接地端子板。

② 区域报警控制器的金属机架（壳）、金属线槽（或钢管）、电气竖井内的接地干线、接线箱的保护接地端等，应就近接至等电位接地端子板。

3. 屏蔽与共用接地

防雷布线电磁屏蔽是利用各种金属屏蔽体来阻挡和衰减加在电子设备上的电磁干扰或过电压能量。具体可分为建筑物屏蔽、设备屏蔽和各种线缆（包括管道）屏蔽。建筑物屏蔽可利用建筑物钢筋、金属构架、金属门窗、地板等均相互连接在一起，形成一个“法拉第笼”，并与接地网有可靠的电气连接，形成初级屏蔽网。设备屏蔽应按电子设备的耐过电压水平实施多级屏蔽。屏蔽效果首先取决于初级屏蔽网的衰减程度，其次取决于屏蔽层对于电磁波的反射损耗和吸收损耗程度。对入户的金属管道、通信线路和电力线缆，要在入户前进行屏蔽（使用屏蔽线缆或穿金属管）接地处理。

火灾自动报警及联动控制系统的接地宜采用共用接地。接地干线应采用截面积≥ $16mm^2$ 的塑铜线，并穿管敷设就近接至等电位接地端子。

上述内容为一般情况下的防雷与接地要求，设计方和施工方可根据实际情况做适当补充。

10.8 安防系统

10.8.1 总体要求

防雷接地由引下线、接地线和接地体组成。其中，引下线是引导雷击电流从避雷针入地的通道；接地体埋于地下与引下线相连接，雷击电流由此泄放到大地，接地体满足接地电阻的要求；接地线一般采用 40mm × 4mm 的热镀锌扁钢或截面积在 $25mm^2$ 以上的多股绝缘铜缆，一端焊接到接地体上，另一端引到室内的等电位连接排上。接地体与引下线或接地线一般采用搭接焊，焊接处必须牢固无虚焊，同时，为确保接地电阻 $\leqslant 4\Omega$，必须将接地体与建筑物大楼的基础接地可靠连接。对于监控中心及靠近建筑物的摄像头，我们设计采用连接建筑物主钢筋的方法做联合接地，对于远离建筑的摄像头，则需要在旁边做一套人工接地体。

根据有关防雷规范要求，交流工作接地、安全保护接地、直流工作接地、防雷接地 4 种接地宜共用一种接地装置，其接地电阻值按其中的最小值确定；如果有特殊要求，需单独设置防雷接地装置时，其余 3 种接地宜共用一组接地装置，其接地电阻不应大于其中的最小值，两接地装置之间必须采用接地网隔离器，以防止“地电位反击”。

如果对直流工作接地有特殊要求，则需要单独设置接地装置的信息系统，其接地电阻值及与其他接地装置的接地体之间的距离应按安防监控设备生产商的要求确定，无法做到大于 20m 时，必须在不同接地装置之间安装接地网隔离器，以防止“地电位反击”。

中心控制室内宜建设等电位排或者均压网格，所有设备的交流工作地、安全保护地、直流地、静电泄放地等均就近与等电位排或均压网格连接。等电位排与共用接地网之间采用单点接地方式。

室外前端摄像机应采取就近接地。如果需要新做接地网工程，那么接地极应采用 50mm × 50mm × 5mm 镀锌角钢，长度为 2.5m，挖土沟深为 0.5 ～ 0.8m，宽度以方便焊接操作为宜，一般为 0.2m，然后将接地极打入地下，地极间距为 3m，

上端用 40mm × 4mm 的热镀锌扁钢相焊接，并与摄像机安装立柱焊接，焊接处进行防锈、防腐处理。由于各点情况不同，打入接地极的数量视具体实际情况而定，接地网接地电阻值要符合要求。

接地引入线（单点接地线）的材料采用 $25mm^2$ 多股铜芯电缆。接地引入线应做绝缘处理，或采用防松垫圈的螺栓紧固，引入线全程加 PVC 套管保护，可沿强电井下引，如果沿外墙引入，裸露在地面以上部分应采取防止机械损伤的措施。

等电位连接网的具体做法：用 $10mm^2$ 以上的铜芯电缆将设备金属外壳及各种非带电金属物就近与接地系统可靠连接起来。中心控制机房内采用等电位连接排进行等电位连接，各接地线分别接到等电位连接排，等电位连接排与外接地网系统的连接采用 $25mm^2$ 的多股铜导线连接。电源 SPD 的接地线用 $6mm^2$ 以上的黄绿双色水线与室内等电位连接排相连，导线要尽可能短。信号 SPD 的接地线采用 $2.5mm^2$ 以上的黄绿双色水线与室内的接地等电位连接排相连，导线也要尽可能短。

接线方式：每个 SPD 应分别就近接到等电位连接排，连接导线尽可能短。

10.8.2　监控中心机房的防雷

在安防监控系统中，监控中心机房的防雷最重要，应从直击雷防护、雷电波侵入、等电位连接和电涌保护多个方面开展防护工作。监控中心机房在建筑物应有防直击雷的避雷针、避雷带或避雷网。其防直击雷措施应符合 GB 50057—2010《建筑物防雷设计规范》标准中有关直击雷保护的规定。

进入监控中心机房的各种金属管线应接到防雷电感应的接地装置上。架空电缆线直接引入时，在入户处应加装避雷器，并将线缆金属外护层及自承钢索接到接地装置上。监控中心机房内应设置等电位连接母线（或金属板）。该等电位连接母线应与建筑物防雷接地、PE 线、设备保护地、防静电地等连接到一起，防止出现危险的电位差。各种 SPD 的接地线应以最短的距离与等电位连接母线接地排连接。

良好的接地是防雷中至关重要的一环。接地电阻值越小，过电压值越低。监控中心采用专用接地装置时，其接地电阻 $\leqslant 4\Omega$；采用共用接地网时，其接地电阻 $\leqslant 1\Omega$。

因为雷电冲击波的主要能量集中在工频附近几十赫兹到几百赫兹的低端，所以雷电冲击波能量容易与工频回路发生耦合、谐振，雷电冲击波从电源线路进入电子设备的概率要比从信号线中进入的概率高得多。据统计，约有 80% 的雷击损坏电子设备的事故是由电源线引入的，因此应特别加强系统中设备电源的防雷措施。

在监控中心机房大楼电源总配电柜的进线端，安装通流容量 $I_{max} \geqslant 100kA$ 的电源浪涌保护器作为监控中心机房设备电源第一级防护措施。

在监控中心机房的 220V 电源的进线端，安装通流容量 $I_{max} \geqslant 40kA$ 的电源浪涌保护器作为监控中心机房设备电源第二级防护措施。

在监控中心机房各终端设备的前端，安装通流容量 $I_{max} \geqslant 10kA$ 的电源浪涌保护器作为监控中心机房内各终端设备电源第三级防护措施。

在监控主机的视频线路接入端，安装视频信号浪涌保护器作为监控中心机房内视频连接端口的防雷保护措施。

在监控主机的控制线路接入端，安装控制信号浪涌保护器作为监控中心机房内控制连接端口的防雷保护措施。

10.8.3 前端设备的防雷

前端设备有室外安装和室内安装两种情况，安装在室内的前端设备一般不会遭受直击雷击，但需要考虑防止雷电过电压对设备的侵害，而安装在室外的前端设备则需要考虑防止直击雷击。

前端设备（例如，摄像头）直击雷的防护较简易的方法是采用接闪器。具体设计方案为：在室外各个摄像头的立杆上（立杆的顶部）分别安装一支避雷针，规格为 ϕ16mm × 1000mm 镀锌圆钢，安装方式为焊接。避雷针最好与摄像机保持 3 ～ 4m 的安全距离。如果有困难，则避雷针也可以架设在摄像机的支撑杆上，引下线可直接利用金属杆本身或选用 ϕ8mm（直径为 8mm）的镀锌圆钢。为防止电磁感应，沿支撑杆引上摄像机的电源线和信号线应穿金属管屏蔽或在空心支撑杆内走线。

为防止雷电波沿线路侵入前端设备，应在设备前的每条线路上加装合适的 SPD，例如，在电源线（AC220V 或 DC12V）、视频线、信号线和云台控制线上加装

合适的 SPD。

摄像机的电源一般使用 AC220V 或 DC12V。摄像机是由直流变压器供电的，单相电源避雷器应串联或并联在直流变压器前端，如果直流电源传输距离大于 15m，那么摄像机端还应串接低压直流 SPD。

信号线传输距离长，耐压水平低，极易感应雷电流而损坏设备，为了将雷电流从信号传输线传导入地，信号过电压保护器须快速响应，在设计信号传输线的保护时必须考虑信号的传输速率、信号电平、启动电压以及雷电通量等参数。

室外的前端设备应有良好的接地，接地电阻 $< 4\Omega$，高土壤电阻率地区的接地电阻 $< 10\Omega$。

10.8.4　传输线路的防雷

控制信号传输线和报警信号传输线一般选用芯屏蔽软线，架设（或敷设）在前端与终端之间。从防雷的角度来看，直埋敷设方式的防雷效果最佳，架空线最容易遭受雷击。但是传输线埋地敷设并不能阻止雷击设备，大量的事实证明，雷击可造成埋地线缆损坏故障，这种故障大约占总故障的 30%，即使雷击在比较远的地方，也仍然会有部分雷电流流入电缆。因此采用带屏蔽层的线缆或线缆穿钢管埋地敷设，保持钢管的电气连通，对防护电磁干扰和电磁感应是非常有效的。这主要是金属管的屏蔽作用和雷电流的集肤效应。如果电缆全程穿金属管有困难，那么可在电缆进入终端和前端设备前穿金属管埋地引入，但埋地长度 $\geqslant$ 15m，在入户端将电缆金属外皮、钢管同防雷接地装置相连。

10.9　计算机网络系统

10.9.1　概述

随着现代电子技术的不断发展，计算机网络系统的广泛普及与应用，这些网络系统中各种高、精、尖的电子设备的内部结构高度集成化，耐过电压、耐过电流的水平极低。传统避雷无能为力，因而这些电子设备极易遭受雷电流的冲击而损坏：轻者使终端计算机和通信接口设备损坏，通信中断，各种信息无法传递；重者使网络主机损坏，网络瘫痪，无法工作。因此，为了使计算机网络系统正常运作，防止雷击带来惨重损失，必须对计算网络系统采取完善的雷电浪涌防护措施，除了要安装性能良好的避雷针、避雷带，还必须对电源系统、信号系统做好可靠、有效的防护工作，并具备可靠的接地系统。

根据雷电保护区的划分要求，计算机机房建筑物外部属于直击雷非防护区（$LPZ0_A$），在这个区域内的设备易遭受损害，危险性最高；根据建筑物内部及计算机机房所处的位置，可将其分为第一防护区（LPZ1）、第二防护区（LPZ2）、后续防护区（LPZn），越往建筑物内部，危险程度越低。

计算机网络系统的雷电过电压主要是沿线路引入建筑物内计算机网络电子设备。因此，需要在线路穿过各级雷电保护区的界面时，在每一个穿过界面点做等电位连接。

根据国家有关雷击电磁脉冲防护的标准要求，进入计算机机房大楼的电源线和通信线应在 LPZ0 与 LPZ1、LPZ1 与 LPZ2 区交界处，以及终端设备前端安装相应的电源 SPD、通信网络类信号 SPD。

计算机网络系统的防雷与接地应以中心机房网络设备为主要保护对象，实施等电位连接、屏蔽、综合布线、共用接地系统、设置电源与网络线路适配的 SPD。

举例说明，某常规信息中心机房计算机网络系统防雷设计如图 10-2 所示。其中，计算机网络系统包含各类通信设备，例如，光端机、调制解调器；网络数据传输交换设备，例如，集线器、交换机；计算机处理和存储设备，例如，微机工作站和服务器；以及各类配线柜等设备。这些设备都应在输入、输出端口处根据设备的重要性装设适配的信号 SPD，例如，工作频率、工作电平、传输速率、传输介质、特性阻抗以及接口形式等都应与传输线路的性能适配。

典型网络机房内部防雷示意如图 10-3 所示。需要注意的是，光纤如果有金属加强芯，也需要将金属加强芯接地，另外，对于重要的保护等级，需要对用户与交换机之间的网线加装适配的信号 SPD。

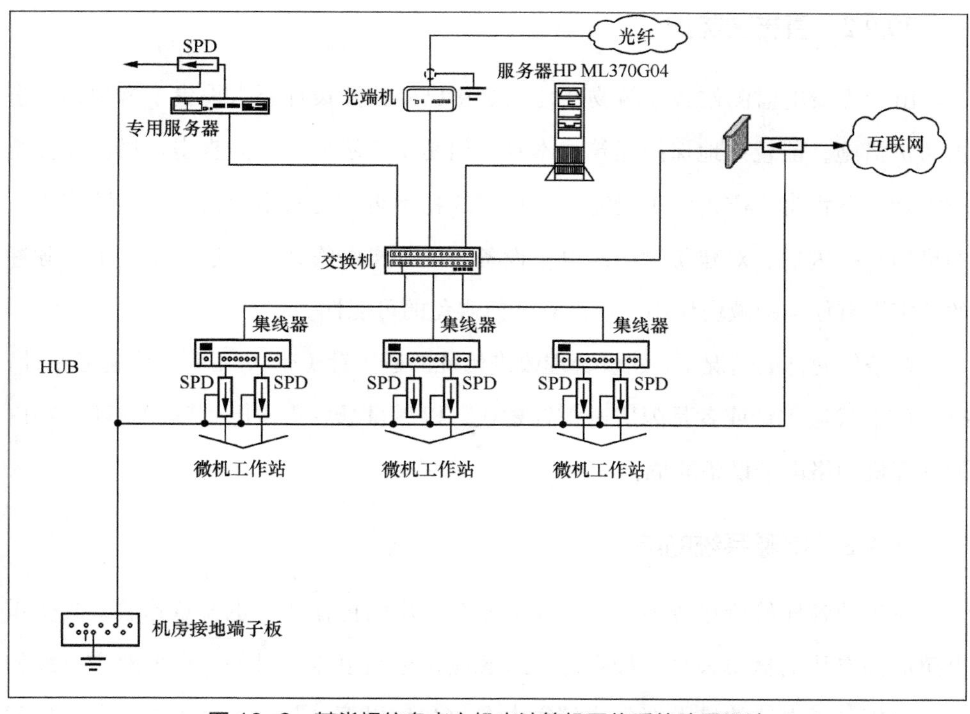

图 10-2　某常规信息中心机房计算机网络系统防雷设计

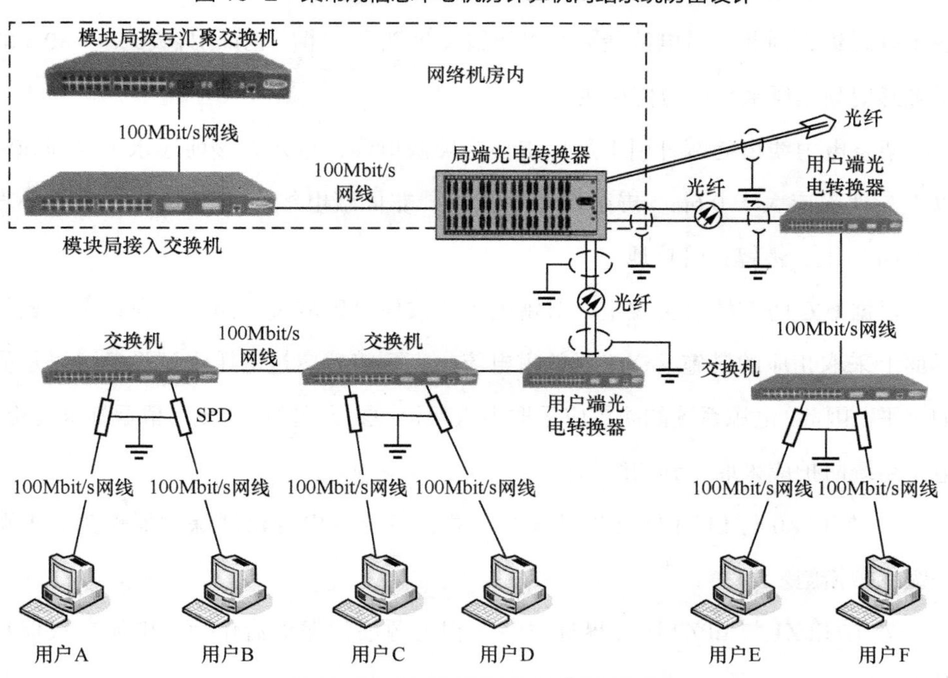

图 10-3　典型网络机房内部防雷示意

10.9.2 直击雷防护

由于无线电监测站各建筑物在建设之初已经按照设计要求设置了常规的直击雷防护措施，能较好地保护建筑物本身，但是不表示原有的防直击雷措施（传统避雷针、避雷带、避雷网）能完全避免建筑物不再遭受直击雷击。这些防直击雷的措施在接闪后，对建筑物内的电子设备（计算机网络系统）遭受雷击电磁脉冲的危害没有任何的减弱作用，也没有任何避免的可能性。

在条件允许的情况下，建议合理改进传统的避雷针（带），用新型优化避雷针、提前放电式避雷针或者是闪盾避雷针替代，以尽量减少雷击电磁脉冲对建筑物内的计算机网络电子设备的危害。

10.9.3 电源系统的防护

在各种各样的传输线中，电源线是分布最广的传输线，也就意味着，其受雷电感应高电压的概率最高，最容易引入感应雷电高电压。另外，根据对雷电波的频谱分析，雷电波的绝大部分能量集中在 40kHz 以下。其中，最大的谐波分量就在工频附近，因此，雷电波最易和电源线发生耦合。事实也证明，70%～80%的雷电感应高电压来自电力传输线。

架空电力线由终端杆引下后应更换为屏蔽电缆，进入大楼前应水平直埋 50m 以上，埋深应大于 0.6m，屏蔽层两端接地，非屏蔽电缆应穿镀锌铁管并水平直埋 50m 以上，镀锌铁管接地。

根据 IEC 防雷的有关规定，对雷电入侵波应分区域进行防护，在每个区域的界面上采取相应的措施，逐级泄放雷电流，直到将感应过电压降到设备可以承受的水平。因此，电源系统的防雷应采取多重保护、层层设防的原则。根据标准规定，电源系统防护应采取三到四级保护。

① 在 LPZ0 与 LPZ1 区交界处安装三相并联交流电源浪涌保护器作为总电源一级保护措施。

② 在 LPZ1 与 LPZ2 区交界处安装三相电源浪涌保护器作为分电源二级保护措施。

③ 在计算机网络中心机房总开关安装单相模块式电源浪涌保护器作为第三级保护措施。

④ 在计算机网络中心机房 UPS 前安装单相 UPS 专用浪涌保护器作为机房贵重设备精细级保护措施。

⑤ 设备供电采用防雷插座作为计算机网络设备精细级保护措施。

10.9.4　信号网络系统的防护

由于网络系统中与信号传输线相连接的设备接口工作电压较低，耐压水平也很低，对于由信号传输线引入的感应雷电波特别敏感、极易损坏。因此，在网络设备的信号接口处安装相应的信号浪涌保护器是非常必要的。同时，根据信号传输线容易遭受雷击概率和设备的重要程度，在进出室内外的信号线上也要安装信号浪涌保护器。

在无线电监测站的计算机网络系统中，最重要的是中心机房内的服务器。如果这里的服务器出现雷击事故，那么将给站内造成严重的损失，整个站内的计算机网络系统都将瘫痪。相对来讲，如果其他区域的计算机终端设备出现事故，则影响面要较小一些。因此，对于中心机房需要严格按照国家防雷的有关规范和规定，对进出机房的信号传输线加装 SPD。

对网络中继线安装中继线信号浪涌保护器，其接口形式按实际情况配制，并匹配相应的传输速率、工作电压等参数。

计算机中心机房网络交换机信号线路，根据端口数量安装组合型网络信号浪涌保护器，保护每个端口。

10.9.5　SPD 选型

电源、信号 SPD 是用以防护计算机网络电子设备遭受雷击电磁脉冲损害的有效手段，我们应在不同使用范围内选用不同性能的 SPD：在选用电源 SPD 时，要考虑供电系统的制式、额定电压等因素；在选用信号 SPD 时，应考虑 SPD 与电子设备的相容性。

SPD 保护必须是多级的，对中心机房电子设备电源部分雷电保护而言，至少配置泄流型浪涌保护器与限压型浪涌保护器前后两级进行保护。为了各级 SPD 之间能做到有效配合，当两级 SPD 之间的电源线或通信线距离未达到规范时，两级 SPD 之间应采用适当的退耦措施。

建在城市、郊区、山区不同环境下的机房，在设计选用过压型浪涌保护器时，要考虑网点供电电源不稳定因素，选用合适工作电压的浪涌保护器。

信号 SPD 应满足信号传输带率、工作电平、网络类型的需要，同时接口应与设备兼容。

正确的安装才能达到预期的效果，相关人员应严格按照厂方的要求安装 SPD。

计算机网络数据信号线路 SPD 参数见表 10-1。其中，U_c 为额定工作电压。

表 10-1　计算机网络数据信号线路 SPD 参数

线缆类型 参数要求	非屏蔽双绞线	屏蔽绞线	同轴电缆
标称导通电压	$\geqslant 1.2U_c$	$\geqslant 1.2U_c$	$\geqslant 1.2U_c$
测试波形	1.2/50 μs 8/20 μs 混合波	1.2/50 μs 8/20 μs 混合波	1.2/50 μs 8/20 μs 混合波
标称放电电流	1kA	0.5kA	≥ 3kA

应用气体放电管、瞬态电压抑制二极管、固体放电管、压敏电阻和扼流圈等组合设计的各种计算机信号 SPD 具有标称放电电流大（10kA）、限制电压低（20V）、传输速率高（155Mbit/s）、响应速度快（1ns）、插入损耗小（0.1dB）、安装方便等优点。计算机信号 SPD 实物如图 10-4 所示。

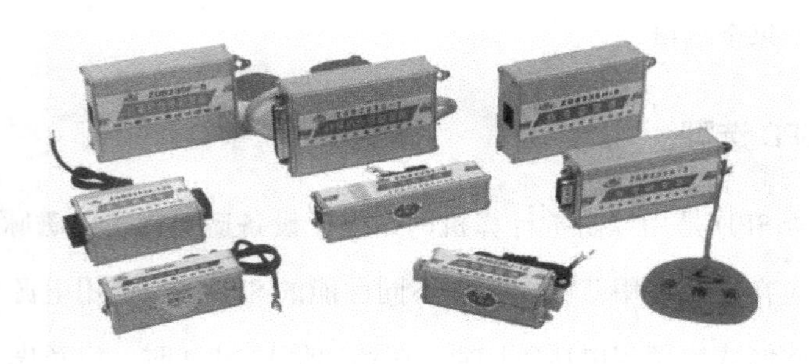

图 10-4　计算机信号 SPD 实物

10.9.6　等电位连接

实行等电位连接的主体应有计算机网络设备所在建筑物的主要金属构件、进入建筑物的金属供电线路（含外露可导电部分）、防雷装置、计算机电子设备构成，等电位连接的连接体为金属连接导体和无法直接连接时而做瞬态等电位连接的 SPD。

计算机机房的 6 个面应敷设备金属屏蔽网，屏蔽网与机房内环形接地母线均匀且多处相连。

中心机房内设置星形（S 形结构或网状 M 形）等电位网络结构，将设备直流地以最短的距离连接到机房内的等电位网络带。

机房内的电力电缆（线）、通信电缆（线）应该采用屏蔽电缆。

根据 DL/T 547—2010《电力系统光纤通信运行管理规程》，采用光纤的信号传输线，虽然光纤本身不吸引雷电，但如果其护套或加强芯是金属材料，就必须在光纤进入室内的入口处将金属部分就近进行接地。或者将金属部分在进入机房前拆除掉，不再与室内设备有任何的连接，只留光纤芯线与室内设备相连，防止雷电感应高电压沿光纤金属线传入室内设备而造成雷击事故。

10.9.7　接地

根据计算机机房设计规范标准要求，电子计算机机房接地装置应满足下列要求。

① 交流工作接地，接地电阻≤ 4Ω。

② 安全保护接地，接地电阻≤ 4Ω。

③ 直流工作接地，接地电阻应按照计算机系统具体要求确定。

④ 防雷接地应按照现行国家标准执行。

交流工作接地、安全保护接地、直流工作接地、防雷接地 4 种接地共用一组接地装置时，其接地电阻按其中最小值确定；如果防雷接地单独设置接地装置，则其余 3 种接地共用一组接地装置，其接地电阻不大于其中的最小值，并应采用防“地电位反击”的等电位连接保护器。

10.9.8 计算机网络防雷系统的运行维护

安装 SPD 之后，应检查所有接线是否正确安装，然后运行测试，确认系统和设备是否正常工作，有无异常情况，如果发现异常，则应及时检查，直至整个系统均正常运行。每年雷雨季节前应对运行中的 SPD 进行一次检测，雷雨季节期间要加强外观巡视，如果检测发现异常，则应及时处理。

每年雷雨季节前应对接地系统进行检查和维护，主要检查连接处是否紧固、接触是否良好、接地引下线有无锈蚀、接地体附近地面有无异常，必要时应挖开地面抽查地下隐蔽部分的锈蚀情况，如果发现问题，则应及时处理。

接地网的接地电阻应每年进行一次测量，测量方法见本书接地电阻测试仪相关章节。

10.10 本章小结

一个大型的无线电监测站要想正常运转并发挥出最大的监测功能，需要有必要的附属设施（备）进行保障。目前，大型无线电监测站除了做常规的无线电频谱监测，还要承担通信指挥、监测数据存储和多站联合辅助定位的功能，因此网络通信成为无线电监测站不可缺少的重要组成部分，尤其是目前各省（自治区、直辖市）进行的一体化建设项目，使用了总线技术，告别了单机版客户端 / 服务器（Client/Server）架构，采用了网页版的浏览器 / 服务器（Browser/Server）架构，各个设备进行了联网，采用调用原子化服务的形式完成监测任务，更加突出网络的重要性，因此计算机网络系统的防雷与接地的重要性不言而喻。

部分无线电监测站为了达到监测技术指标，对选址有极为苛刻的要求，它们一般建设于各项后勤配套不完善的郊区，因此电力、网络、安防等配套设施对无线电监测站尤为重要。这些配套设施（备）的防雷与接地都是无线电监测站雷电防护工程中不可忽视的部分。

第 11 章　防雷与接地工程的施工要求

完善的防雷方案设计还需要标准规范、科学严谨的施工才能达到良好的雷电防护效果，YD/T 3285—2017《无线电监测站雷电防护技术要求》中对无线电监测站防雷施工的要求如下。

11.1　一般原则

① 防雷工程施工应按照行业相关标准的技术要求和已批准的设计施工文件进行。

② 防雷工程中采用的器材应符合有关标准的规定，并应有合格证书。

③ 防雷工程测试仪表、量具应鉴定合格，并在有效期内使用。

11.2　接闪器

① 专用接闪器位置应正确。采用螺栓固定的接闪器，防松零件应齐全；采用焊接方式固定的接闪器，焊缝应饱满无遗漏，焊接部位应做好防腐处理。

② 接闪带应位置正确、平正顺直、无急弯。焊接的焊缝应饱满无遗漏，螺栓固定应有防松零件。

③ 固定接闪带的固定支架应固定可靠，每个固定支架应能够承受 49N 的垂直拉力。固定支架应均匀。

11.3　引下线

① 明敷的专用引下线应分段固定，并应以最短路径敷设到接地极。引下线应

平正顺直、无急弯。焊接固定的焊缝应饱满无遗漏，螺栓固定应有防松零件，焊接部分应设有防腐措施。

② 引下线敷设在人员可能停留或经过的区域时，应采用下列一种或多种方法，防止接触电压和闪络电压对人员造成伤害。

- 设立阻止人员进入的护栏或警示牌，与引下线水平距离≥ 3m。
- 外露引下线在高 2.7m 以下部分应该套厚度不小于 3mm 的交联聚乙烯管，交联聚乙烯管应能耐受100kV 冲击电压（1.2/50 μs 波形）。

③ 引下线两端应分别与接闪器和接地装置做可靠的电气连接。

④ 引下线与易燃材料的墙壁或墙体保温层的间距应大于 0.1m。

⑤ 在易受机械损伤之处，地面上 1.7m 至地面下 0.3m 的一段接地应采用暗敷保护，也可采用镀锌角钢、改性塑料管或橡胶等保护，并应在每一根引下线距地面不低于 0.3m 处设置断接卡连接。

11.4 接地装置

① 人工接地极在土壤中的埋设深度≥ 0.5m。冻土地带人工接地极应埋设在冻土层以下。建筑物增设的人工接地极宜在四周散水坡外大于 1m 处埋设。水平接地极应挖沟埋设，钢质垂直接地极宜直接打入地沟内，其间距不宜小于其长度的 2 倍，并应均匀布置。铜质材料、石墨或其他非金属导电材料接地极宜挖坑埋设或参照生产厂家的安装要求埋设。

② 垂直接地极坑内、水平接地极沟内宜用低电阻率土壤回填并分层夯实。

③ 钢质接地极应采用焊接连接。其搭接长度应符合以下规定。

- 扁钢与扁钢（角钢）搭接长度为扁钢宽度的 2 倍，不少于 3 面施焊。
- 圆钢与圆钢搭接长度为圆钢直径的 6 倍，双面施焊。
- 圆钢与扁钢搭接长度为圆钢直径的 6 倍，双面施焊。
- 扁钢和圆钢与钢管、角钢互相焊接时，除了应在接触部位双面施焊，还应增加圆钢搭接件；圆钢搭接件在水平、垂直方向的焊接长度各为圆钢直

径的 6 倍，双面施焊。

- 焊接部位应除去焊渣后进行防腐处理。

④ 铜质接地装置应采用焊接或热熔焊。钢质和铜质接地装置之间的连接应采用热熔焊，连接部位应进行防腐处理。

⑤ 接地装置连接应可靠，连接处不应松动、脱焊、接触不良。

⑥ 接地装置施工结束后，接地电阻值应符合设计要求，隐蔽工程部分应有随工检查验收合格的文字记录和相关档案。

11.5　接地线

① 接地引出线与接地装置连接处应焊接或热熔焊。连接点应设有防腐措施。

② 接地线采用螺栓连接时，应连接可靠，连接处应设有防松动和防腐蚀措施。接地线穿过有机械应力的场地时，应采取防机械损伤措施。

③ 接地线与金属管道等自然接地极的连接应根据其工艺特点采用可靠的电气连接方法。

④ 室外场地接地线应设有防腐蚀、防机械损伤的保护措施，并设有明显标识。

11.6　接地排、接地汇集线、等电位连接线

① 连接导体与接地汇集线的连接宜采用焊接、熔接或压接。连接导体与接地排之间应采用螺栓连接，连接处宜进行热搪锡处理。

② 等电位连接线应使用具有黄绿相间色标的铜质绝缘导线。

③ 对于暗敷的等电位连接线及其连接处，应做隐蔽工程记录，并在竣工图上注明其实际部位、走向。

④ 接地汇集线表面应无毛刺、明显伤痕、残余焊渣，安装平整、连接牢固，绝缘导线的绝缘层无老化、龟裂现象。

11.7 浪涌保护器

1. 电源浪涌保护器的安装规定

电源线路的各级浪涌保护器应分别安装在线路进入建筑物的入口、防雷区的界面和靠近被保护设备处。各级浪涌保护器连接导线应尽量短且直，其长度不宜超过 0.5m，并固定牢靠。浪涌保护器的各接线端应在本级开关、熔断器的下桩头分别与配电箱内线路的同名端相线连接，浪涌保护器的接地端应以最短距离与接地排或接地汇集线连接。配电箱的保护接地线（PE）应与接地排或接地汇集线直接连接。

2. 天馈浪涌保护器的安装规定

① 天馈浪涌保护器应安装在天馈线与被保护设备之间，宜安装在机房内设备附近或机架上，也可以直接安装在设备射频端口上。

② 天馈浪涌保护器的接地端应采用多股铜芯导线就近连接到接地排或接地汇集线上，接地线应短且直。连接导线的最小截面积≥ $6mm^2$。

3. 信号浪涌保护器的安装规定

① 信号浪涌保护器应连接在被保护设备的信号端口上，可以安装在机柜内，也可以固定在设备机架或附近的支撑物上。

② 信号浪涌保护器接地端应采用铜芯导线与设备机房等电位连接网络连接，接地线应短且直。

11.8 屏蔽和线缆敷设

① 机房屏蔽体表面应平整，屏蔽体间的连接应采用焊接，焊缝应均匀、整齐，并与机房接地排或接地汇集线可靠连接。抗静电地板的金属龙骨架至少在整个龙骨架的一条对角线两端用截面积不小于 $4mm^2$ 的铜线与接地排或接地汇集线连接。

② 线缆的金属屏蔽管转弯时的弯角应大于 90°，接头间应连接可靠、无缝隙，金属屏蔽管、屏蔽层应全线电气贯通，并与接地线做电气连通。

③ 接地线在穿越墙壁、楼板和地坪处时应套钢管或其他坚固的保护套管，钢

管应与接地线做电气连通。

④ 线槽或线架上的线缆绑扎间距应均匀合理，绑扎线扣应整齐，松紧适宜；绑扎线头宜隐藏不外露。

⑤ 接地线、浪涌保护器连接线的敷设宜短直、整齐。

接地线、浪涌保护器连接线转弯时的弯角应大于 90°，弯曲半径应大于导线直径的 10 倍。

11.9　接地网施工检查

接地网施工属于隐蔽工程，工程施工质量直接决定了防雷工程的成败，所以需要高度重视接地网施工过程的检查，主要从以下几个方面对接地网施工进行把关和检查。

① 工程的设计文件、设计标准、设计图纸和施工方的资质应符合要求。

② 接地体上端距离地面≥ 0.7m。在寒冷地区，接地体应埋设在冻土层以下，在土壤较薄的石山或碎石地区应根据实际情况深埋。

③ 垂直接地体宜采用长度不小于 2.5m 的热镀锌钢材、铜材、铜包钢等接地体，垂直接地体的间距≥ 5m，均匀布置，数量应与设计方案一致，钢制垂直接地体宜直接打入地沟内。

④ 水平接地体采用热镀锌扁钢或铜材，应挖水平地沟埋设，开挖宽度以方便施工为限，与垂直接地体以焊接的方式连通。

⑤ 如果土壤电阻率较高，且使用了降阻剂，则应检查降阻剂施工工艺，确认其是否符合说明书的规定要求。粉末降阻剂应以合适的比例配降阻剂和水，充分调匀成糨糊，降阻剂应均匀包裹在水平接地体和垂直接地体周围，每米地沟内降阻剂的注入量按厂家说明书规定加足。液态降阻剂应根据生产厂家说明书的要求配置降阻剂液及其他物质，并充分调匀，应在降阻剂开始变稠但尚未凝固时注入地沟中，尽量均匀包裹在水平接地体和垂直接地体周围，每米地沟内降阻剂的注入量应按厂家说明书规定加足。

⑥ 接地体采用热镀锌钢材时，接地体钢材规格尺寸要求见表 11-1。

表 11-1　接地体钢材规格尺寸要求

类型	尺寸
钢管	壁厚≥ 3.5mm
角钢	≥ 50mm × 50mm × 5mm
扁钢	≥ 40mm × 4mm
圆钢	≥ 10mm

⑦ 接地体采用铜包钢、镀铜钢棒和镀铜圆钢时，其直径≥ 10mm，镀铜钢棒和镀铜圆钢的镀层厚度≥ 0.254mm。

⑧ 除了在混凝土中的接地体之间的所有焊接点，其他接地体之间的焊接地均应做防腐处理。

⑨ 接地装置的焊接长度采用扁钢时不应小于其宽度的 2 倍，采用圆钢时不应小于其直径的 10 倍。

⑩ 检查钢制接地装置的焊接连接工艺时，其搭接长度和焊接要求应符合下列规定。

- 扁钢与扁钢搭接长度为扁钢宽度的 2 倍，且不少于 3 面施焊。
- 圆钢与圆钢搭接长度为圆钢直径的 6 倍，且双面施焊。
- 圆钢与扁钢搭接长度为圆钢直径的 6 倍，且双面施焊。
- 扁钢、圆钢、钢管及角钢相互焊接时，除了应在接触部位两侧施焊，还应增加圆钢搭接条。
- 焊接部位应做防腐处理。

⑪ 检查铜质接地装置的焊接工艺必须焊接或熔接，钢质和铜质接地装置之间应采用熔接或采用搪锡后用螺栓连接，连接部位做好防腐处理。

⑫ 接地装置的连接应可靠，连接处不应松动、脱焊、接触不良。

⑬ 填写接地网施工质量记录表。

- 接地装置焊接完成后，应对所有焊接工艺质量、地网长度和接地体数量进行最后的核查核实，并填写工程记录表。
- 需要埋设降阻剂时，在降阻剂填埋完成之后，应对降阻剂敷设质量进行最后的检查，并填写工程记录表。
- 在土壤回填完成后，应立即进行接地电阻测试，当测试结果不满足要求时，

应考虑实施改进措施或修改地网设计方案，例如，增大地网面、接地体数量或增加降阻剂等，整改完成后再次测试接地电阻，直至符合设计要求，并记录接地电阻数据和整改数据。

- 恢复地面和路面后，应保证恢复后的地面无下陷、无裂缝。
- 所有工作完成后填写验收合格记录表，回执最终的地网工程竣工图。

⑭ 监听天线、测向天线和前置机房、配电室应专门设计地网，与主综合监测楼的地网在地下多点互连。

⑮ 综合监测楼的环形或垂直接地系统应从地网中，在日后不需要开挖的位置引出，接地点应远离建筑物避雷针专门引下线的位置。

⑯ 地网建设时应设置好固定的测试桩（包括电流极和电压极），方便日后测试。

11.10 防直击雷装置施工检查

无线电监测站的综合监测楼、前置机房、配电室、危险品库房、天线场都需要安装避雷针或避雷网（带）做直击雷防护，主要从以下几个方面对直击雷防护装置进行把关和检查。

① 安装避雷针前应检查避雷针的材料、尺寸、数量和安装位置是否符合方案设计要求。

② 检查接闪器的基座与大楼柱、梁钢筋之间的焊接是否牢固，是否符合当地抗风等级，所有焊接点应做防腐处理。

③ 综合监测楼楼顶避雷带的网格大小应按方案设计要求敷设，检查所有焊接点是否牢固可靠，做防腐处理，特别是暗埋的避雷带应在浇注水泥浆之前检查确认所有的焊点是否牢固，且做好防腐处理。

④ 避雷带除了与对应的立柱主钢筋连接，还应与楼顶主避雷针、女儿墙上的每个小避雷针焊接连接。

⑤ 对于建筑物外墙敷设专用防雷引下线的无线电监测站，还应检查专用防雷引下线上端与避雷针和避雷带的焊接牢固程度，以及引下线下端与地网接地体的焊接

牢固程度。

⑥ 避雷带（网）应采用不生锈或不容易生锈的材料，例如，热镀锌扁钢、不锈钢或者镀锡铜带。

⑦ 避雷带敷设应整齐美观，线条平直。

⑧ 无线电监测站建筑物的每个立柱中必须有两根对角钢筋从基础到楼顶全程焊通。这些钢筋还应与建筑物体衡量钢筋焊接，形成一个“法拉第笼”。

⑨ 天线避雷针的安装应符合设计方案要求，例如，短波测向天线使用了可灵活拆除的避雷针，高度和安装位置合适；卫星参考源天线的多根玻璃钢避雷针对称安装；天线铁塔或钢杆按方案进行了接地处理；避雷针和天线导体保持闪络的安全间距；天线地网和防雷地网相对独立；天线铁塔拉线安装了隔离，下端做接地处理等；天线铁塔或支撑钢杆应做防腐处理。

11.11　室内接地和等电位连接施工检查

无线电监测站室内接地分为外设环形接地汇集线连接系统和垂直主干线接地连接系统，等电位连接分为星形、网形和星—网混合形。

① 检查从接地网引出的总地线导体的材料、截面积是否符合设计标准或方案设计要求，一般来讲可以使用铜电缆或者热镀锌钢带，小型无线电监测站铜质接地线截面积≥ 50mm^2，钢制接地线截面积≥ 80mm^2，大型无线电监测站铜质接地线截面积≥ 90mm^2，钢制接地线截面积≥ 150mm^2。

② 接地排应使用钢制材料，应与建筑物钢筋绝缘安装。

③ 在每层设施或相应楼层的机房沿综合监测楼的内部一周安装环形接地汇集线，环形接地汇集线与大楼建筑柱内的预留接地端连接。

④ 建筑物第一层靠近接地装置，因此要求第一层的环形接地汇集线每间隔 5 ～ 10m 就与外设环形接地体相连一次。

⑤ 垂直主干线截面积＞ 60mm^2，垂直主干线距离墙壁至少 5m，条件允许应为 10 ～ 15m。

⑥ 室内接地线应采用多股铜导线且带塑料外壳的铜缆，塑料颜色统一使用黄绿相间色标。

⑦ 所有地排、地线均应套上永久保留的标志牌，表明地线用途及对端位置和设备种类。

⑧ 室内地线系统与金属管道、钢结构件等自然接地体相连，优先采用焊接的方法，并做好防腐处理，如果焊接有困难，则应使用卡箍连接方法，并用软电缆再次复接。

⑨ 在线槽或线架上敷设的地线电缆，其绑扎间距应均匀合理，绑扎线扣应整齐，松紧适宜，绑扎线头应隐藏而不外露。

⑩ 地线电缆在穿越墙壁、地板和地坪处应套钢管或其他非金属的保护套管，钢管应与接地线做等电位连接。

⑪ 接地电缆敷设应平直、整齐。

⑫ 将建筑物大楼内柱主钢筋作为垂直主干接地线，下端已经通过建筑物钢筋引入接地网，不需要做特殊处理。

⑬ 如果建筑物内无内柱主钢筋，需要设计金属导体作为垂直主干接地线，下端可以引到一层的主接地排，通过主接地排引入接地网。

⑭ 垂直主干接地线截面积＞ $60mm^2$，垂直主干接地线距离墙壁至少 5m，条件允许应为 10 ～ 15m。

⑮ 综合监测楼每楼层的接地排就近接入垂直主干接地线上，并且楼层接地排位于提供接地设备的中央。

⑯ 垂直主干接地线只对以其为中心、长边为 30m 的矩形区域内的电子设备提供接地服务，因此需要机房设备在垂直主干接地线服务区域内。

11.12　设备接地和绝缘施工检查

① 检查监测设备是否有专用的接地螺丝，如果有专用接地螺丝，则监测设备通过接地螺丝接地；如果无专用接地螺丝，则监测设备通过机壳接地。

② 利用机柜或机架上的接地螺栓接地时，应检查机柜或机架的喷漆是否影响

接地效果，安装接地线时，应选择花刺垫片来刮开油漆层，加强导电性。

③ 检查并排多个机柜或机架地线复接次数，复接次数不宜超过 3 次；检查电源插座地线复接线次数，不宜超过 5 次。

④ 机柜或机架底部外壳的固定螺丝应按设备安装规范套上绝缘套管，确保机柜、机架与建筑物的钢结构电气绝缘。

⑤ 对于光缆配线架（Optical Distribution Frame，ODF）应特别注意光缆金属加强筋与光缆配线架外壳绝缘，应引专门地线接至机房分地排或总地排。

11.13 浪涌保护器的安装施工检查

① 检查浪涌保护器的安装位置、型号、数量是否与防雷工程设计文件一致。

② 检查防雷器的接地线、上引线的长度和截面积接法是否符合相关标准要求。

③ 安装完通电时应检查防雷器模块的发热温度、工作电压指示读数和雷击计数指示读数，并确认是否运行正常。

④ 检查数据接口的防雷器自身标识的耐流能力、保护电压水平、插入损耗、工作频率等参数是否与防雷工程设计文件一致。

⑤ 检查接入防雷器后，设备是否正常工作。

⑥ 检查数据接口浪涌保护器的接地情况，数据接口浪涌保护器通常位于馈线和设备之间靠近机架（机柜）的位置。如果浪涌保护器通过机架（机柜）接地，则应采用花刺垫片刮开机壳油漆，保证接地可靠。

11.14 本章小结

无线电监测站防雷与接地工程的施工是将前期的方案设计进行实际实施的过程，施工需要严格按照工程的方案设计要求和相关的标准规范，特别是接地网等隐蔽工程的施工更需要多加注意，施工过程要留好影像等资料，为后期的项目验收检查做好准备。在施工过程中，如果发现需要实际执行与方案设计预想的不同，应及时调整方案。

第 12 章　防雷与接地工程的验收要求

无线电监测站防雷与接地工程施工完毕，需要对工程进行项目验收，这是一项非常重要的工作。通过项目验收可以进一步保证工程设计的合理性和施工的可靠性，项目验收相关资料的汇总整理能为后期工程维护、改造提供可靠参考。

按照 YD/T 3285—2017《无线电监测站雷电防护技术要求》要求，工程项目验收应遵循如下要求。

12.1　验收项目

1. 接地装置验收应包括的项目

① 接地装置的结构和安装位置。

② 接地极的埋设间距、深度、安装方法。

③ 接地装置的接地电阻。

④ 接地装置的材质、连接方法、防腐处理。

⑤ 随工检测及隐蔽工程记录。

2. 接地线验收应包括的项目

① 接地装置与总等电位接地端子板连接导体的规格和连接方法。

② 接地线的规格、敷设方式，以及与机房局部接地排或接地汇集线的连接方法。

③ 接地线与接地极、金属管道之间的连接方法。

④ 接地线在穿越墙体、伸缩缝、楼板和地坪时加装的保护管是否满足设计要求。

3. 接地排、接地汇集线、等电位连接验收应包括的项目

① 接地排或接地汇集线的安装位置、材料规格和连接方法。

② 等电位连接网络的安装位置、材料规格和连接方法。

③ 外露导电物体、各种线路、金属管道，以及设备等电位连接的材料规格和连接方法。

4. 屏蔽设施验收应包括的项目

① 机房和设备屏蔽设施的安装方法。

② 进出建筑物线缆的路由布置、屏蔽方式。

③ 进出建筑物线缆屏蔽设施的等电位连接。

5. 浪涌保护器验收应包括的项目

① 浪涌保护器的安装位置、连接方法、工作状态指示。

② 浪涌保护器连接导线的长度、截面积。

③ 电源线路各级浪涌保护器的参数选择。

6. 线缆敷设验收应包括的项目

① 电源线缆、信号线缆的敷设路由。

② 电源线缆、信号线缆的敷设间距。

7. 避雷针验收应包括的项目

① 综合监测机房、前置机房、小型无线电监测站机房的防直击雷避雷针的规格、材料、安装位置和数量。

② 测向天线的避雷针可临时架设功能。

③ 监听天线的避雷针的规格、材料、安装位置和数量。

④ 防雷引下线的材料、规格、数量。

12.2 竣工验收

防雷与接地工程竣工后，应由相关单位代表进行验收，由施工单位提出竣工验收报告，并由工程监理单位对施工安装质量做出评价。防雷与接地工程竣工验

收时，凡经随工检测验收合格的项目，不再重复检验。如果验收组认为有必要时，则可进行复检。检验不合格的项目不得交付使用。

1. 竣工验收报告宜包括以下内容

① 项目概述。

② 施工与安装。

③ 防雷装置的性能、被保护对象及范围。

④ 接地装置的形式和敷设。

⑤ 防雷装置的防腐蚀措施。

⑥ 接地电阻以及有关参数的测试数据和测试仪器。

⑦ 等电位连接及屏蔽设施。

⑧ 其他应予说明的事项。

⑨ 结论和评价。

2. 防雷与接地工程竣工施工单位应提供的技术文件和资料

① 竣工图

- 防雷装置安装竣工图。
- 接地线敷设竣工图。
- 接地装置安装竣工图。
- 等电位连接安装竣工图。
- 屏蔽设施安装竣工图。

② 被保护设备一览表。

③ 变更设计说明书或施工洽谈单。

④ 安装工程记录（包括隐蔽工程记录）。

⑤ 重要会议及相关事宜记录。

⑥ 防雷与接地工程检测项目表格。

- 地网装置检测表。
- 防直击雷装置检测表。
- 室外地线和引下线检测表。

- 室内地线系统检测表。
- 屏蔽设施检测表。
- 电源浪涌保护器检测表。
- 天馈浪涌保护器检测表。
- 信号浪涌保护器检测表。
- 线缆敷设检测表。

12.3 本章小结

防雷与接地工程的验收工作是最后一道收尾工作，应该组织行业内的专家仔细核实工程中的各个环节，尤其是对于隐蔽工程，需要核对影像资料等。综合管理人员也应该认真核对各项资料，便于今后工程的日常维护管理和进一步功能完善。同时，我们应该明确一个事实，防雷与接地工程只是用科学的方法降低雷击灾害的概率，并不能保证百分之百地避免雷击灾害发生。通过科学规范验收后的防雷与接地工程，一旦发生雷击灾害，验收相关资料对分析事故原因、分清事故责任、提出维修方案等都有重要而积极的作用。

第13章　防雷与接地系统的维护和管理

防雷与接地工程施工完成后并不是一劳永逸的。现实中，自然或人为破坏防雷装置的运行条件，常常会导致更加严重的雷击灾害。例如，常年的雨水侵蚀造成接闪器（网）生锈；地震造成引下线断裂；防雷浪涌保护器已经失效；在避雷针上悬挂天线或晾衣服的铁丝；在防雷引下线上捆绑入户线缆；随意不按规定接测试电缆进入机房等。这些安全隐患往往难以察觉，一旦防雷装置遭受雷击，就不能起到有效防护的作用，极有可能会导致人身伤亡或设备严重受损，因此建立科学的防雷与接地工程的维护管理是十分必要的。

防雷装置的维护分为日常性维护和周期性维护两类。日常性维护应在每次发生雷击之后进行。

13.1　无线电监测站防雷与接地系统日常维护方法

1. 总体要求

① 每年在雷雨季节到来之前，应定期进行一次全面检测维护。

② 日常性维护应在每次雷击之后进行，在雷电活动强烈的地区，对防雷装置应随时进行目测检查。

③ 检测接闪器、引下线的电气连续性，如果发现有脱焊、松动和锈蚀等，则应进行相应的处理，特别是在断接卡或接地测试点处，应经常进行电气连续性测量。

④ 检查接闪器、杆塔和引下线的腐蚀情况及机械损伤，包括由雷击放电所造成的损伤情况。如果有损伤，则应及时修复。当锈蚀部位超过截面的三分之一时，

应及时更换。

⑤ 测试接地装置的接地电阻值，如果测试值大于规定值，则应检查接地装置和土壤条件，找出电阻变化原因，采取有效的整改措施。

⑥ 检测设备金属外壳、机架等电位连接的电气连续性，如果发现连接处松动或断路，则应及时更换或修复。

⑦ 检查各类浪涌保护器的运行情况，包括有无接触不良、漏电流是否过大、发热、绝缘是否良好、积尘是否过多等。如果浪涌保护器出现故障，则应及时修复或更换。

2. 地网的日常维护

① 检查无线电监测站内各系统的保护地、工作地是否需要接在同一个总接地汇流排上。如果监测系统原本有独立地网，则应检查是否在地下与其他地网（或联合地网）做多处互连，而不是在地面上或在总地排做互连。

② 检查无线电监测站内各种电源设备及铁件是否都接地。接地线应采用多股铜线，截面符合要求，连接可靠，接地线严禁加装开关或熔断器。

③ 定期检查并确保每个地网已经在地下互连，确认方法是在不同地线引出端测试地网之间的环阻。对于确实有规定不能直接连在一起的通信系统地网，也应检查是否利用等电位连接器将该地网与建筑基础地网连接起来。

④ 对于独立于主楼的变配电室，应检查在室外是否有地网，并确保其与主楼地网在地面下多线互连为大联合地网。

⑤ 定期检查并确保地网接地电阻值符合设计要求，确保地网地线没有受外力破坏，地线引出线和连接点没有腐蚀生锈。测试接地电阻应选择在没有降雨时进行。

⑥ 当接地电阻值已超出无线电监测站接地规范要求时，应及时整治地网或者建新地网；对于已经使用 10 年以上的大型无线电监测站的地网或 15 年以上小型无线电监测站的地网，即便接地电阻值符合要求，考虑到钢铁金属长时间被腐蚀损耗，也应增设新的接地网。新地网应符合要求，并与原有地网在地下多线多点互连。

⑦ 检查接地体、接地（零）线周围环境的腐蚀是否严重，防雷、接地装置周围无腐蚀性物质及跑、冒、滴、漏现象。

⑧ 检查自然接地体、人工接地体、自然接地线、人工接地线相互间的连接点是否有严重锈蚀、松脱、断线等现象。

⑨ 检查人工接地体标识是否完好醒目，埋设点周围环境是否遭到破坏，建议在接地体附近竖立警示牌，以免雷雨天行人经过或其他项目施工造成接地体（网）损坏。人工接地体警示牌如图 13-1 所示。

图 13-1　人工接地体警示牌

⑩ 检查独立避雷针接地装置与其他地下金属物体之间的最小距离是否符合设计规范（一般 3m 以上）。

⑪ 检查独立避雷针接地装置与其他地下金属物体之间的最小距离是否符合设计规范（一般 3m 以上）。

⑫ 检查临时接地线装置是否符合要求，是否工作正常，有无设备损坏、火灾、爆炸等隐患，是否对人身安全无威胁。

3. 直击雷防护装置的日常维护

① 无线电监测站楼顶或天线塔顶应有防直击雷装置。

② 定期检查避雷针和引下线的完好性，保证无腐蚀、无断裂、无严重变形，连接牢固，接地电阻符合设计要求。

③ 检查连接线、引出线、断接卡等导电体的电气连接是否松脱、断线，是否有烧痕或熔断现象。

④ 在避雷针（包括支持物杆塔）、避雷带等接闪器上，严禁悬挂异物及接临时线。

⑤ 定期检查避雷针和避雷带是否多线多点互连，针体金属杆是否牢固可靠，无生锈腐蚀问题。

⑥ 确保独立式避雷针系统的绝缘外壳无破损、开裂、老化变形问题。

⑦ 检查雷击灾害对人身安全有影响地方的安全隐患。

⑧ 定期检查并确保独立式避雷针系统的接闪器连接牢固可靠、无生锈、腐蚀、损坏。

⑨ 建筑物或天线的防雷引下线应单独引下连接至联合地网，检查专门防雷引下线接入接地网位置距离机房设备接地引入点是否超过 5m。检查与设备总地线平行的避雷针专门引下线的间隔距离是否超过 5m。

⑩ 检查可灵活架设避雷针是否完好可用。

⑪ 定期检查有无新增天线需要进行直击雷防护。

4. 设备地线系统的维护

① 定期检查设备地线包括防雷保护地线和工作地线是否接在机房总地排上，交流零线的接地应接在靠近变压器的低压配电室。如果变压器和低压配电都在远离主楼的其他楼房，则应检查零线是否就近接在该建筑物外的联合地网上。

② 检查第一级大电流避雷器的地线是否直接接在总地排上；但如果第一级大电流避雷器在远离主楼的独立变压和低压配电室时，则应检查其地线是否就近接在该建筑物外的联合地网上。

③ 定期检查并确保地排上接线端子连接可靠、无松动现象，电缆头的标识清楚、准确；确保新增加设备地线的连接符合标准要求。

④ 定期检查新增设备是否已经可靠接地。

⑤ 定期检查电缆绝缘是否损坏，其外皮、铠甲及接头盒是否可靠接地。

⑥ 便携式设备的电源插座接地（零）线要正确连接。

⑦ 定期检查设备的接地线是否牢固，接地电阻是否符合要求。

5. 电源系统防雷检查维护

① 一个交流供电系统中应考虑多级避雷措施。检查电源变配电系统的多级防雷措施是否合理，高压引入线、高压配电柜、变压器、低压配电屏、市油（市电和柴油机发电）切换屏、交流配电屏设备是否安装了浪涌保护器。检查所有浪涌保护器（箱）外的断路开关（或空气开关）是否正常工作。

② 雷雨季节里，应在巡检时检查避雷器的失效指示是否处于正常（未失效）状态，检查避雷器的断路开关是否断开（特别是空气开关）。对已失效的避雷模块以及过了有效使用期的避雷器应及时更换。

③ 定期检查避雷器的各种辅助指示电路是否正常工作，连接电缆接头是否牢

固，避雷模块是否有明显发热，还应定期断开电源，用仪表测试避雷器的动作电压指标是否符合标准要求。

④ 检查避雷器瓷套与铁法兰之间的结合是否良好，密封橡胶是否老化，扇形铁片是否塞紧，排气小孔密封是否完好，密封用螺帽是否旋紧，以及金属件腐蚀情况。

⑤ 检查保护间隙是否烧坏，是否被异物短路。

⑥ 定期检查避雷器并确保避雷模块没有明显发热现象，还应拔出避雷模块，用仪表测试其动作电压，确保指标符合标准要求。对已失效的避雷模块以及过了有效使用期的避雷器应及时更换。

⑦ 集中监控系统本身也应采用防雷装置，定期检查动力监控系统信号接口的防雷保护装置是否良好运行，状态指示是否正常，接地线连接是否牢固。对已失效的避雷模块以及过了有效使用期的避雷器应及时更换。

⑧ 定期用仪表测试信号避雷器保护动作电压和传输性能指标符合标准要求。

13.2　防雷与接地系统维护周期和常见故障

防雷与接地系统维护周期见表 13-1，在强雷区、多雷区应适当增加检查次数。

表 13-1　防雷与接地系统维护周期

项目序号	维修项目内容	周期
1	检查电源避雷器的模块失效指示和断路开关状态	月
2	检查动力监控系统接口避雷器状态	月
3	检查室内地线连接质量	季
4	检查电源避雷器模块发热状态	季
5	测量地网地阻值	年
6	检查地网引线接头质量	年
7	测量各种避雷器的动作电压	年
8	检查各种避雷器的指示装置状态	年
9	检查避雷针（带）系统的老化情况	年

防雷与接地系统常见故障及处理办法见表 13-2。

表 13-2 防雷与接地系统常见故障及处理办法

故障类型	现象	处理办法
防雷装置一般故障	安装松弛，结构变形	紧固或更换
	连接线、引下线、接地（零）线截面积小	按设计要求更换
	连接线、引下线、接地（零）线的连接点、连接头松脱	按要求重焊接或机械连接
	连接线、引下线、接地（零）线损伤或碰断	锈蚀截面积超过 30% 应更换或进行防腐处理；重新进行焊接或机械连接或更换
	连接线、引下线、接地（零）线及各连接点、连接头有烧痕或熔断现象	查明原因，消除缺陷，按要求进行焊接或机械连接或更换
保护间隙故障	间隙及绝缘被烧坏	更换
	间隙距离改变	按规范调整
	间隙被异物短路	清除异物
接地装置故障	接地电阻不合格	采用降阻剂，加补充接地装置

13.3 防雷与接地系统管理

防雷与接地系统管理主要有以下几个方面。

① 防雷装置应由熟悉雷电防护技术的专职或兼职人员负责维护管理。

② 各无线电监测站由设备维护室（或类似科室）负责对监测站内的防雷设施进行日常维护，如果遇到雷击灾害，则应及时调查雷害损失，分析致害原因，提出相关报告和改进措施，并上报主管部门。

③ 防雷装置投入使用后，应建立管理制度。防雷装置的设计、安装、隐蔽工程图纸资料、年检测试记录等均应及时归档，妥善保管。

④ 巡检时严格执行电气、动火、动土、登高作业的安全规定。

⑤ 当设备、管道检修而造成有关物体电连接回路断开前，应事先做好临时跨接工作，对防静电接地更要如此。

⑥ 对接地连接的断开点，在恢复其连接前应采取措施，确保周围环境无爆炸、无火灾隐患，特别需要注意的是防静电接地。

⑦ 在检修过程中，不允许随便更改设计，当必须更改时，须经主管部门批准并办理批准手续。

13.4　本章小结

无线电监测站一旦选址建成，一般都要长期运行，而每年的雷电、雨水、地震和人为等因素，都可能使现有的防雷与接地工程有所变化。因此，一个优良的无线电监测站防雷与接地系统不仅要在设计阶段科学合理，施工阶段质量过硬，还要注意后期的持续维护和管理，发现防雷隐患及时整改。当新增监测设施（例如，新架天线等）建设，破坏了原有的防雷与接地系统时，一定要及时处理，加固防雷与接地措施，防患于未然。

防雷与接地系统的维护管理是无线电监测站日常资产管理和设施设备维护不可缺少的重要组成部分，尤其在每年雷雨季节来临之前，应当对站内防雷与接地系统做一次全面细致的安全检查。每次雷雨过后，还要对接闪器外观、浪涌保护器指示窗口进行有针对性的检查，防止接闪器损坏或浪涌保护器失效。总之，再好的防雷与接地系统没有专业人员的定期维护，都无法发挥出其最大的效能。

13.4 本章小结

第 14 章　防雷与接地认识误区和安全隐患

在无线电监测站的防雷与接地工程勘察、调研、交流、建设、验收和维护中，通常存在一些认识误区和常见的安全隐患。这些认识误区和安全隐患虽然经常出现，但不仔细检查又很难发现。通过前述章节无线电监测站的防雷与接地理论和措施的学习，我们可以找到这些认识误区并妥善处理这类安全隐患。在本章中，我们对典型的防雷与接地认识误区和安全隐患进行总结分析，并给出相应的解决方法，便于读者根据实际案例进一步掌握和理解相关知识。

14.1　认识误区

14.1.1　设备断电后就不会遭受雷击灾害

日常生活中，我们知道雷雨天气，只要断电，电器就不会受到雷击灾害。但是对于无线电监测站，关闭监测设备可不是那么简单的事情，以下 3 种情况都有可能在关闭监测设备后依然遭受雷击灾害。

① 将设备面板上的电源按钮按下，关闭设备。在这种情况下，设备还处于待机状态，雷电流或者过电压依然可以通过电源线进入设备，造成设备损坏。

② 将与设备连接的电源插座开关关闭。在这种情况下依然存在一定的安全隐患，这与电源插座开关断电的方式有关。如果关闭开关后是将电源线的三线全都彻底物理断开，这样做是没有问题的；如果只是断开一路火线（零线），那么电源线依然连接了设备，雷电流或者过电压依然可以通过电源线路进入设备。

③ 直接拔掉设备电源线。这样做比较安全，但是监测设备除了电源线往往还有其他连线，例如接收机有天馈线和网络控制线，所以即使将电源线拔掉，如果没有断掉其他的连线，依然有可能遭受雷击灾害。

14.1.2 做了防雷与接地系统就不会遭受雷击灾害

做了防雷与接地系统为什么还会遭受雷击灾害，是不是防雷与接地系统质量不合格呢？人们往往认为，只要做了防雷与接地系统就万无一失，不会再遭受雷击灾害了，但现实中雷电灾害是自然灾害，自然灾害存在不可抗拒的因素。因此，雷电防护的目的是防雷减灾，而不是免灾，雷电防护只能将雷电灾害的损失降到最低，而不能完全避免雷电灾害。IEC 规定首次雷击电流定为 200kA，其中已包含了99%雷击概率，还有 1% 雷击概率不在其中。

同时，防雷与接地系统也是有防雷等级划分的，不同的等级拥有的防护程度是不同的，即使是最高的防护等级，也只能是从一定程度上提高避免雷击灾害的概率。雷击形式复杂多变，例如球状闪电，俗称“滚地雷”，形成原因至今无法解释，所以即使做了完备的防雷与接地系统，仍然有可能遭受雷击灾害，因此我们不仅应该注重防雷与接地系统前期的调研和方案设计，还应该注重科学施工的质量性、竣工验收的合规性和后期维护管理的完善性。

14.1.3 防雷与接地工程只要质量过关即可，没有必要进行第三方公司质量检测

目前，防雷与接地工程项目竣工时，没有强制规定一定要找第三方有资质的公司进行质量检测。如果无线电监测站防雷与接地工程涉及的资金较多、技术较复杂，则建议邀请有资质的第三方公司进行竣工后的质量检测，出具正式检测报告，作为重要的竣工验收资料之一。另外，雷击形式复杂多变，一旦发生雷击灾害，做雷击灾害原因分析和事故溯源时，质量检测报告可以作为重要的灾害原因分析材料，也可为甲方（无线电监测站）和乙方（防雷工程设计和施工单位）提供重要的过程和质量复核依据。

14.1.4 防雷就是避雷针

避雷针早已家喻户晓，很多人认为防雷其实就是装个避雷针而已，很多人难以理解一个防雷工程预算为什么动辄几万元，甚至数十万元。

通过前面章节的学习，我们知道防雷与接地工程实际上是一个非常繁杂精细的工程，它涉及前期的细致调研、实地分析和科学设计，还涉及高质量的施工和完善的维护检查。避雷针多种多样，普通且价格低的避雷针通常达不到无线电监测站雷电防护的预期要求，而采用优化避雷针，成本就会增加。另外，接地网是个隐蔽工程，采用何种接地模块材料、接地电阻大小不同、施工区土壤电阻率大小不同、冬天是否有冻土现象、机房内等电位连接方式、屏蔽网格设计、施工人工成本等，都会让成本相差很多。不同等级资质的防雷与接地工程设计和施工公司服务收费不同等因素也会直接或间接地影响防雷与接地工程的预算，所以防雷绝不是架设避雷针那么简单，避雷针只是其中一个很小的部分。

14.1.5 防雷与接地工程越贵越好

既然防雷与接地系统对无线电监测站这么重要，那么是否就意味着防雷与接地工程越贵越好呢？防雷与接地工程是无线电监测站正常运行的一个必要支撑：第一，防雷与接地工程要符合无线电监测站的自身防雷等级；第二，要根据预算情况进行评估，选择符合自身实际需求的设计方案。显然，防雷与接地工程并不是越贵越好，特别是对于小型无线电监测站，其数量众多，每个小型无线电监测站所处的地理位置不同，工程施工难度和费用自然就不同。例如，有的无线电监测站位于高山山顶，周围没有可以借助的防雷装置，那么就需要较高的预算；有的无线电监测站虽然位于高山山顶，但是有可借助的防雷装置，那么防雷与接地工程的预算就相对较低。总之，从投入产出的经济效益来看，选择性价比最佳的设计是最合适的，很多时候防雷与接地系统在后期开展规范性维护管理更加重要。

14.1.6 接地电阻检测时没必要与系统有效断开

在防雷与接地工程验收时，或者对某个工程接地网进行定期检测时，需要对接地电阻进行测量。如果仅仅简单地对该接地网进行测量，而未将此接地网与系统进行有效断开，那么测量结果显示的是整个系统的接地电阻，而不是目标接地网的接地电阻。例如，某无线电监测站曾经在一个天线铁塔竣工验收时测量其接地电阻，测量出来的接地电阻非常小，远远超出常规认知。通过分析发现，该天线铁塔通过天馈线与监测机房的监测设备进行连接，天线建设方将天馈线的金属屏蔽层与机房的接地网进行了连接，预计测量的是天线铁塔基础的接地电阻，而实际测量的却是天线铁塔基础和机房接地网、联合接地网的接地电阻，由于机房的接地网设计的接地电阻较小，当然在天线铁塔基础处测量的接地电阻值也是很小的，不能代表真实的天线铁塔基础的接地电阻。因此，我们在测量某一项目的接地电阻时，必须将接地网与系统有效断开，这样才能准确地测量出目标接地网的接地电阻值。

同样，如果我们要求防雷施工方对某一接地网进行改造，使其接地电阻达到某一个目标值，此时我们应该明确的是新建接地网的接地电阻达到目标值，还是新建接地网与原有接地网联合后达到目标值。一般来讲，在对原有接地网进行改造后，都是将新建接地网与原有接地网进行连接，因此我们要明确改造要求。如果是前者，那么验收时必须要求新建接地网与原有接地网有效断开再进行测量；如果是后者，那么可不断开进行测量。这对施工改造方的设计方案和实际投入都是有重大影响的，我们必须事先明确。

14.2 安全隐患

14.2.1 楼顶缺少有效的直击雷防护装置

很多无线电监测站楼顶架设了天线，但是只是用了建筑物自身建设时配置的普通女儿墙上的接闪网，这些接闪网根本无法对天线进行有效的直击雷防护，天

线完全暴露在直击雷非防护区域（$LPZ0_A$）内，这是非常危险的，天线很容易成为雷击目标，造成天线和室内机房设备遭受雷击损坏。楼顶仅有女儿墙接闪网如图 14–1 所示。

图 14–1　楼顶仅有女儿墙接闪网

解决方法：根据滚球法计算增设高性能避雷针，例如闪盾避雷针，同时在楼顶增加金属接闪网格。楼顶增设闪盾避雷针和金属接闪网格如图 14–2 所示。

图 14–2　楼顶增设闪盾避雷针和金属接闪网格

14.2.2　接闪器（避雷针）保护范围不够

我们知道直击雷防护是非常有必要的，而直击雷防护只有依靠接闪器（避雷针）进行接闪（电），才能达到防护的目的。根据滚球法可以计算出直击雷防护区域，我们在调研过程中发现有避雷针架设高度不满足要求，导致避雷针保护范围不够，无法有效地对保护对象进行直击雷防护的情况。接闪器（避雷针）高度过低如图 14–3 所示。

解决方法：增加接闪器（避雷针）高度，对天线进行直击雷防护。

图 14–3　接闪器（避雷针）高度过低

14.2.3 信号线缆屏蔽管破裂、生锈接地不良

图 14-4 金属屏蔽线管腐蚀生锈

一般信号线在室外走线时需要进行穿金属管屏蔽，并且金属管需要进行接地处理。裸露在外的金属线管经过长时间的日晒雨淋很容易腐蚀生锈，造成信号线缆屏蔽失效，并且接地电阻偏大，无法正常进行接地保护。金属屏蔽线管腐蚀生锈如图 14-4 所示。

解决方法：更换金属屏蔽线，使接地良好。

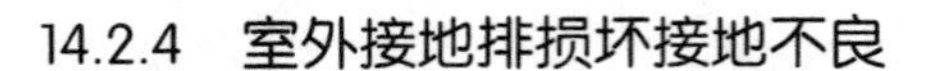

14.2.4 室外接地排损坏接地不良

图 14-5 接地排生锈接地不良

室外接地排很容易产生机械损坏、雷电流冲击以及日晒雨淋生锈等情况，造成接地不良。接地排生锈接地不良如图 14-5 所示。

解决方法：对接地排进行定期检查、维护和更换，并进行防腐处理。

14.2.5 忘记拆除临时飞线

无线电监测站在很多时候需要临时架设设备进行测试实验，一般为了测试方便，没有将线缆按规范走线而是直接临时拉线，在雷雨季节时，如果没有拆除临时飞线，很容易造成雷击灾害。临时测试时，信号控制线顺楼顶接闪网格和女儿墙上的接闪网顺窗户进入机房。信号线搭接闪网顺窗户进入机房如图 14-6 所示。

解决方法：可以在综合监测楼顶设置预留的金属走线盒或线缆从进线室规范进入机房，如果不具备以上条件，必须牢记在使用后和雷电来临前及时拆除临时飞线。

图 14-6 信号线搭接闪网顺窗户进入机房

14.2.6　天馈线与电源线并行捆绑

对于有源天线，除了有天馈线，还有电源线，从本书 5.9 节屏蔽与布线中可以知道，电源线不宜与信号线进行并行近距离走线，将电源线和天馈线直接并行捆绑走线的方式会造成一定的雷击风险。天馈线与电源并行捆绑如图 14-7 所示。

解决方法：电源线与信号线保持安全距离，有条件的情况下穿金属管。

图 14-7　天馈线与电源并行捆绑

14.2.7　接闪器（避雷针）与天线距离过近

有的天线铁塔上接闪器（避雷针）与收发天线的垂直、水平距离太近（GB 50057—2010 第 3.2.1 条第五款要求避雷针与金属物之间的距离不得小于 3m），容易造成避雷针接闪时，天馈线上的雷电感应电压过高，对监测设备端口造成危害。

解决方法：接闪器（避雷针）与被保护天线或者设备保持 3m 以上的安全距离，防止闪络。

14.2.8　接地电阻过大

有的监测设施虽然有接闪器（避雷针），也进行了接地，但是由于使用年限过久，接地电阻偏大，超过标准规定值，不利于雷电流快速泄放，导入大地。

解决方法：对接地网进行定期检测，对接地电阻偏大的接地网进行及时改造。

14.2.9　天馈线较长时未进行接地

有的天线铁塔高度≥60m，此时天馈线上段中间和进入机房前都没有接地，甚至有的天馈线与接收机端口未设置天馈浪涌保护器。

解决方法：对于天线铁塔高度≥60m，天馈线应在中间位置进行接地。除此以外，天馈线落地后应埋地敷设，进入机房前在进线室处再次接地，在天馈线与接收机端口处设置浪涌保护器。

14.2.10 监测楼或机房供电线路架空进入

有的监测楼或者机房，尤其是小型无线电监测站的机房，建筑物独立简单，供电有时为图方便直接架空从窗户进入机房，这种架空方式很容易把雷电直接引入机房，造成设备损坏。

解决方法：供电线路埋地敷设进入监测站区。

14.2.11 光缆金属加强芯未接地

光纤通信的普及使通信的速度提高，通信更加便利。光缆靠光传递信号，是很好的天然防雷措施。但是部分光缆为增加强度而带有金属加强芯，可将雷电流引入机房，会损坏光端机通信设备。

解决方法：做好光缆金属层和金属加强芯的接地。

14.2.12 强、弱接地线串联使用

天线铁塔接闪器（避雷针）接地线与机房接地汇集线共用一根机房接地引入线与地网相连。当天线铁塔接闪器（避雷针）遭受雷击时，大量的瞬间雷电流就会沿着天线铁塔接地线进入机房设备，造成设备因雷击过电压而损坏。避雷针接地线与机房接地线串用如图 14-8 所示。

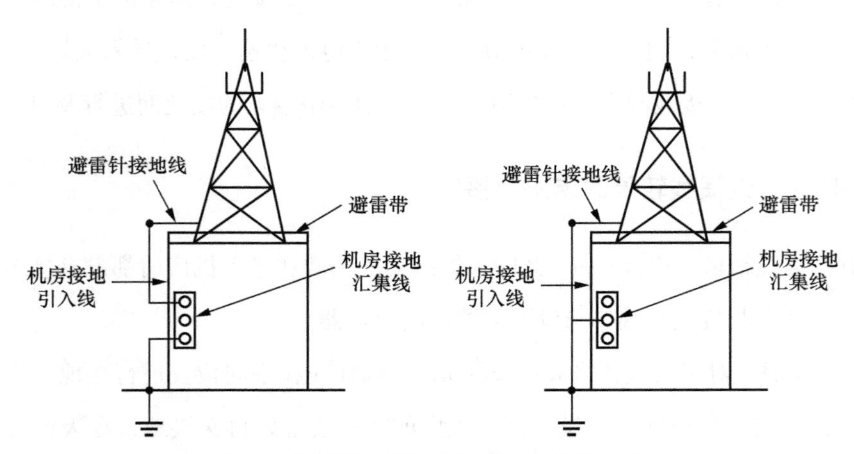

图 14-8 避雷针接地线与机房接地线串用

解决方法：天线铁塔接地与机房接地分别从接地网的不同位置引出，并且保持 5m 的安全距离。

14.2.13　强、弱电接地线同一位置引出

天线铁塔避雷针接地线与机房接地汇集线虽然经各自的接地引入线与地网连通，但两根接地引入线在地网上的入地点相同，没有拉开 5m 以上的安全距离。当天线铁塔接闪器（避雷针）遭受雷击时，雷电流会沿着机房接地引入线泄放到地网，入地点的电位骤然上升，机房监测及信息设备因地电位升高反击而损坏。接闪器（避雷针）接地线与机房接地引入线同一位置引出如图 14-9 所示。

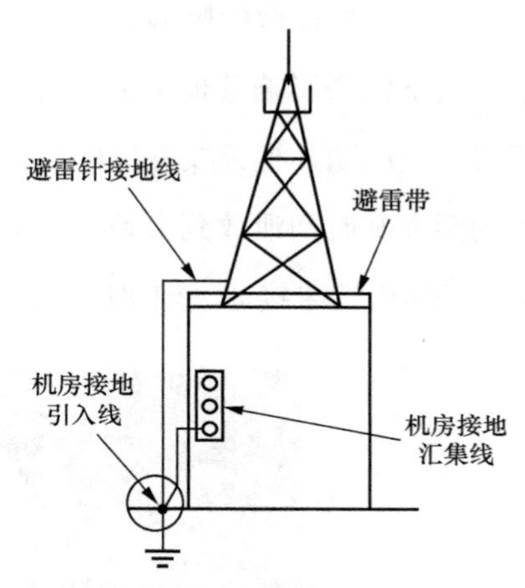

图 14-9　接闪器（避雷针）接地线与机房接地引入线同一位置引出

解决方法：天线铁塔接地与机房接地分别从接地网的不同位置引出，并且保持 5m 以上的安全距离。

14.2.14　弱电设备接地线搭在避雷带上

机房接地汇集线与避雷带连接，当天线铁塔接闪器（避雷针）遭受雷击时，大量的瞬间雷电流沿避雷带和设备接地线引入机房，使监测及信息设备因雷击高电压而损坏。机房接地线搭在避雷带上如图 14-10 所示。

解决方法：天线铁塔接地与机房接地分别从接地网的不同位置引出，并且保持 5m 以上的安全距离。

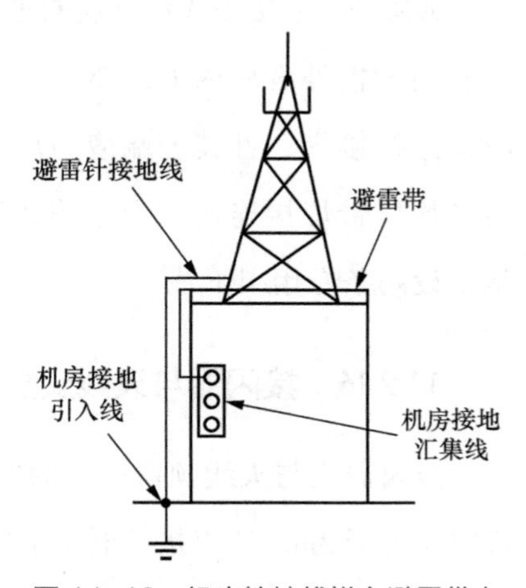

图 14-10　机房接地线搭在避雷带上

14.2.15 引下线串接并单根引出

某无线电监测站监测到大楼楼顶有多根天线，每根天线均用支撑杆作为防雷引下线，施工人员为了方便，用一根扁钢连接所有的天线支撑杆，进行串联，引入接地网。这样做的弊端是当一根天线遭受雷击接闪时，雷电流会利用串联的扁钢和引下线来影响其他未遭受雷击接闪的天线，容易造成其他天线损坏；同时引下线采用串联几根天线支撑杆的方式，造成引下线的长度过长，雷电流不能以最短的距离和时间泄放到大地；另外串联的扁钢如果未及时发现损坏，会造成多根天线的接闪器未接地，使接闪装置失效。引下线串接并单根引出如图 14-11 所示。

图 14-11　引下线串接并单根引出

解决方法：楼顶天线支撑杆直击雷引下线对称引出，并且建筑物防雷引下线可利用大楼外围柱内的主钢筋，主钢筋不应少于两根，钢筋自身上、下连接点应采用搭接焊，且其上端应与房顶接闪装置连通，下端应与地网连通，中间应与各均压带焊接连通。当建筑物钢筋电气连通性不符合防雷引下线要求时，应至少设两条专用引下线。

14.2.16 接闪器与天线安全距离不足

接闪器应与天线预留一定的安全距离，防止接闪（电）时产生闪络，按标准规定应大于 3m，所以接闪器施工架设时一定要考虑安全距离。

解决方法：保持接闪器与天线边缘大于 3m 的安全距离。

14.2.17　信号线穿洞进入机房未进行进线处理

按标准规定，信号线进入机房前需要在进线室的位置进行接地处理。信号线（多为天馈线）直接穿孔打洞进入机房，除了没有在室外进行接地处理，在穿墙过程中很容易接触到墙体内的钢筋，当墙体内的钢筋在进行雷电流释放到接地网时就会在信号线上感应过电压，造成高电压，以线路入侵的方式进入监测机房，造成设备损坏。信号线穿孔进入机房如图 14-12 所示。

图 14-12　信号线穿孔进入机房

解决方法：设置进线，进行进线处理。

14.2.18　信号线沿建筑物外墙敷设或女儿墙接闪网缠绕

建筑物外墙和女儿墙很容易遭受直击雷，一般不应沿外墙敷设信号线，即使由于特殊原因必须沿外墙敷设，也应该穿金属管进行屏蔽处理。特别是沿外墙进入楼顶时，一定要注意信号线应该预留与女儿墙的接闪网之间的安全距离，不能紧密接触甚至缠绕接闪网，否则相当于把信号线与接闪器连接，虽然线缆外皮是绝缘的，但是一旦女儿墙接闪就会造成绝缘失效或电磁感应高电压，造成雷电流线路入侵，损坏连接的电气设备。信号线爬墙及与接闪网缠绕如图 14-13 所示。

解决方法：信号线穿金属管屏蔽，信号线进入楼顶与接闪网保持 3m 以上的安全距离。

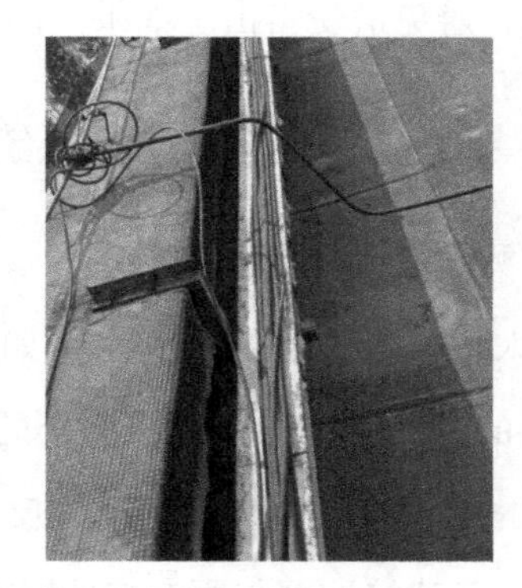

图 14-13　信号线爬墙及与接闪网缠绕

14.2.19　雷雨季节临时架设天线

在雷雨季节，为完成特殊的监测任务，需要临时架设天线时，不能超出原有接闪器的保护范围，否则容易遭受直击雷。同时，天馈线应采用规范布线的方式，不能采用外墙飞线或线缆飞窗进入等方式，否则容易使外部的雷电感应过电压进入机房，损坏设备。特别是临时架设的天线通常都没有配备浪涌保护器，天馈线入户前也未进行金属外皮的接地处理，一旦遭受雷击，雷电流会沿天馈线毫无衰减地进入设备端口，损坏监测设备。超出楼顶避雷针的保护范围如图 14–14 所示，外墙临时飞线入窗如图 14–15 所示。

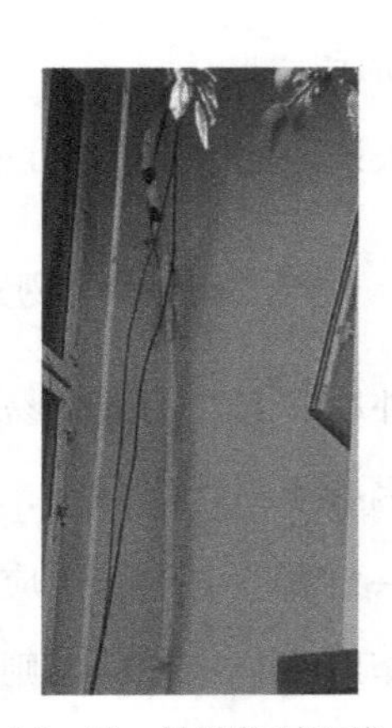

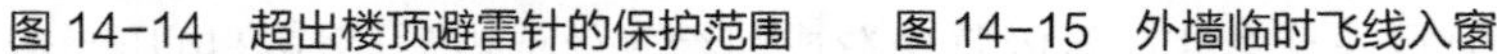

图 14–14　超出楼顶避雷针的保护范围　　图 14–15　外墙临时飞线入窗

解决方法：在雷雨季节，临时架设天线时需要注意一定要在原有建筑物的直击雷保护范围内，如果超出保护范围，要注意天气变化情况，尽量在非雷雨天使用后尽快拆除，避免遭受雷击。如果使用周期较长，需要做好防雷措施。

14.2.20　新建监测设施未与原系统进行联合接地

无线电监测站在新建监测设施时，要注意将新建接地网与现有接地网进行有效连接（距离太远的独立系统除外），例如某无线电监测站在站区内新建天线铁塔，新建天线铁塔的接地网未与综合监测楼的接地网有效连接，未形成联合接地，两者之间存在地电位差，易造成“地电位反击”损坏机房设备。

解决方法：新建接地网与原有接地网有效连接。

14.2.21　天馈浪涌保护器接地线接至室内接地排

从本书 9.9.2 小节天馈浪涌保护器安装位置介绍中可以知道，天馈浪涌保护器接地线正确的做法是接至室外接地排，这样可以避免室外的雷击能量进入室内。但是在调研中发现，机房建好以后，每年因为不同的需求，会不断配置新的接收机，配置接收机后就需要增加浪涌保护器，此时，很容易出现将浪涌保护器的接地误连接到机房室内接地排上的情况，造成“地电位反击”，容易引起雷击灾害。

解决方法：机房内设置室外专用接地排，天馈浪涌保护器接地线接至该专用接地排。

14.2.22　浪涌保护器布线不规范

虽然有时新增天馈线按照标准要求增加了浪涌保护器，也将浪涌保护器的接地线连接到专用馈线接地排上，但是布线不规范，随意将天馈线转接头摆在机柜上或者接触到其他监测设备，也会将室外馈线接地排上的雷电能量直接引到机柜和设备上，造成室外雷电能量进入室内。布线不规范浪涌保护器随意搭接机柜如图 14–16 所示。

图 14–16　布线不规范浪涌保护器随意搭接机柜

解决方法：规范天馈线及浪涌保护器布线，新增天馈浪涌保护的接地线要尽量短。

14.2.23　可转动天线供电电源未安装合适的浪涌保护器

无线电监测站为提高接收灵敏度，往往配置有源天线，甚至是可转动的方向性天线（通过电机进行旋转到目标角度进行监测无线信号）。一般厂家为方便设计，

会将天馈线、控制线和电动机电源线都连接至室内机房的专用设备，很少提供浪涌保护器。转动对数周期天线控制柜如图 14–17 所示。

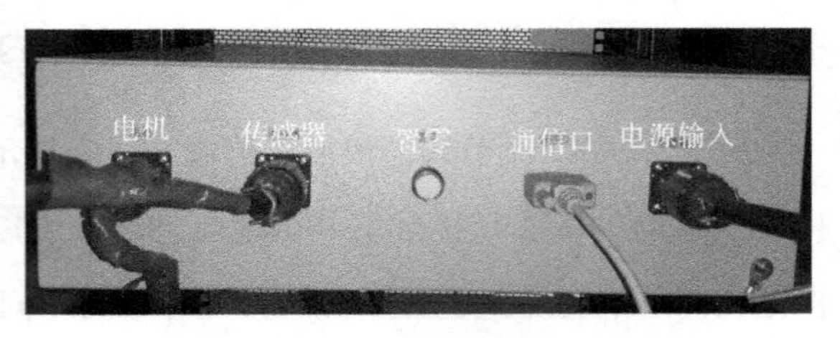

图 14–17　转动对数周期天线控制柜

在转动对数周期天线控制柜中，电动机电源线、传感器线、电源输入线都未加浪涌保护器。本书 2.8.8（电源系统浪涌保护）中有说明，机房内的电源是经过总配电房、楼层配电柜、机房配电柜至少 2 ～ 3 级的浪涌防护后的，如果转动对数周期天线的电动机电源线直接连入机房的电源系统，相当于将室外的线缆未加处理直接引入机房内部，很容易造成机房内的电源系统遭受雷击过电压，进而造成机房其他设备损坏。即使在机房内的电源线缆上使用了浪涌保护器，电源线从室外进入机房室内仅有一级防护也是不够的，会产生极大的安全隐患。

解决方法：在天线电源端口（与电机端口相连）和监测机房内部供电输出端口（与电源输入端口相连）增设电源浪涌保护器，形成两级浪涌防护。另外，传感器的线缆直接连接室外天线，也是需要增加信号浪涌保护器进行浪涌防护的，转动对数周期天线控制柜增设浪涌保护器如图 14–18 所示。同时在电源输入端口采用一路带专用控制开关的电源单独供电，有时也可在此增设一级电源浪涌保护器，采用专用供电控制开关并增设电源浪涌保护器如图 14–19 所示。

图 14–18　转动对数周期天线控制柜增设浪涌保护器

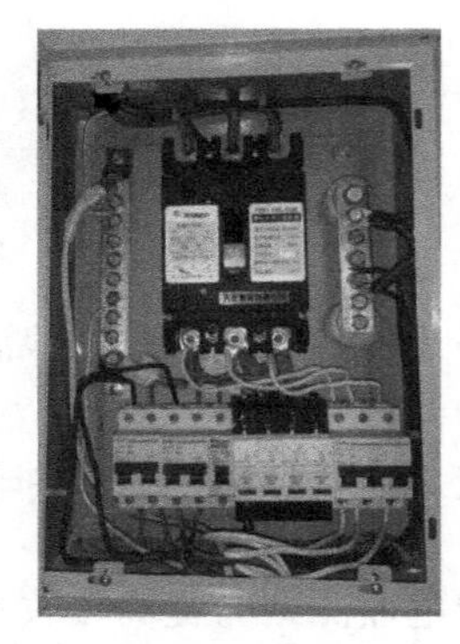
图 14–19　采用专用供电控制开关并增设电源浪涌保护器

如果天线很少转动，可以只在需要转动时再打开专用电源控制开关，日常可处于断开状态。这样可以有效避免雷雨季节雷电流和过电压沿可转动天线的电机电源线侵入机房，同时天线接收状态不会受影响，这是目前在实践中总结出来的相对安全有效的防雷方法，较天线厂家出厂提供的防雷配套方案的安全等级有较大提高，值得借鉴和推广。

14.2.24　笼形（角笼）天线架空走线

笼形（角笼）天线在短波监测站中时有配置，该天线最大的特点是笼臂较长，有的长达几十米，一般是依靠支撑的天线塔杆顶的避雷针进行直击雷防护。如果监测站中架设的天线笼臂较长，超出支撑天线塔杆的避雷针保护范围，就会形成笼形天线架空走线，这种走线方式很容易将天线体变相成为接闪线，易遭受直击雷。笼形天线长距离架空走线如图 14–20 所示。

图 14–20　笼形天线长距离架空走线

解决方法：选择合适位置，增加接闪器（避雷针），对笼形天线架空走线进行直击雷防护。笼形天线直击雷防护示意如图 4–21 所示。

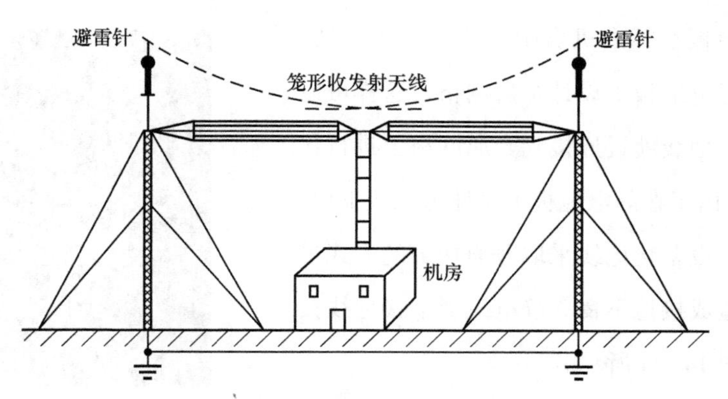

图 14–21　笼形天线直击雷防护示意

14.2.25　天线杆塔采用木质结构使接地电阻严重偏大

部分天线杆塔采用木质结构，基础接地电阻一般较大，从雷电防护角度来说，无法达到接地电阻规范要求。木质结构天线杆塔如图 14–22 所示。

图 14–22　木质结构天线杆塔

解决方法：改换金属杆塔或对接地网进行人工改造，达到标准要求。

14.2.26　浪涌保护器失效未更换

雷电发生过后，很可能造成浪涌保护器失效，需要及时更换，否则下次雷电来袭，就无法有效地进行防护。浪涌保护器失效如图 14–23 所示。从图中可以看出，左数第二路浪涌保护器显示窗出现条状色柱，代表了该路浪涌保护器已经失效。

图 14–23　浪涌保护器失效

解决方法：定期进行检查维护，尤其是雷电发生过后，要仔细检查浪涌保护器是否已经失效，如果失效应该及时更换。

14.2.27　静电地板下设备接地线接地不良

静电地板在标准机房中的应用较为广泛，通常会在静电地板下设计金属网格，这样可以将设备的接地线就近连接到金属网格上进行接地。但是，由于在静电地板下接地为隐蔽工程，所以会出现设备接地线采取普通捆绑的方式进行连接，造成接地不良。静电地板下接地线接地不良如图 14–24 所示。

图 14–24　静电地板下接地线接地不良

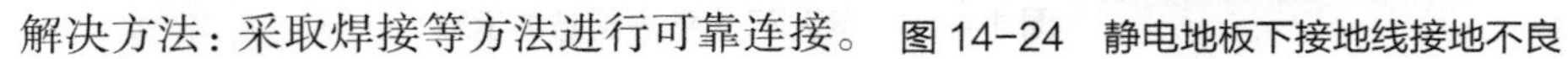
解决方法：采取焊接等方法进行可靠连接。

14.2.28　配电柜未加电源浪涌保护器

在现场调研中发现，很多人由于没有见过浪涌保护器，把空气开关误以为是浪涌保护器，部分楼层配电柜和机房配电柜都缺少浪涌保护器的有效防护。特别是目前机房都配有 UPS，UPS 价值较大，损坏后对工作影响较大，UPS 配电柜缺少浪涌保护器的现象时有发生。配电柜未加电源浪涌保护器如图 14–25 所示。

解决方法：增加合适参数的电源浪涌保护器。

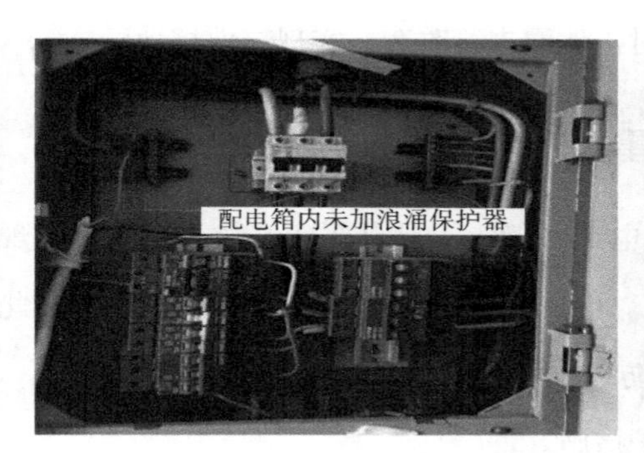

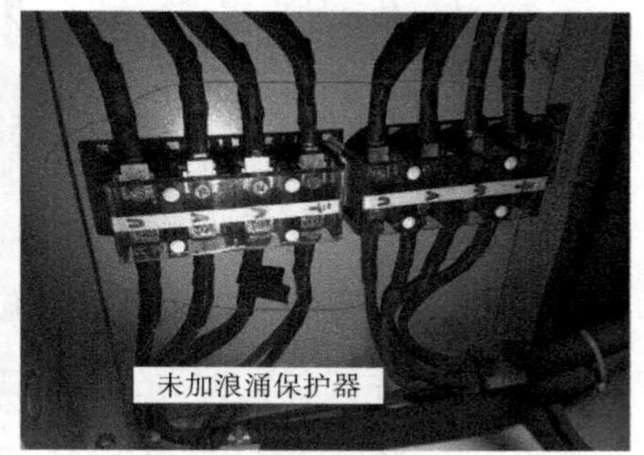

图 14–25　配电柜未加电源浪涌保护器

14.2.29　低压系统浪涌保护器电压保护水平 U_P 值过大

在调研中发现，虽然低压配电柜中使用了浪涌保护器，但是参数选择不合理，设备前端的浪涌保护器电压保护水平 U_P 值过大，雷电过电压来时无法启动电压，不能进行有效保护。浪涌保护器的电压保护水平过大如图 14–26 所示。

解决方法：更换合适参数的浪涌保护器。

图 14–26　浪涌保护器的电压保护水平过大

14.2.30 前置机房出现“假接地”

在某无线电监测站前置机房防雷与接地工程改造过程中发现，配电柜镶嵌于墙上，其中的浪涌保护器进行了接地，但是配电柜周围并没有发现任何接地线。经过实地测量和勘探，这个配电柜中的接地排处于悬空状态，并且该前置机房并没有做接地网，也就是说整个机房中的接地都为“假接地”。这种情况往往出现在前置机房或遥控站，大型机房很少出现这种问题。

解决方法：对接地电阻进行测试，对接地网进行改造，实现有效接地。

14.2.31 动力总配电房缺少直击雷防护措施

有独立院落的无线电监测站的总配电房一般为1层自建建筑物，调研中发现动力总配电房往往缺少直击雷防护措施。电源线涉及整个机房设备的供电，因此有必要做好电源系统总配电房的直击雷防护。

解决方法：增加总配电房直击雷防护措施。

14.3 本章小结

本章在前述章节学习的基础上，对防雷与接地系统中的认识误区和容易出现的安全隐患进行了详细讲解，并提出了解决方法。无线电监测站维护管理人员可以结合案例，在日常管理和维护中有针对性地对无线电监测站的防雷与接地系统进行安全检查。

第 15 章　主要防雷产品介绍

雷电防护产品比较冷门，人们最熟悉的防雷产品可能只有避雷针，因为只要在生活中细心观察，就可以发现避雷针随处可见，但避雷针其实只是接闪器的一种常见形式。无线电监测技术和管理人员在日常工作中很少接触到防雷产品，在此有必要对常用的防雷产品进行介绍，主要的防雷产品包括：防雷及接地产品、测试仪表、预警产品和在线监测产品等。

① 防直击雷产品：各类接闪器装置。

② 防雷电感应产品：电源、天馈、信号线系列浪涌保护器。

③ 接地产品：接地模块、电解质接地棒、金属快装接地极、降阻剂等。

④ 接地电阻测试仪：手摇指针式接地电阻测试仪、数字式接地电阻测试仪。

⑤ 雷电预警产品：雷电预警系统、雷电定位系统和智能雷电监测系统。

⑥ 在线监测产品：浪涌保护器在线监测、接地电阻在线监测。

本章对常用的防雷产品以图片和文字形式做简要介绍，增加读者的直观认识，便于读者今后在工作中更好地开展无线电监测站的雷电防护工作。

15.1　直击雷防护产品

15.1.1　接闪器（避雷针）

（1）引流型避雷针（普通避雷针）

引流型避雷针（普通避雷针）即富兰克林避雷针，其主要工作原理是引雷入地，避免建筑物等被雷击。引流型避雷针实物如图 15-1 所示。

（2）限流型避雷针（优化避雷针）

限流型避雷针（优化避雷针）采用气隙放电、阻抗限流等技术，可有效降低雷电流的幅值和陡度，从而使避雷针接闪（电）后的电磁感应和“地电位反击”危害大幅降低。限流型避雷针特别适用于各类通信枢纽、电力铁塔、变电站等电子信息设备集中的各类建筑物 / 构筑物。该避雷针可以降低雷电流的陡度和幅度，即降低 d*i*/d*t* 值，减小雷电流对周围电子设备的影响。限流型避雷针实物如图 15-2 所示。

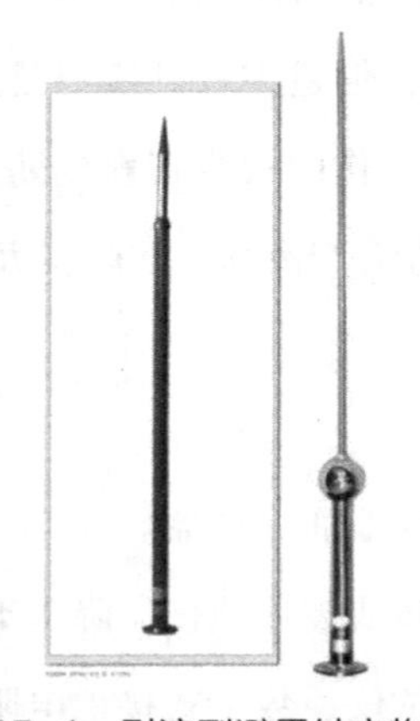

图 15-1　引流型避雷针实物

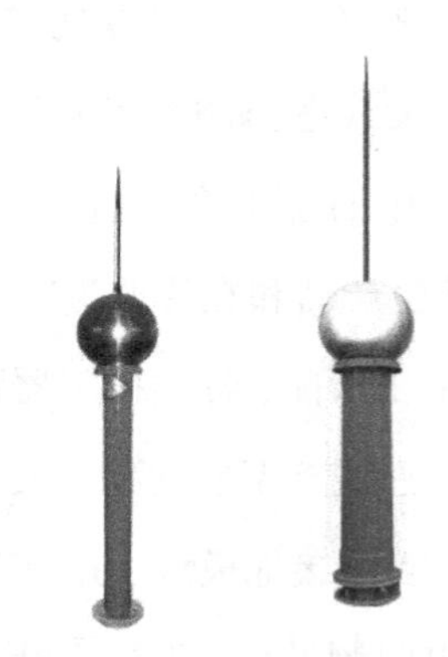

图 15-2　限流型避雷针实物

（3）低接闪避雷针（闪盾避雷针）

低接闪避雷针（闪盾避雷针）可以改变空间电荷的分布，通过持续的电荷放电分散，在被保护对象的上部形成很宽的空间低电荷区，因此可以防止电荷的集中，预防雷击现象的发生，将雷云的云地闪转移到其他地方，预防、阻止或减少被保护范围内雷击现象的发生。当雷云离开被保护对象时，避雷装置就会自动停止放电，并恢复到原来的状态，这样可以从根本上预防雷电对建筑物等设施的袭击。低接闪避雷针实物如图 15-3 所示，低接闪避雷针结构如图 15-4 所示。

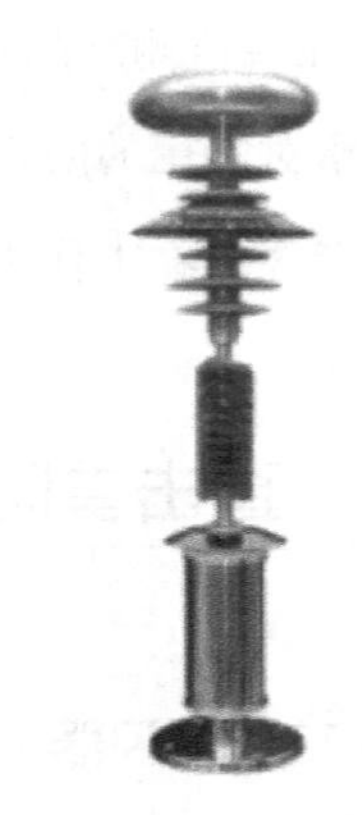

图 15-3　低接闪避雷针实物

低接闪避雷针采用双极性空间电荷放电分散技术，可有效降低避雷针针顶的场强，阻止上行先导的上迎，从而降低接闪的概率。该避雷针特别适用于人员密集区域、雷雨天有人员作业的区域和车载式大型电子设备的直击雷防护。

该避雷针常应用于无线电监测站综合监测楼楼顶，可以最大限度地保护综合监测楼免受直击雷袭击，能进一步增强楼顶天线的直击雷防护效果。

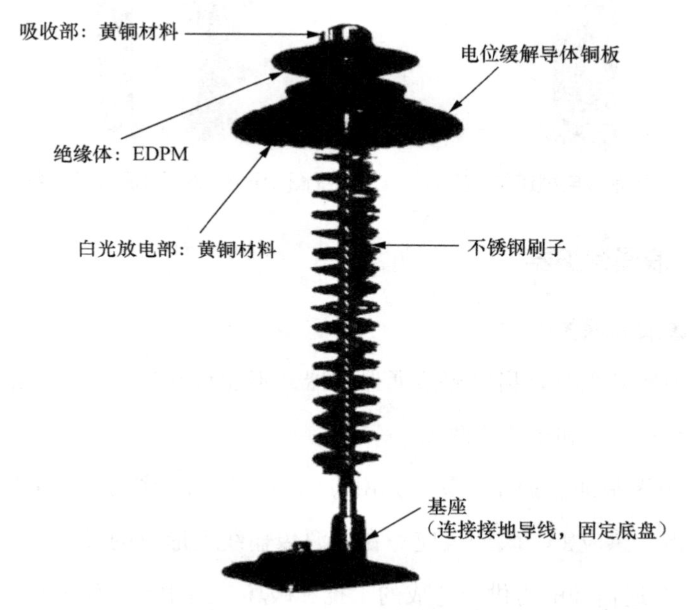

图 15-4　低接闪避雷针结构

（4）提前放电型避雷针

提前放电型避雷针也被称为 ESE 针，法国国家标准 NF C17—102—1995《法国（建筑物）防雷标准》是其技术支撑，其主要技术指标是提前放电时间 ΔT，扩大直击雷防护范围。该避雷针可以架设在距离天线较远的位置，能减少自身对天线的影响。例如，该避雷针应用于短波测向天线场，可以在不改变测向精度的前提下实现天线场的直击雷防护。提前放电型避雷针实物如图 15-5 所示。

（5）双优化避雷针

双优化避雷针将优化避雷针和低接闪避雷针两种避雷针的优点集一身，特别适用于各类通信枢纽、变电站等电子信息设备集中的建筑物。双优化避雷针实物如图 15-6 所示。

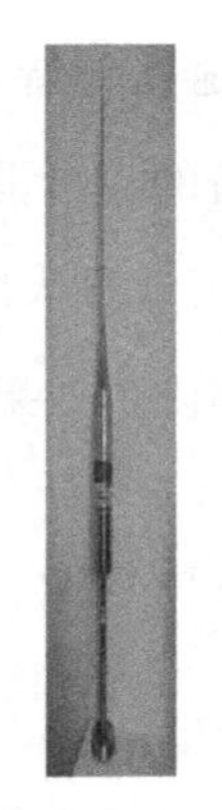

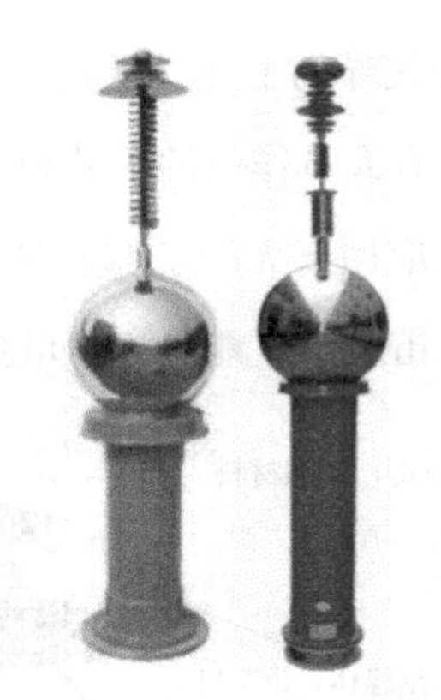

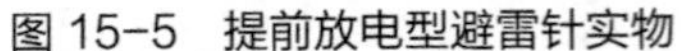

图 15-5　提前放电型避雷针实物　　　　图 15-6　双优化避雷针实物

15.1.2　浪涌保护器

（1）电源浪涌保护器

电源防护产品主要是指电源浪涌保护器，不能将其与空气开关混淆。电源浪涌保护器主要有箱式和模块式两类。

① 箱式电源浪涌保护器。其外壳由冷轧钢板制成，密封、屏蔽性好，能有效地抑制直击雷、感应雷、瞬变效应等在电源传输线上形成的过电压及雷击电磁脉冲（LEMP）对通信和电力供应造成的干扰和破坏，适用于电源一级防护。箱式电源浪涌保护器实物如图 15-7 所示。

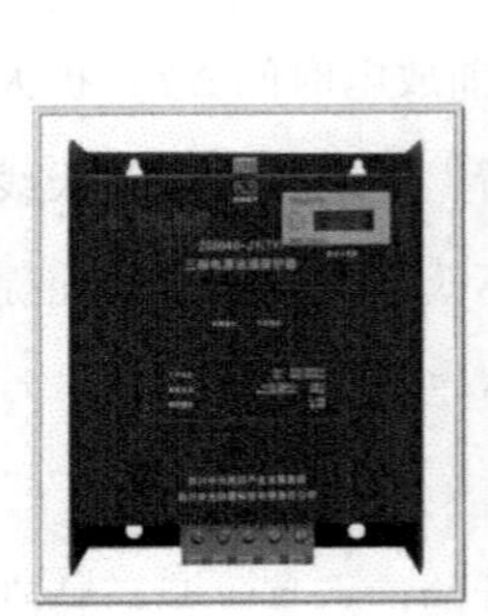

图 15-7　箱式电源浪涌保护器实物

② 模块式电源浪涌保护器。该浪涌保护器可用于电源系统的第二级、第三级、

第四级保护，不同模块之间有防反插、防互插功能，并具有过热、过流保护和失效指示。模块式电源浪涌保护器如图 15-8 所示。

图 15-8　模块式电源浪涌保护器

（2）信号浪涌保护器

信号浪涌保护器一般串接在被保护设备前端，当信号线遭到雷电感应等引起的内外部过电压 / 过电流冲击时，过电压 / 过电流可通过信号浪涌保护器泄放到大地，并将输出电压箝位在被保护设备的耐受电压范围内，从而确保了设备的安全。信号浪涌保护器主要用于计算机网络的数字信号设备和音频、视频及监控系统的模拟信号设备的过电压保护，例如电话、传真、数据通信等设备的雷电防护。

目前，信号浪涌保护器常采用多级、全保护模式，传输速率可满足千兆网络传输需要，插损小，保护效果好。模块式信号浪涌保护器体积小，重量轻，导轨安装灵活、方便，支持在线热插拔，给产品的使用和定期检测带来了极大的方便。

信号浪涌保护器实物如图 15-9 所示，电路原理如图 5-10 所示。

图 15-9　信号浪涌保护器实物

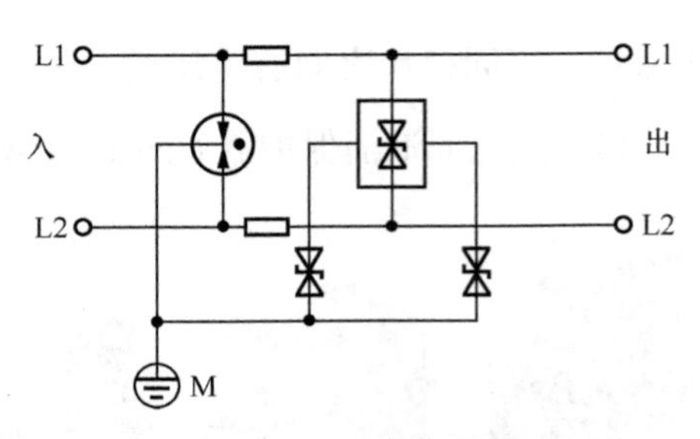

图 15-10　电路原理

该系列产品可用于工业控制互联网、RS422/485 接口、仪表线路、数据线及电话设备、传真机等设备保护，还可以用于电流环中的传感器、二次仪表的保护；该系列产品能抑制来自信号线上的雷电感应过电压 / 过电流，保护系统设备不受损害。信号浪涌保护器具有响应速度快（ns）、保护电平低、体积小、重量轻、导轨安装等特点。

信号浪涌保护器接于被保护设备前端，连接可靠，输出端接被保护设备。信号浪涌保护器的接地线要尽可能短且直地连接到机房的保护地母线上。

典型的信号浪涌保护器实物如图 15-11 所示，典型信号浪涌保护器技术参数见表 15-1。

低速信号

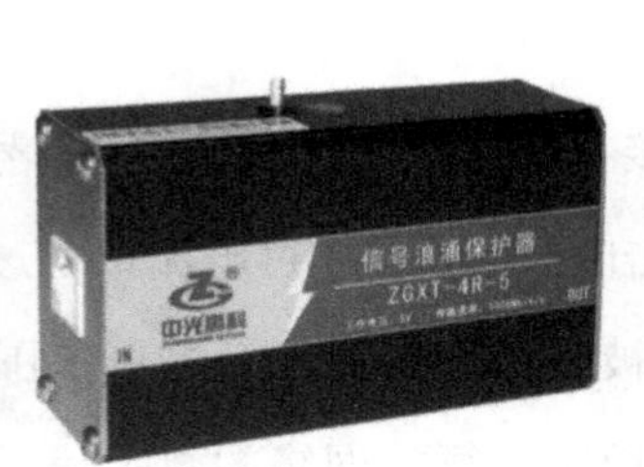

千兆网信号

组合信号

图 15-11　典型的信号浪涌保护器实物

表 15-1　典型信号浪涌保护器技术参数

产品型号	ZGXL-M1J-5	ZGXL-M1J-24	ZGXL-M1J-48	ZGXL-M1J-110
工作电压 额定电流	5V 300mA	24V 300mA	48V 300mA	110V 300mA
冲击耐受能力 （1.2/50 μs，8/20 μs） 限制电压 （1.2/50 μs，8/20 μs）	10kV，5kA L-L：≤ 30V； L-SE：≤ 50V	10kV，5kA L-L：≤ 50V； L-SE：≤ 70V	10kV，5kA L-L：≤ 180V； L-SE：≤ 200V	10kV，5kA L-L：≤ 200V； L-SE：≤ 240V

续表

产品型号	ZGXL-M1J-5	ZGXL-M1J-24	ZGXL-M1J-48	ZGXL-M1J-110
电压保护水平（1kV/μs） 绝缘电阻	≤ 30V ≥ 0.04MΩ	≤ 60V ≥ 2MΩ	≤ 90V ≥ 2MΩ	≤ 220V ≥ 2MΩ
传输速率 插入损耗	≤ 1Mbit/s ≤ 0.5dB	≤ 1Mbit/s ≤ 0.5dB	≤ 1Mbit/s ≤ 0.5dB	≤ 1Mbit/s ≤ 0.5dB
保护对象	一对线（7；11）、SE	一对线（7；11）、SE	一对线（7；11）、SE	一对线（7；11）、SE
颜色 防护等级	灰色 IP20	灰色 IP20	灰色 IP20	灰色 IP20
阻燃等级 质量	UL94V-0 （75 ± 5）g	UL94V-0 （75 ± 5）g	UL94V-0 （75 ± 5）g	UL94V-0 （75 ± 5）g

ZGX2R-5H 型 RJ45 接口数字信号避雷器如图 15-12 所示，其适用于网络数据线的过电压保护，技术参数如下。

- 接口：RJ45（1，2，3，6）。
- 传输速率：100Mbit/s。
- 插入损耗：≤1dB。
- 标称放电电流（8/20 μs，SE/PE）：5kA。
- 限制电压（10/700 μs）：≤30V。

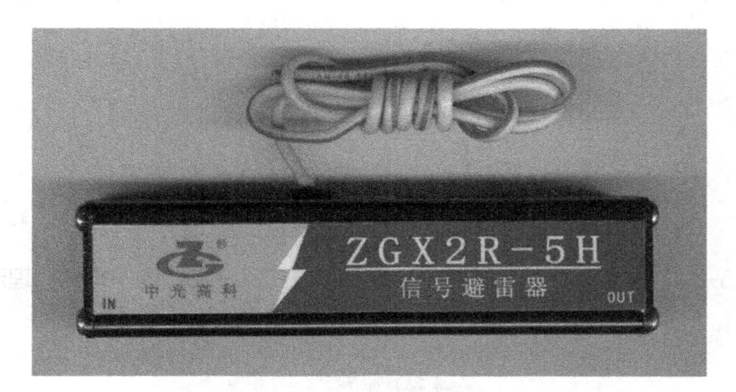

图 15-12 ZGX2R-5H 型 RJ45 接口数字信号避雷器

（3）天馈浪涌保护器

天馈浪涌保护器有微带型、同轴型和宽带型三大系列。

① 微带型天馈浪涌保护器是根据防雷机理——波导分流理论研制的产品，利用无源、互易滤波网络使雷电波和有用信号波流经不同的通道，达到分流和泄放雷电流入地的目的。该系列有不馈电和馈电两种，可按需选用。

② 同轴型天馈浪涌保护器是根据 λ/4 短路线原理设计的产品，应用宽带设计技术，使带宽和通流容量指标得到大幅提高。

③ 宽带型天馈浪涌保护器是根据气体放电管原理设计的产品，应用同轴气体放电管生产的天馈浪涌保护器，工作频率上限大幅提高。宽带型天馈浪涌保护器一般均能馈电。

天馈浪涌保护器可用于无线接收、发射设备馈线端口的防浪涌过电压保护。当有过电压 / 过电流经过馈线线路时，通过浪涌保护器将其泄放到大地，从而可保护相关设备免受损害。天馈浪涌保护器可以保护天线射频端口，一般串接于接收（发射）设备端口，少数情况（有源或电缆较长）同时安装于天线端口。

微带型天馈浪涌保护器可用于通信设备的天馈系统雷电防护，抑制从天馈线引入的感应雷电波，从而保护设备的安全。雷电波的能量主要分布在几十千赫兹以下频域，而有用信号能量分布在几百千赫兹以上频域，因此使用分立元件或分布参数元件构成π型高通滤波器，并将雷电波泄入大地，不进入电子设备，能实现有效保护。微带型天馈浪涌保护器（ZGWT0.3L-10C 型）电路原理示意如图 15-13 所示，微带型天馈浪涌保护器（ZGWT0.3L-10C 型）实物如图 15-14 所示。

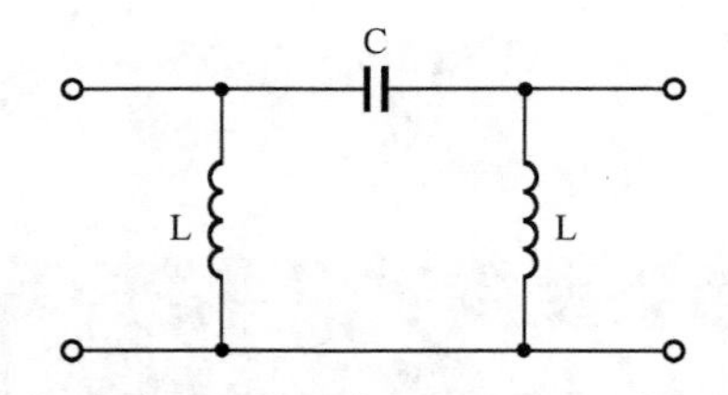

图 15-13　微带型天馈浪涌保护器（ZGWT0.3L-10C 型）电路原理示意

图 15-14　微带型天馈浪涌保护器（ZGWT0.3L-10C 型）实物

其他的典型微带型天馈浪涌保护器实物如图 15-15 所示，典型微带型天馈浪涌保护器技术参数见表 15-2。

ZGWT5N-10　　ZGWT10N-10　　ZGWT8-25N-20NM

图 15-15　其他的典型微带型天馈浪涌保护器实物

表 15-2　典型微带型天馈浪涌保护器技术参数

产品型号	ZGWT0.3L-10C	ZGWT5N-10	ZGWT10N-10	ZGWT8-25N-20NM
端口型号（输入 / 输出）	L16-（K/K）	N-（K/J）	N-（K/J）	N-（K/J）
端口特性阻抗	50Ω	50Ω	50Ω	50Ω
工作频率	3 ～ 30MHz	100 ～ 500MHz	500 ～ 1000MHz	800 ～ 2500MHz
插入损耗	≤ 0.2dB	≤ 0.2dB	≤ 0.2dB	≤ 0.3dB
驻波系数	≤ 1.2	≤ 1.2	≤ 1.2	≤ 1.2
标称放电电流 I_n（8/20 μs）	5kA	5kA	5kA	10kA
最大放电电流 I_{max}（8/20 μs）	10kA	10kA	10kA	20kA
限制电压（10/700 μs）	≤ 300V	≤ 190V	≤ 100V	≤ 15V
标称导通电压	—	—	—	6 ～ 9V
馈电压	—	—	—	≤ 5V DC
适用功率	60W	60W	60W	50W
外壳防护等级	IP20	IP20	IP20	IP65
质量	（550 ± 20）g	（95 ± 5）g	（100 ± 5）g	（60 ± 3）g
外形尺寸	95mm × 56mm × 25mm	72mm × 25.4mm × 25.4mm	ϕ 22mm × 73mm	ϕ 36mm × 88.8mm

同轴型天馈浪涌保护器可用于无线电监测站天馈线路的雷电防护，抑制来自天馈线路上的感应雷电波，以保护无线电通信设备的安全。该系列浪涌保护器根据有用信号的 λ /4 确定的短路线机械长度对于雷电波的主要频率成分而言是短路低阻抗，从而实现雷电流的顺利泄放，达到保护设备的目的。

同轴型天馈浪涌保护器（ZGTT8-25D-60 型）电路原理示意如图 15-16 所示，同轴型天馈浪涌保护器（ZGTT8-25D-60 型）实物如图 15-17 所示。

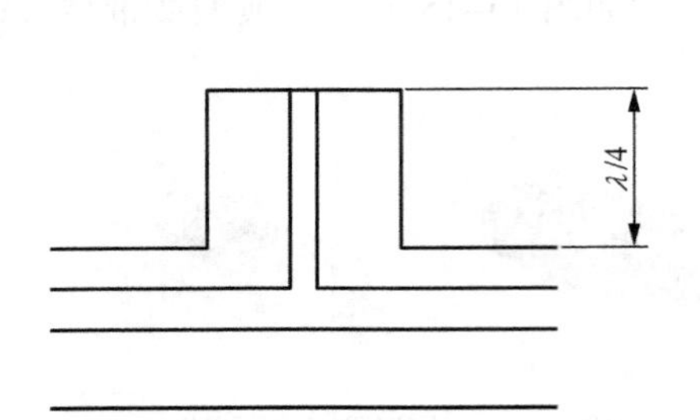

图 15-16　同轴型天馈浪涌保护器（ZGT T8-25D-60 型）电路原理示意

图 15-17　同轴型天馈浪涌保护器（ZGT T8-25D-60 型）实物

其他的典型同轴型天馈浪涌保护器实物如图 15-18 所示，典型的同轴型天馈浪涌保护器产品技术参数见表 15-3。

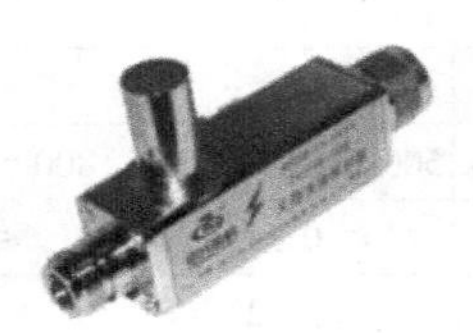

ZGTT5N-10

ZGTT8-25N-40

ZGTT23-60N-20M

图 15-18　其他的典型同轴型天馈浪涌保护器实物

表 15-3　典型的同轴型天馈浪涌保护器产品技术参数

产品型号	ZGTT5N-10	ZGTT8-25N-40	ZGTT8-25D-60	ZGTT23-60N-20M
端口型号（输入 / 输出）	N-（K/J）	N-（K/J）	DIN-（K/J）	N-（K/J）
端口特性阻抗	50Ω	50Ω	50Ω	50Ω
工作频率	130 ～ 470M	800 ～ 2500M	800 ～ 2500M	2300 ～ 6000M
插入损耗	≤ 0.2dB	≤ 0.2dB	≤ 0.2dB	≤ 0.3dB
驻波系数	≤ 1.2	≤ 1.2	≤ 1.2	≤ 1.2
标称放电电流 I_s（8/20 μs）	5kA	20kA	40kA	10kA
最大放电电流 I_{max}（8/20 μs）	10kA	40kA	60kA	20kA
限制电压（10/700 μs）	≤ 100V	≤ 100V	≤ 100V	≤ 20V
适用功率	300W	300W	2000W	100W
外壳防护等级	IP20	IP20	IP20	IP65
质量	（75 ± 4）g	（280 ± 10）g	（550 ± 20）g	（180 ± 20）g
外形尺寸	108mm × 58mm × 30mm	102mm × 54mm × 30mm	90mm × 55mm × 30mm	80mm × 50mm × 27mm

宽带型天馈浪涌保护器可用于无线电监测站的天馈系统，抑制来自天馈线路上的感应雷电波，从而保护电子设备的安全。该系列浪涌保护器是一种同轴线结构的气体放电管过电压抑制器，宽带天馈浪涌保护器的内导体是直通的，所以可以方便地用在要求馈电的场合，达到保护电子设备的目的。

宽带型天馈浪涌保护器（ZGKT30N-20M 形）电路原理示意如图 15-19 所示，宽带型天馈浪涌保护器（ZGKT30N-20M 形）产品实物如图 15-20 所示。

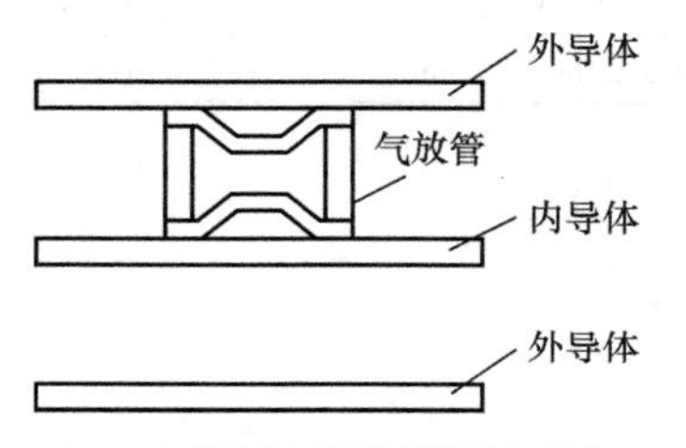

图 15-19　宽带型天馈浪涌保护器（ZGKT30N-20M 形）电路原理示意

图 15-20　宽带型天馈浪涌保护器（ZGKT30N-20M 形）产品实物

其他的典型宽带型天馈浪涌保护器产品实物如图 15-21 所示，典型的宽带型天馈浪涌保护器产品技术参数见表 15-4。

ZGKT15N-10

ZGKT15FL-10

图 15-21　其他的典型宽带型天馈浪涌保护器产品实物

表 15-4　典型的宽带型天馈浪涌保护器产品技术参数

产品型号	ZGKT15N-10	ZGKT15FL-10	ZGKT30N-20M
端口型号（输入 / 输出）	N-（K/J）	FL10（K/J）	N-（K/J）
端口特性阻抗	50Ω	75Ω	50Ω
工作频率	DC ≤ 1500MHz	DC ≤ 1500MHz	DC ≤ 3000MHz
插入损耗	≤ 0.1dB	≤ 0.5dB	≤ 0.3dB
驻波系数	≤ 1.2	≤ 1.6	≤ 1.2
标称放电电流 I_s（8/20 μs）	5kA	5kA	10kA

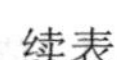
续表

产品型号	ZGKT15N-10	ZGKT15FL-10	ZGKT30N-20M
最大放电电流 I_{max}（8/20 μs）	10kA	10kA	20kA
直流击穿电压 100V/s	（230 ± 40）V	（230 ± 40）V	（230 ± 40）V
冲击击穿电压 1kV/ μs	≤ 600V	≤ 700V	≤ 700V
直流馈电	—	—	＜ 48V，≤ 3A
适用功率	100W	100W	100W
外壳防护等级	IP20	IP20	IP65
质量	（75 ± 4）g	（62 ± 3）g	（65 ± 3）g
外形尺寸	60mm × φ 23mm	50mm × 23mm × 23mm	φ 22mm × 58mm

15.2 接地模块产品

传统金属接地极的接地电阻会随气候（土壤潮湿程度）的变化发生大幅度的起伏，并且随着时间的推延，接地电阻不断增大，所以使用寿命很短。接地模块主要应用于接地网建设中，当基础自然接地达不到标准要求时，就需要使用低电阻接地模块产品来降低接地电阻，使接地网达到预设效果。

低电阻接地模块以非金属材料为主，由导电性、稳定性较好的非金属矿物质和电解物质组成，通过增大接地体本身的散流面积，减小接地体与土壤层之间的接触电阻，充分发挥模块材料的导电作用。金属接地极则采用优质钢材，表面镀铜、镍、铬等，可用作建筑物（构筑物）防雷接地、防静电接地、交流工作接地、直流工作接地、安全保护接地及其他目的接地体。

使用低电阻接地模块与常规接地极在不同的土壤电阻率下做了对比测试，在相同的土壤电阻率下，使用低电阻接地模块的接地电阻较常规接地极小，并且当土壤电阻率大于 1000Ω · m 后，接地电阻随土壤电阻率的增大基本不再升高，而常规接地极的接地电阻随土壤电阻率的增大仍然保持升高的趋势。常规接地极与低电阻接地模块曲线如图 15-22 所示。

产品实例 1：低电阻接地模块是一种以非金属材料为主的接地体，它是由导电性、稳定性较好的非金属矿物质和电解物质组成，增大了接地体本身的散流面积，减小了接地体与土壤之间的接触电阻，具有优良的吸湿保湿能力，通过释放电解质，改善周围土壤的导电特性，能够获得低而稳定的接地电阻。低电阻接地模块实物如图 15-23 所示。

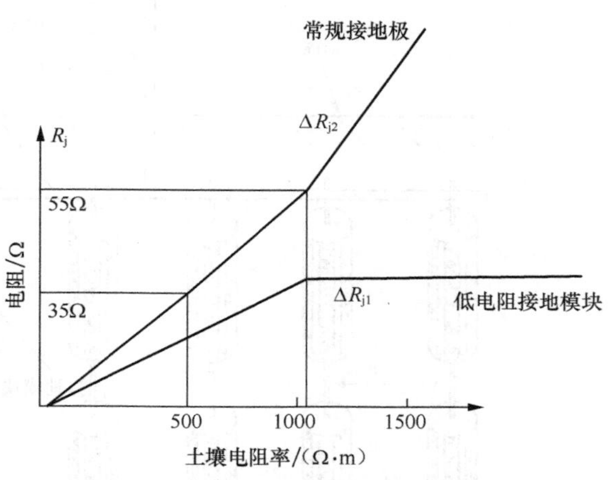

图 15-22 常规接地极与低电阻接地模块曲线

低电阻接地模块在大型油田、西气东输工程、高速公路、民航机场、卫星发射场、大 / 中型变电站、金融机构、移动基站等大型、国家级重大防雷接地工程项目中得到应用，特别适用于高土壤电阻率的地区，例如高原、戈壁、沙漠等工程，低电阻接地模块使用效果良好。

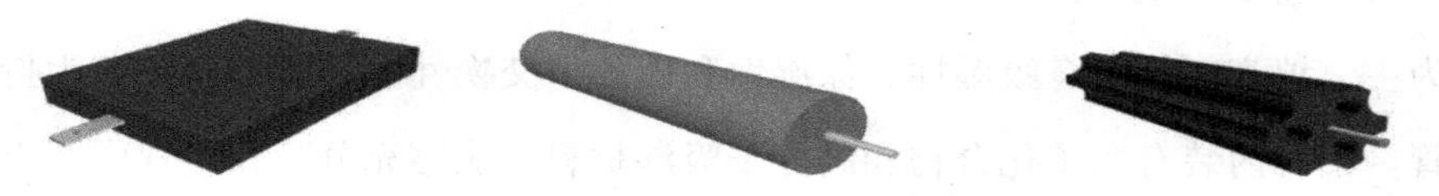

图 15-23 低电阻接地模块实物

低电阻接地模块设计的地网可以采用垂直埋设法和垂直串联埋设法。垂直埋设法设计与安装示意如图 15-24 所示。

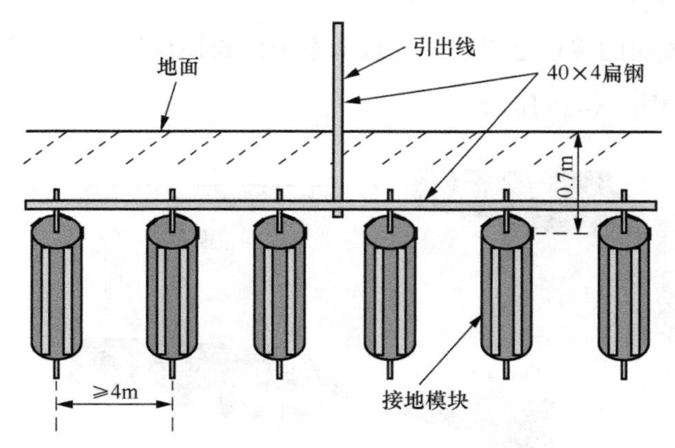

图 15-24 垂直埋设法设计与安装示意

垂直串联埋设法设计与安装示意如图 15-25 所示。

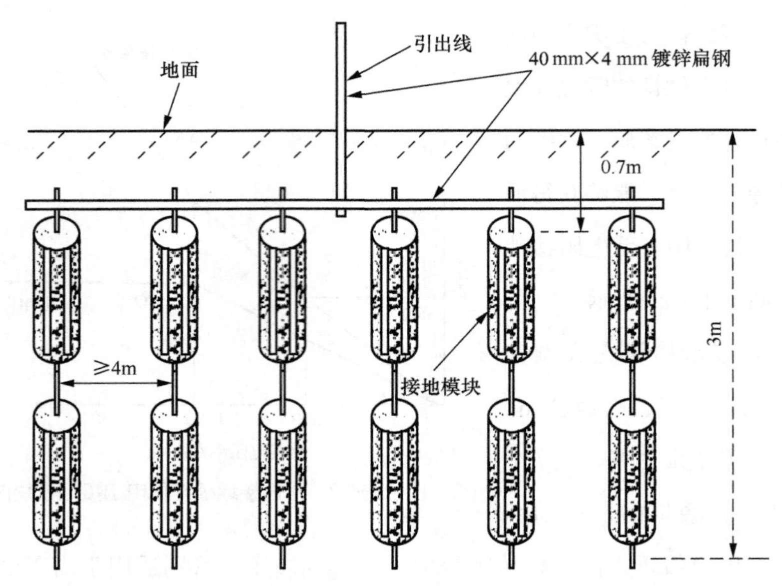

图 15-25　垂直串联埋设法设计与安装示意

产品实例 2：高效接地装置的外部成分主要以导电性、稳定性较好的非金属材料为主，填充剂是具有吸湿性、保湿性和阳离子交换性能的材料，极芯为特制的钢管。钢管内装有离子化合物和高分子吸湿材料，能够充分吸收空气中及土壤中的水分，通过潮解作用将活性离子通过极芯下部小孔缓慢地释放到土壤中，产生“树根”效应，进一步加大了接地模块的散流面积，增强了降阻作用。离子棒与低电阻接地模块结合可形成特高效接地装置，能够更有效地改善土壤的散流条件，降低接地模块的接地电阻，并使接地电阻值长期保持稳定。离子型系列高效接地装置实物如图 15-26 所示。

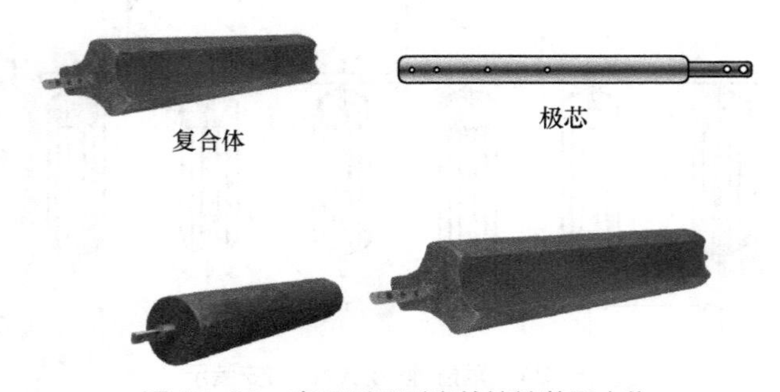

图 15-26　离子型系列高效接地装置实物

高效接地装置具有以下特点。

- 无毒无害，不污染空气、水源和土壤。
- 不含铅、镉、汞、砷等 8 种重金属和放射性有害物质。
- 通过第三方检测，不会对钢铁产生电化学腐蚀，能起到阴极保护作用。
- 可用于油罐、输油管线的防电化学腐蚀的接地，使用寿命为 50 年以上。
- 可在酸、碱、盐、海水、沙漠地区和常年冻土带等恶劣地质条件下使用。

产品实例 3：高效离子接地极采用冷拔圆钢，表面镀铜、镍、铬，内部填充特制的电解离子化合物和高分子吸湿材料，经过吸湿潮解后，活性离子渗透到接地极周围的土壤中，从而改善了散流条件，减小了接地电阻。高效离子接地极实物如图 15–27 所示。

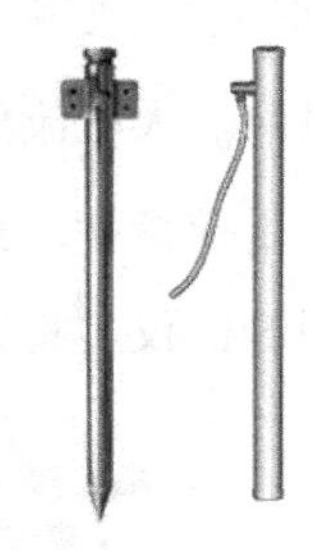

图 15–27　高效离子接地极实物

产品实例 4：金属接地极是在碳钢表面铸铜或包覆铝，可延长其在土壤中的使用年限。金属接地极实物如图 15–28 所示。

产品实例 5：高效降阻剂是以非金属材料为主的粉料，由导电性、稳定性较好的非金属矿物质和电解物质组成。高效降阻剂实物如图 15–29 所示。

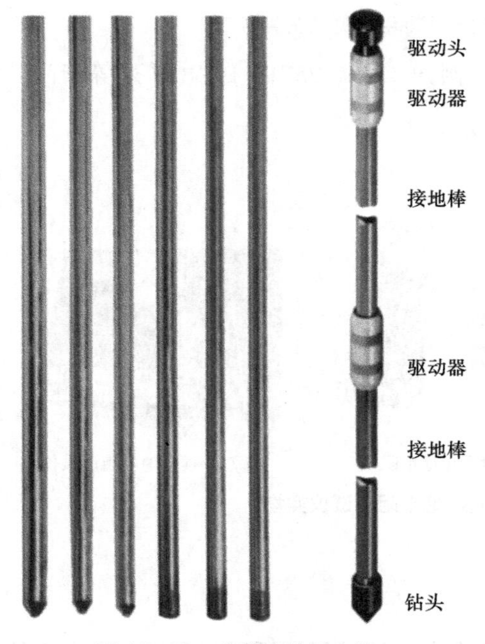

图 15–28　金属接地极实物

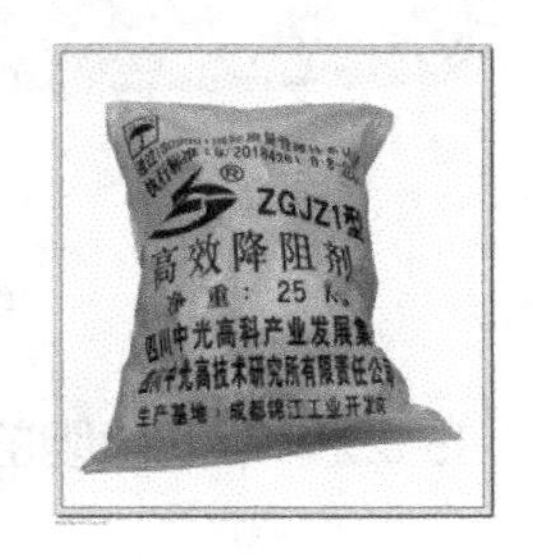

图 15–29　高效降阻剂实物

15.3 接地电阻测试仪

15.3.1 测试仪分类

防雷接地电阻的检测主要使用接地电阻测试仪，目前常用的接地电阻测试仪有指针式和数字式两种。指针式接地电阻测试仪是指手摇指针式接地电阻测试仪，俗称摇表；数字式接地电阻测试仪有普通数字式接地电阻测试仪、钳形接地电阻测试仪、大电流异频接地电阻测试仪等。

手摇指针式接地电阻测试仪有 ZC-8、ZC-29B 等系列产品。手摇指针式接地电阻测试仪实物如图 15-30 所示。

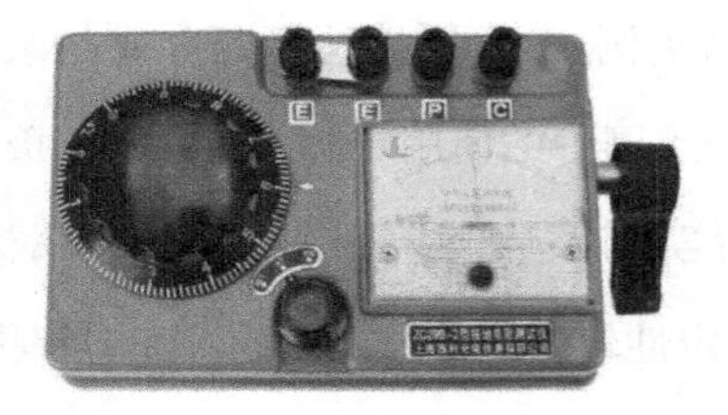

图 15-30　手摇指针式接地电阻测试仪实物

数字式接地电阻测试仪型号很多，例如 4105、2571、DWR 系列等产品。数字式接地电阻测试仪实物如图 15-31 所示。

（a）4105型号

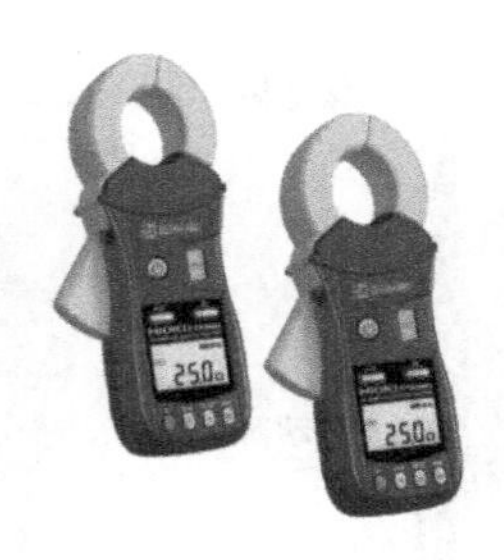

（b）钳形接地电阻仪

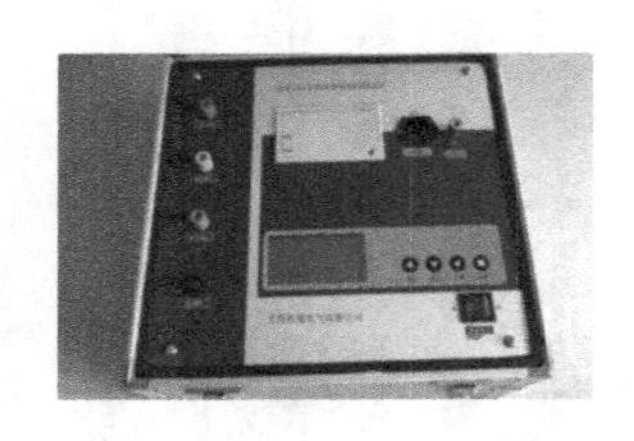

（c）异频接地电阻测试仪

图 15-31　数字式接地电阻测试仪实物

15.3.2 接地电阻的测量原理

接地电阻是指电流在流经接地部件到大地的过程中所感测到的接地电极的电

阻。该电阻主要受接地材料（接地极）电阻、土壤与接地材料表面（接地极金属表面的氧化物）的接触电阻和埋设接地材料周围的土壤电阻（散流电阻）的影响。影响接地电阻的因素如图 15-32 所示。

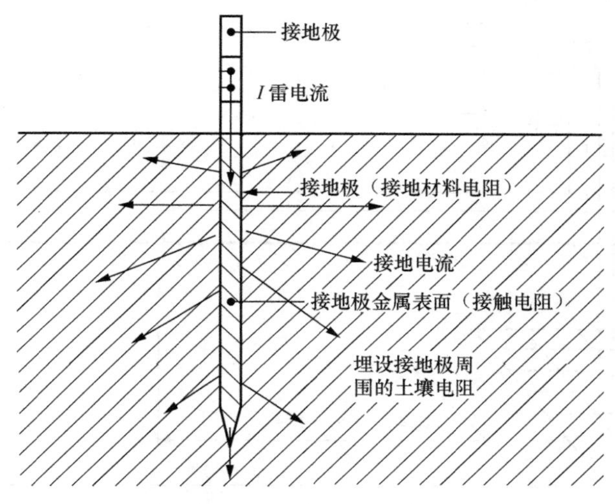

图 15-32　影响接地电阻的因素

测量接地电阻的基本原理：接地电阻是电流 I 经接地极流入大地时接地电位 U 和 I 的比值，因此，为了测量接地电阻，首先要在接地极上注入一定的电流，这就需要设置一个可提供电流回路的电流极，并用电流表测出该电流；而为了用电压表测出接地电极的电位，则需要设置一个能测出无穷远零位面处电位的电压极。测量接地电阻的直线三极法电极和电位分布示意如图 15-33 所示。

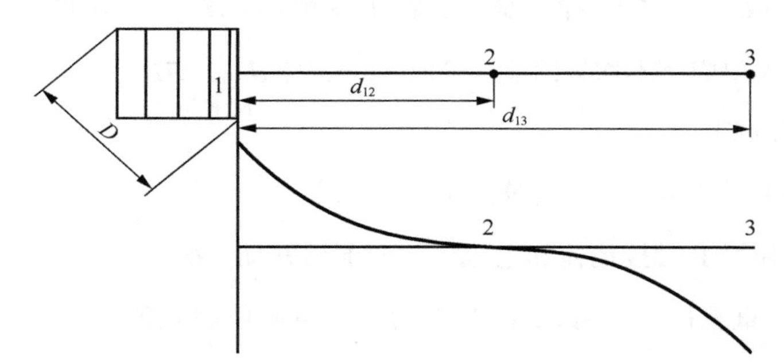

1——被测接地体；2——测量用的电压极；3——测量用的电流极；
d_{13}=（4 ～ 5）D；d_{12}=（0.5 ～ 0.6）d_{13}；D—被测接地装置最大对角线的长度。

图 15-33　测量接地电阻的直线三极法电极和电位分布示意

手摇指针式接地电阻测试仪与数字式接地电阻测试仪通常采用三极测试法进

行测试，三极测试法又分为三极直线法和电极三角法。

（1）三极直线法

三极直线法的原理接线如图 15-34 所示。

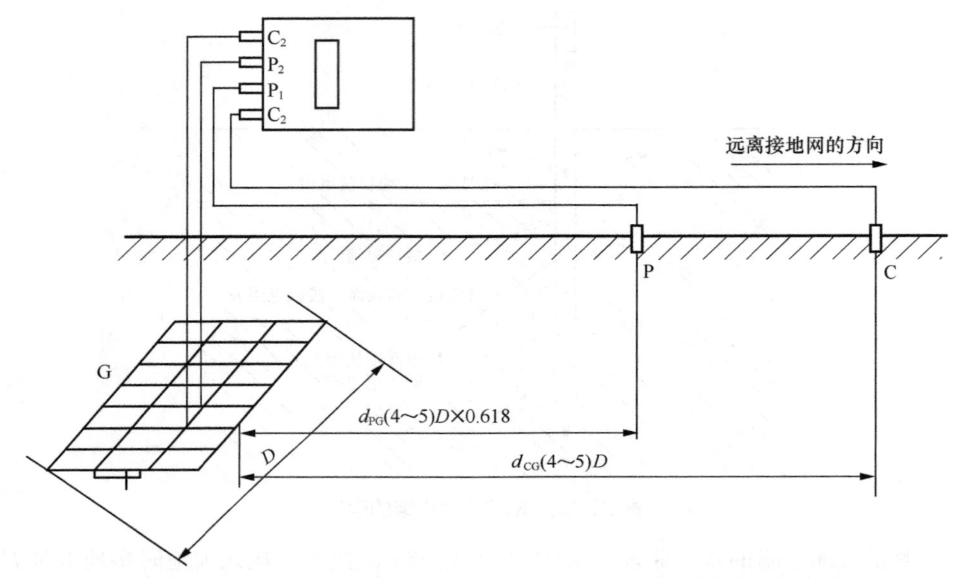

G——被测接地装置；C——电流极；P——电位极；D——被试接地装置最大对角线长度；d_{CG}——电流极与被试接地装置边缘的距离；d_{PG}——电位极与被试接地装置边缘的距离。

图 15-34　三极直线法的原理接线

一般，$d_{CG}=(4\sim5)D$，$d_{PG}=(0.5\sim0.6)d_{CG}$，$D$ 为被测接地装置最大对角线的长度，点 P 可以认为是处在实际的零电位区内。

如果 d_{CG} 取（$4\sim5)D$ 有困难时，在土壤电阻率较为均匀的地区，$d_{CG}=2D$、$d_{PG}=1.2D$；土壤电阻率不均匀的地区可取 $d_{CG}=3D$、$d_{PG}=1.7D$。

接线步骤如下。

① 按图 15-34 接好试验接线，并检查无误。

② 将电压极 P 沿接地体和电流极方向前后移动 3 次，每次移动的距离为 d_{PG} 的 5% 左右，重复以上试验；3 次测得的接地电阻值的差值小于 5% 即可。然后取 3 个数的算术平均值，作为接地体的接地电阻。

（2）电极三角法

电极三角法布置接线如图 15-35 所示。

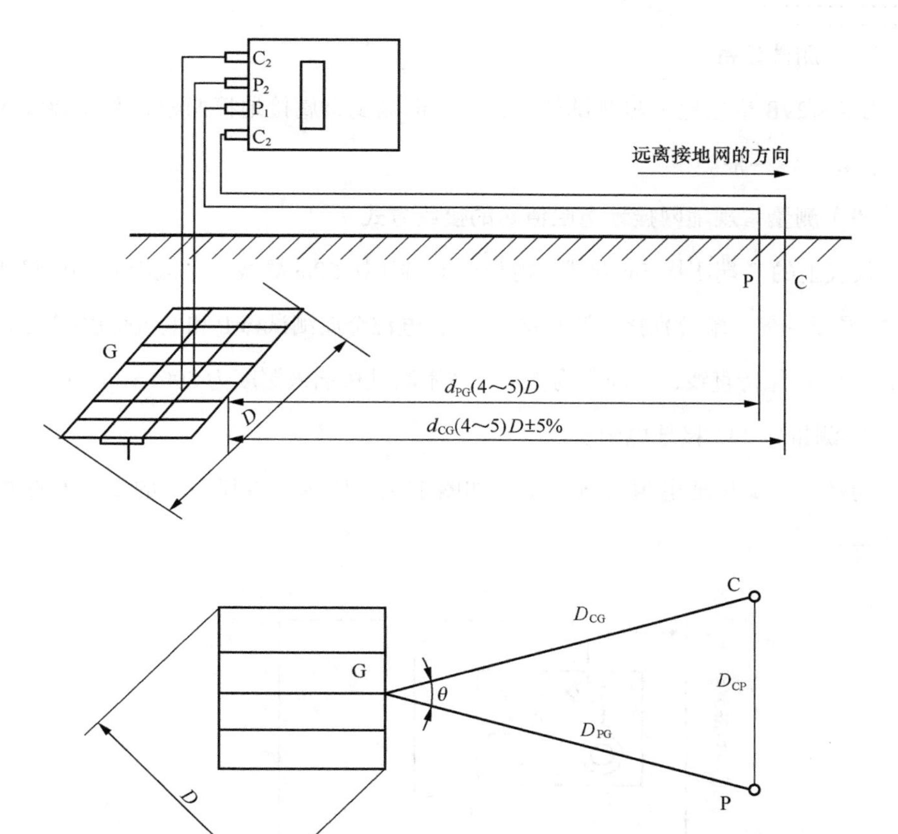

G——被测接地装置；C——电流极；P——电位极；D——被试接地装置最大对角线长度；d_{CG}——电流极与被试接地装置边缘的距离；d_{PG}——电位极与被试接地装置边缘的距离。

图 15-35　电极三角法布置接线

此时，一般取 $d_{PG}=d_{CG}\geqslant 2D$，夹角 $\theta\approx 30$℃（或 $D_{CP}=\frac{1}{2}D_{PG}$）。

15.3.3　手摇指针式接地电阻测试仪

手摇指针式接地电阻测试仪适用于测量各种电力系统、电气设备、避雷针等接地装置的电阻值，也可测量低电阻导体的电阻值和土壤电阻率。该类测试仪由手摇发电机、电流互感器、滑线电阻及检流计等组成。

以 ZC-8/29B 型接地电阻测试仪为例，介绍测试方法。

（1）测试设备

ZC-8/29B 型接地电阻测试仪一台，辅助测试金属接地棒两根，测试导线 5m、20m、40m 各一根。

（2）测量常规地网接地电阻值时的接线方式

仪表上的 E 端压接 5m 导线，电压极 P 端压接 20m 导线，电流极 C 端压接 40m 导线，导线的另一端分别接被测物接地极 E、电位金属测试棒 P 和电流金属测试棒 C，且 E、P、C 保持直线，其间距为 20m。技术测试棒插入深度为 300 ～ 400mm。

① 测量≥ 1Ω 接地电阻。

测量≥ 1Ω 接地电阻时接线示意如图 15-36 所示，将仪表上的 2 个 E 端短接连在一起。

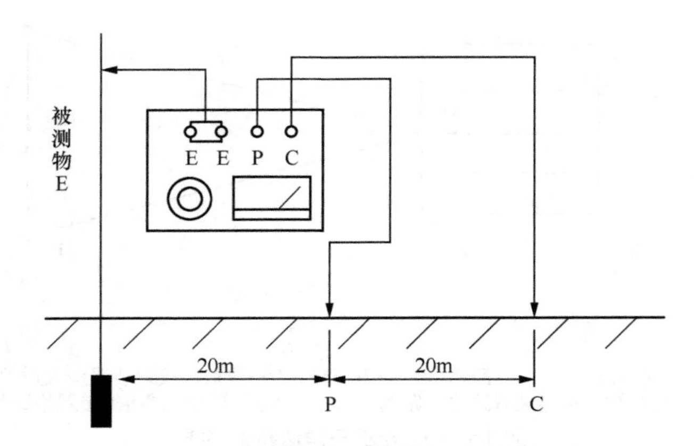

图 15-36　测量≥ 1Ω 接地电阻时接线示意

② 测量<1Ω 接地电阻。

测量<1Ω 接地电阻时接线示意如图 15-37 所示，将仪表上的 2 个 E 端导线分别连接到被测接地体上，消除测量时连接导线电阻对测量结果附加的误差。

（3）操作步骤

① 仪表端所有接线应正确无误。

② 仪表连线与接地极 E、电位金属测试棒 P 和电流金属测试棒 C 应牢固接触。

③ 仪表放置水平后，调整检流计的机械零位，归零。

④ 将“倍率开关”置于最大倍率，逐渐加快摇柄转速，使其达到 150r/min。当

检流计指针向某一方向偏转时，旋动刻度盘，使检流计指针恢复到“0”点。此时刻度盘上的读数乘上倍率挡即为被测电阻值。

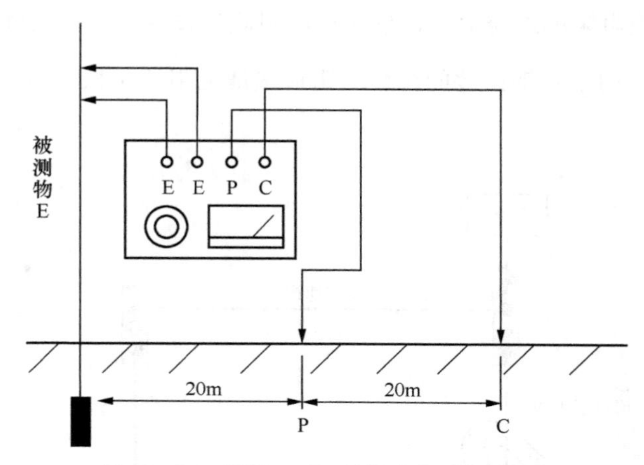

图 15-37　测量＜1Ω 接地电阻时接线示意

⑤ 如果刻度盘上的读数＜1，表明检流计指针仍未取得平衡，可将倍率开关置于小一挡的倍率，直至调节到完全平衡为止。

⑥ 如果发现检流计指针有抖动现象，可变化摇柄转速，以消除抖动现象。

15.3.4　普通数字式接地电阻测试仪

普通数字式接地电阻测试仪的测试方式与上述手摇指针式接地电阻测试仪相同，主要区别如下。

① 将接地引出线与接地体的连接点、接地汇集线上的所有接地引上线的连接点断开，使接地体脱离任何连接关系成为独立体。

② 将两个接地金属测试棒沿接地体辐射方向分别插入距离接地体 20m、40m 的地下，插入深度为 400mm。

③ 用最短的专用导线将接地体与接地测量仪的接线端连接。

④ 选量程，进行测量。

15.3.5　钳形接地电阻测试仪

钳形接地电阻测试仪在测量有回路的接地系统时，不需要断开接地引下线，不需要辅助电极，安全快速、使用简便，能测量出用传统方法无法测量的接地故障，可应用于传统方法无法测量的场合，因为钳形接地电阻测试仪测量的是接地体电阻和接地引下线电阻的综合值。钳形接地电阻测试仪有长钳口及圆钳口之分，其中长钳口特别适用于扁钢接地的场合。钳形接地电阻测试仪测试示意如图 15-38 所示。

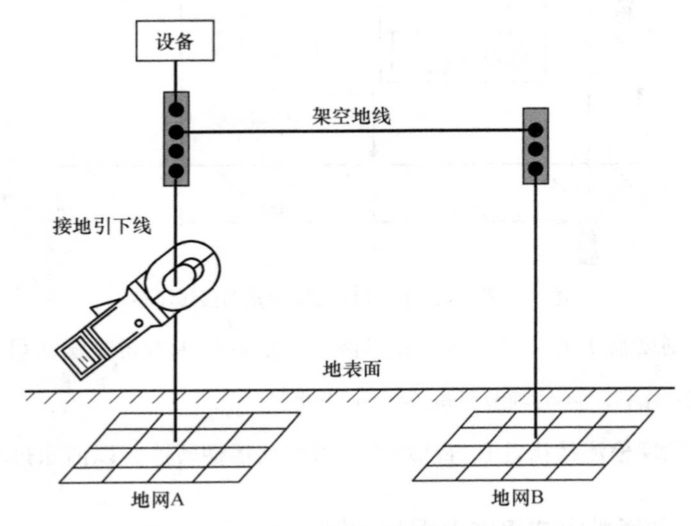

图 15-38　钳形接地电阻测试仪测试示意

15.3.6　大型地网接地阻抗异频测试方法

测量大型地网的接地电阻时，宜用电压、电流表法，电极采用三角形布置。

在 DL/T 475—2006《接地装置特性参数测量导则》中，对大型地网的描述是“110kV 及以上电压等级变电所的接地装置，装机容量在 2000 MW 以上的火电厂和水电厂的接地装置，或等效面积在 5000 m^2 以上的接地装置”。

在电力系统中，大型地网接地电阻的测试主要采用工频大电流三极法。为了防止电网运行时产生工频干扰，提高测量结果的准确性，绝缘预防性试验规程规定：工频大电流法的试验电流不得小于 30A。为此，大型地网接地电阻的测试就出现了试验设备笨重、试验过程复杂、试验人员工作强度大、试验时间长等诸多问题，目前该测试已经改为异频测试方法。

工频接地阻抗是指接地装置对远方电位零点间的电位差与通过接地装置流入大地中的工频电流的比值。工频接地阻抗以往被习惯地称为“工频接地电阻”。此名称的纠正在国家标准 GB/T 17949.1—2000《接地系统的土壤电阻率、接地阻抗和地面电位测量导则 第 1 部分：常规测量》中做了阐述。本测量仪采用交流电流进行测试，故所测数值被称为接地阻抗，而不再沿用以往的称呼“接地电阻”。

在对接地装置进行测量时，由于受不平衡零序电流及射频等各种干扰，测试结果会产生很大的误差。特别是大型接地网的接地阻抗一般很小（一般在 0.5Ω 以下），干扰带来的相对误差更大。为了降低现场干扰的影响，目前采用的方法主要有两种，一种是增大测试电流，另一种是使用异频法。第一种方法是通过增大测试电流（DL/T 475—2006 标准推荐不宜小于 50A）来加大信号电压和信号电流，从而提高信噪比，减小测量误差。这种方法采用很大的测试电流，使设备非常笨重，并且布线劳动强度很大，耗时耗力，而且，由于主要干扰与信号同频，无法从根本上消除干扰的影响。第二种方法是异频法，通过改变测试电流的频率来避开工频干扰，由于信号频率与干扰频率不同，可以利用滤波器来滤除干扰的影响，从而提高测量精度。异频法采用的测试电流较小，因此设备小巧，布线劳动强度减轻。由于具有测试结果稳定可靠和省时省力的优点，异频法已被国内外专家广泛接受和采用。

但是根据定义，工频接地阻抗是指接地装置在工频电流下呈现出的阻抗，而异频法采用的测试电流频率不是工频，因此测得的数值就会与工频电流下测得的数值产生偏差。理论和实践表明，产生偏差的原因是接地装置的接地阻抗是复数阻抗，不仅包含电阻性分量，还含有与频率有关的电感性和电容性分量。采用的测试频率与工频相差愈远则等效性愈差，即测量误差越大。为了保证测试的准确性，测试频率与工频不能相差太远，且测试电流的波形应为正弦波（其他波形例如方波含有丰富的谐波频率）。早在 20 世纪 70 年代，美国、日本等国家就规定了测试频率与工频之差不能超过 10Hz。我国国家标准 GB/T 17949.1—2000《接地系统的土壤电阻率、接地阻抗和地面电位测量导则 第 1 部分：常规测量》要求测试电流频率应该尽量接近工频，行业标准 DL/T 475—2006《接地装置特性参数测量导则》规定测试电流频率宜在 40 ～ 60Hz 。目前，大家通常采用 45Hz 和 55Hz 两种频率进行测量，再计算出 50Hz 下的等效阻抗，因此测量的准确性和等效性可进一步得到提高。

采用 45Hz 和 55Hz 两种频率进行异频测试法的性能特点如下。

① 测试电流波形为正弦波，频率与工频相差仅为 5Hz，使用 45Hz 和 55Hz 两种频率进行测量，使测量工频的等效性好。

② 采用 45Hz 和 55Hz 两种频率进行异频法测量，配合现代软硬件滤波技术，测试仪器具有很高的抗干扰性能，测试数据稳定可靠，在 10V 工频干扰下仍能保证 1%的精度，抗干扰能力强。

③ 测试精度高，基本误差可控制在 0.005Ω，可用来测量接地阻抗很小的大型地网。

④ 异频接地阻抗测试仪器面板说明如图 15-39 所示。

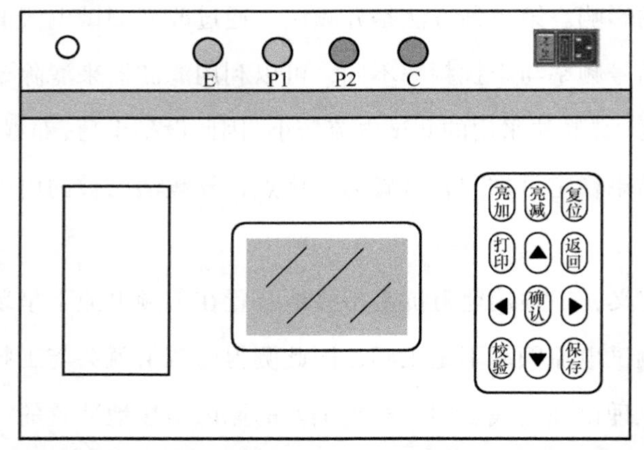

E——恒流源输出端 1，接被测量地网；C——恒流源输出端 2，接测量电流线；
P1——电压输入端 1，接被测量地网；P2——电压输入端 2，接测量电压线。

图 15-39　异频接地阻抗测试仪器面板说明

异频接地阻抗测试法布置接线示意如图 15-40 所示。

异频接地阻抗测试法布置测试回路通常采用电流—电压表法，电流极设在距变电站约为整个接地网对角线的 4 ～ 5 倍的位置，电压极与电流极方向基本一致（位置约为电流极的 0.5 ～ 0.6 倍），测量过程中分别移动电压极 3 次，电流极采用 6 根圆钢管组成正六边形（边长 3m）；电压极采用 1 根圆钢管。

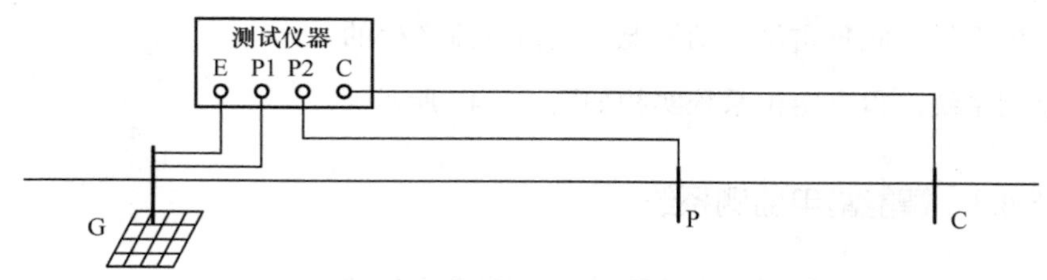

G——被试接地装置；C——电流极；P——电位。

图 15-40　异频接地阻抗测试法布置接线示意

测试回路应尽量避开河流、湖泊，尽量远离地下金属管路和运行中的输电线路；注意减小电流线和电位线之间的互感影响。测试回路的布线方式可参照电位降法的直线法和夹角法，当采用直线法时，应注意使电压线和电流线保持尽量远的距离。如果现场条件允许，大型地网接地阻抗的测试最好采用夹角法。

15.4　雷电预警产品

随着电子技术的发展，雷电监测已从传统的磁钢棒法发展到集现代传感技术、信息处理技术、通信技术为一体的新一代产品。目前三大雷电监测系统有雷电预警系统、雷电定位系统和智能雷电监测系统，三者分别具有不同的监测用途。

15.4.1　雷电预警系统

雷电预警系统利用电场传感器采集大气中的电场变化。雷电发生前，大气电场会出现陡变，当达到告警门限时，系统会发出雷电预警信号，使用户能够提前采取必要的保护措施，例如海滨浴场可通知人员提前撤离。雷电预警系统实物如图 15-41 所示。

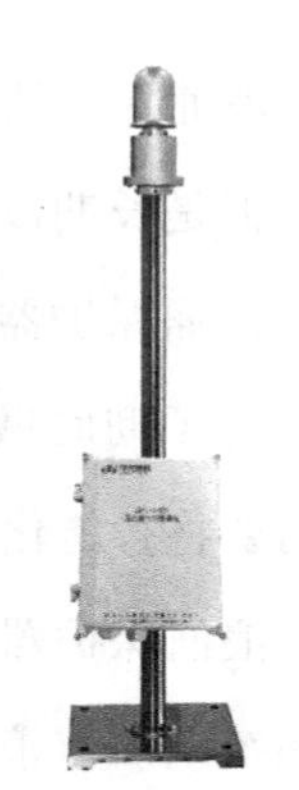

图 15-41　雷电预警系统实物

15.4.2　雷电定位系统

雷电定位系统可通过测量闪电回击辐射的电磁场来确定闪电源的电流参数，可实现区域雷电活动的监测，气象部门和电力部门在全国范围内安装了大量的雷电定位系统，收集雷暴活动情况，是雷电流产生的广域监测系统。雷电定位系统实物如图 15-42 所示。

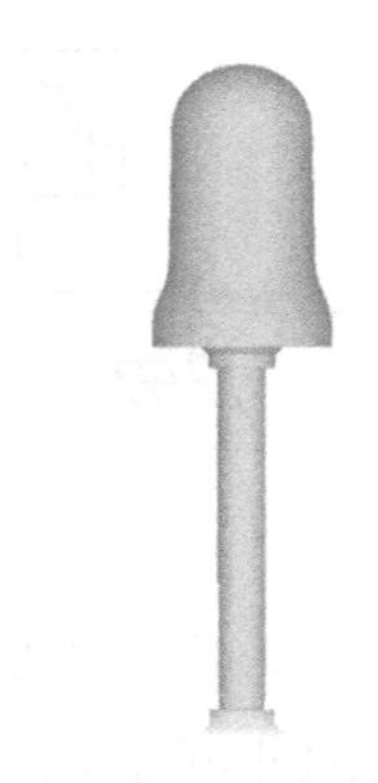
图 15-42 雷电定位系统实物

15.4.3 智能雷电监测系统

智能雷电监测系统利用电流互感器，精确采集被监测点的雷电流参数，实现对被监测对象的雷电活动情况的研究。当系统发生故障时，如果相应的位置安装了雷电监测系统，将有助于运维部门判断故障是否与雷击有关，同时可以获取高精度的雷电流波形等雷电参数。雷电监测系统采集到的雷电流波形、幅值、极性及发生次数，可有助于运维部门摸清雷击规律，改进防雷措施，提升保护效果，以有效降低受保护系统的故障率。智能雷电监测系统如图 15-43 所示。

图 15-43 智能雷电监测系统

15.5 在线监测产品

浪涌保护器是综合防雷体系中最重要的环节，是内部防雷保护的重要组成部分。但是长期以来，我们一直无法准确及时掌握浪涌保护器的工作状态，大量损坏的浪涌保护器无人问津，更谈不上更换，导致电子设备长期存在遭受雷击的隐患。为了彻底做到有效检测浪涌保护器，改变常规人工抽检或不检的工作方式，就需要将智能化理念引入雷电防护领域。

浪涌保护器智能监测系统通过采用现代计算机及通信技术，实时、准确地监测系统内所有浪涌保护器的状态信息及告警动作时间，实现对浪涌保护器的远程在线监测。该监测系统是集远程监测、劣化报警、设备管理、事件记录和报表统计等功能于一体的图形化监测系统，使防雷产品的维护管理更及时、更方便、更有效。智能浪涌保护器监测系统如图 15-44 所示。

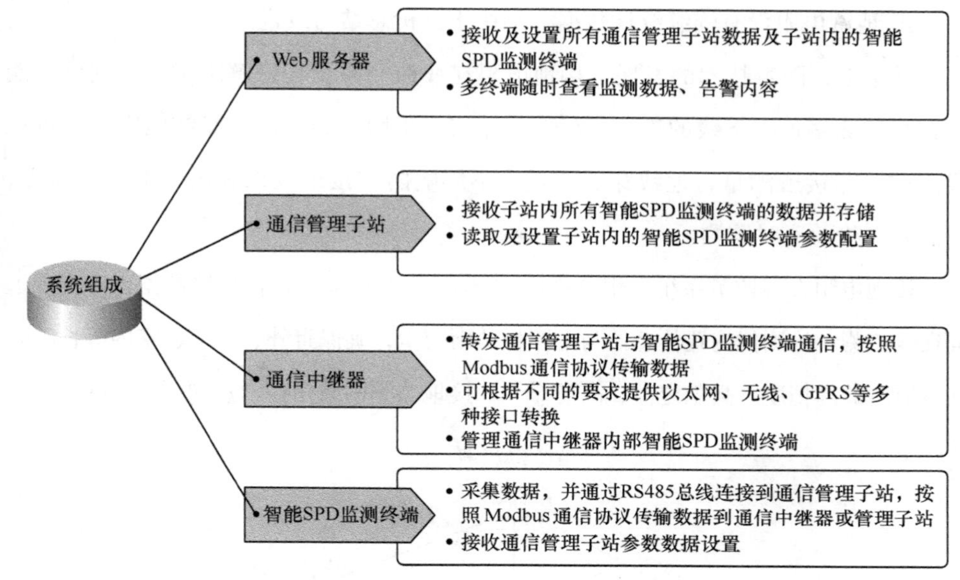

图 15-44　智能浪涌保护器监测系统

智能浪涌保护器监测系统主要由监测终端、通信中继器、通信管理子站、全球广域网（World Area Network，WAN）服务器组成。

监测终端负责采集浪涌保护器运行状态及运行参数，通过通信网络传输到通信管理子站。

在监测设备连接超过一定数量（例如 32 个）时，或通信需要使用以太网或无线网络时，可通过通信中继器完成数据的转发功能；通过 WEB 服务器实现对监测系统的远程访问。

15.6　接地电阻在线监测系统

接地电阻是无线电监测站各类系统正常运行的重要参数之一，也是衡量接地系统有效性、安全性的重要指标，接地电阻值的大小直接关系到电气设备的安全。不开展实时在线监测接地电阻，会出现以下问题。

① 不能及时发现系统设备接地装置腐蚀、接地电阻变大的情况。

② 需要请专业人员到现场测量。

③ 地网电阻没有连续统计数据，不便于分析总结与改进。

近年来，随着技术的发展，接地电阻在线监测系统轻松解决了这些问题，能够在线监测接地引下线的连接状况、回路接地电阻、金属回路联结电阻，实现在线测试、非接触测量、地线穿心通过，不影响防雷接地效果和设施的正常运行，不需要自检，实时监测。

接地电阻在线监测系统采用RS232、RS485有线或无线通信传输数据，可实现远程在线监测。检测仪内置传感器与电路板防雨防尘，确保野外、井下、室内等长时间在线监测的高精度、高稳定性、高可靠性。接地监测网络拓扑示意如图15-45所示。

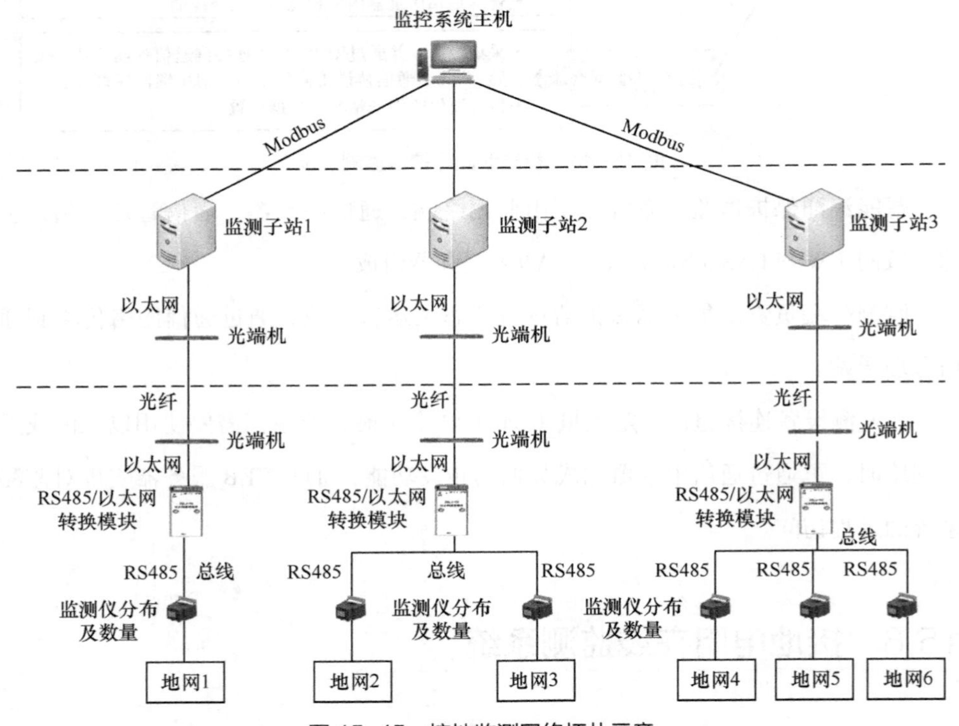

图15-45　接地监测网络拓扑示意

接地电阻在线监测系统的主要特点如下。

① 可以实时显示被测接地电阻值。

② 可以设置自动监控记录时间，间隔记录时间为1～200小时，并记录数据自动存储报表，方便历史查询，分析监测点接地电阻值的变化情况。

③ 液晶显示屏直接显示被测的接地电阻值。通过检测仪可以设置报警临界值，超过接地电阻规定的临界值（允许的合格电阻值），就会出现声光报警指示。对于小型的接地网，不需要组建接地监测系统，就可以独立安装这种接地监测装置。

接地电阻在线监测系统适用于无线电监测站天线、设备防雷接地监控、输电线路杆塔接地、地下矿井设备接地、气象防雷接地、石油化工接地、通信接地、变配电站接地、铁路设施接地、建筑仓库接地、电气设备接地等。

15.7　本章小结

本章对防雷产品、雷电预警和接地电阻在线监测系统进行了简要介绍，方便相关从业人员根据实际需要进行合理的选择。

雷电预警系统可以提前感知天气变化情况，及时预警，提醒技术人员在雷雨来临前将无线电监测设备关机。接地电阻在线监测系统可以随时监控浪涌保护器状态和接地电阻的变化情况，实时掌握防雷与接地系统的质量和运行状态，方便管理人员快速准确地对防雷与接地系统进行维护与保养，最大限度地保障无线电监测站各类系统和设备在雷雨季节安全运行。同时，一旦发生雷击灾害，管理人员可以根据系统的记录数据，快速判断雷击灾害的原因，对防雷与接地系统的不断完善和升级起到科学的参考和指导作用。

这些先进的智能系统不仅适用于有综合监测楼的大型无线电监测站，还适用于恶劣环境下偏远地区的无人值守小型遥控站，可以减少人工日常检测量和维护成本，为无线电监测站防雷与接地系统的管理提供了新的思路。

结束语

我国有大量的无线电监测站，广泛分布于各省（自治区、直辖市）、市县。我国幅员辽阔，从地理分布来看是一个雷电活动多发的国家，只有少数地区例如新疆、青海和宁夏等地雷电活动较少，因此对无线电监测站进行雷电防护，保护人员人身安全和国家财产安全，是安全生产管理中一项非常重要的要求。无线电监测是一项有行业特殊性的工作，不能完全照搬其他行业的防雷经验，本书以无线电行业标准 YD/T 3285—2017《无线电监测站雷电防护技术要求》和电子通信相关国家标准 GB 50343—2012《建筑物电子信息系统防雷技术规范》、GB 50057—2010《建筑物防雷设计规范》、GB 50689—2011《通信局（站）防雷与接地工程设计规范》为主要技术依据，有针对性地介绍无线电监测站防雷与接地技术，对无线电监测站管理人员和技术人员来说极具参考价值。

防雷与接地系统是一套“组合拳”，强调全面性、整体性和配合性，本书列举了大量的防雷措施，这些措施从来都不是单一使用的，需要相互配合完成。例如，单靠接闪器是无法完成直击雷防护的，必须要有可靠的引下线将雷电流传入接地网，泄放到大地进行电荷“中和”才能完成直击雷防护。如果将“雷电流”比喻成“球”，“大地”比喻成“球门”，那么“接”“传”“送”这一套动作就类似于球员打配合一样，将球传送到目的地。同样，仅做外部的直击雷防护是不够的，还需要进行内部防雷；仅做等电位连接是不够的，还需要做好屏蔽；仅对信号线进行防护也是不够的，还需要对电源线进行防护……所以，在无线电监测站防雷与接地工程中，强调的是将不同的防护措施组合起来进行综合设计。

另外，防雷与接地系统的设计还需要再完善，如果没有严格的施工监督、仔细地检测验收、认真地日常维护，还是会存在系统安全隐患，在关键时刻失效。例如，设施设备有新增或者更换时，“不小心”将浪涌保护器的连接线连接到机柜上，这种致命的错误连接是非常隐蔽的，但却形成了防雷与接地系统的“短板”，随着雷电袭击，很可能让整个防雷与接地系统“全局”失效。

目前，各级无线电监测站相关设施大多建设于“十二五”和“十三五”期间，很有必要对其防雷与接地系统进行全面勘察梳理，以排除隐患，保障设施运行安全。无线电监测站管理人员和技术人员结合本书实例，能够快速评估站内防雷与接地系统现状，提出合理的维修维护和升级改造方案。特别是曾经遭受过雷电灾害的无线电监测站，更要引起重视，分析事故原因，排查安全隐患，完善日常维护管理制度，避免灾害再次发生。

本书作者是 YD/T 3285—2017《无线电监测站雷电防护技术要求》行业标准的主要起草人员，其中有长期从事无线电监测工作的技术骨干，其深度参与了无线电监测站的防雷与接地工程升级改造和日常维护，也有专业从事防雷与接地工程设计和施工的防雷专家，其具有扎实的理论功底，积累了丰富的实践经验，对防雷与接地技术在无线电监测工作中的运用有着独特的见解。通过本书，作者将日常工作和工程实践中的所思所做总结出来，与无线电管理和监测同行分享，也供其他行业人员借鉴。

作者水平有限，时间仓促，书中难免有错误，请读者批评指正。

参考文献

[1] 田德宝，冯瑜骅，张雪慧，等. 2012—2017 年全国雷电灾害事故统计分析[J]. 科技通报，2020，36（5）：42-47.

[2] 陈良，万峻. 对短波固定站测向系统防雷方案的探讨[J]. 中国无线电，2014，（1）：68-69.

[3] 中华人民共和国住房和城乡建设部，中华人民共和国国家质量监督检验检疫总局. GB 50057—2010 建筑物防雷设计规范[S] .北京：中国计划出版社，2011.

[4] 中华人民共和国住房和城乡建设部，中华人民共和国国家质量监督检验检疫总局. GB 50689—2011 通信局（站）防雷与接地工程设计规范[S] .北京：中国计划出版社，2012.

[5] 中华人民共和国住房和城乡建设部，中华人民共和国国家质量监督检验检疫总局. GB 50343—2012 建筑物电子信息系统防雷技术规范[S] . 北京：中国建筑工业出版社，2012.

[6] 中华人民共和国住房和城乡建设部，中华人民共和国国家质量监督检验检疫总局. GB 50311—2016 综合布线系统工程设计规范[S] .北京：中国计划出版社，2017.

[7] 中华人民共和国工业和信息化部. YD/T 3285—2017 无线电监测站雷电防护技术要求[S] .北京：人民邮电出版社，2017.

[8] 中华人民共和国信息产业部. YD/T 1765—2008 通信安全防护名词术语[S].北京：人民邮电出版社，2008.

[9] 潘忠林.现代防雷技术与工程[M]. 成都：电子科技大学出版社，2012.

[10] 陈良，梅芳.使用提前放闪电避雷针对短波测向天线场直击雷防护[J].数字通信世界，2016（4）：52–55.

[11] 陈良. 无线电监测站接地系统技术探讨[J]. 中国无线电，2012（12）：53–55.

附录 A

无线电监测站雷电防护技术要求主要内容

1 概要

YD/T 3285—2017《无线电监测站雷电防护技术要求》经中华人民共和国工业和信息化部审批于2017年11月7日正式发布，2018年1月1日正式实施。该标准规定了无线电监测站综合监测楼、小型（前置、遥控）监测站、可搬移站、天线、移动监测车和附属设施的防雷和接地要求，适用于新建、扩建、改建的无线电监测站及需要维护保养的相关设施，这对无线电监测站的雷电防护工作起到了科学的指导作用。

2 总则

2.1 为避免无线电监测站因雷击造成的危害，确保人员安全和监测及通信设备的安全和正常工作，制定本标准。

2.2 在进行无线电监测站防雷设计时，应根据无线电监测系统的特点，进行全面规划，协调各种防雷措施，进行综合防护，做到安全可靠、技术先进、经济合理。

2.3 无线电监测站应根据环境因素、雷电活动规律、设备所在雷电防护区和系统抗扰度、雷击事故受损程度及系统设备的重要性，采取相应的防护措施。

2.4 进行无线电监测设施防雷设计前应按以下方法划分防雷等级。

① 位于强雷区或多雷区的无线电监测设施，以及位于山顶、海边、河流附近等雷击风险较高地带的无线电监测设施应划分为一类；比较重要和设备价值较高的无线电监测设施也可划分为一类。

② 不属于一类的其他无线电监测设施划分为二类。

2.5 无线电监测站防雷除应符合本标准，还应符合国家现行有关标准的规定，无线电监测站防雷施工要求参见附录A，验收要求参见附录B，维护和管理参见附录C。

3 基本规定

3.1 一般规定

3.1.1 设置无线电监测设施的建/构筑物应采取直击雷防护措施，建/构筑物直击雷防护措施除本标准，还应符合 GB 50057 的要求。

3.1.2 无线电监测设施防雷应采取等电位连接与接地保护措施。新建无线电监测站应考虑利用建筑物金属部件进行等电位连接与接地的措施。

3.1.3 无线电监测设施防雷宜采取屏蔽和合理布线措施。

3.1.4 无线电监测设施电源端口及金属线信号端口宜采用浪涌保护器进行防护。

3.1.5 综合监测楼应设进线室，室外信号线缆应在进线室进行接地处理后进入建筑物。

3.2 等电位连接与接地

3.2.1 无线电监测站的接地系统应采用共用接地的方式，当无线电监测设施设置在附近多个相邻的建筑物时，应使用水平接地极将各建筑物的地网相互连通。当距离较远或相互连接有困难时，可作为相互独立的系统分别处理。

3.2.2 无线电监测设施所在建筑物应设置总等电位接地端子。总等电位接地端子与接地装置的连接不应少于两处；各楼层应设置楼层等电位接地端子；机房内应围绕机房敷设环形接地汇集线或接地排，机房等电位连接网络应通过环形接地汇集线或接地排与共用接地系统连接。

3.2.3 无线电监测机房内的设备金属外壳、机架、线缆金属外层、金属管、槽、走线架、金属门框、金属地板、防静电接地、安全保护接地、功能性（工作）接地、浪涌保护器接地端等均应就近与机房内环形等电位连接带或接地排连接。

3.2.4 高层建筑上设置的无线电监测站可设专用垂直接地干线。垂直接地干线由总等电位接地端子引出，同时与建筑物各层钢筋或均压带连通。各楼层设置的接地端子与垂直接地干线连接。垂直接地干线宜在竖井内敷设，通过连接导体引入机房与环形等电位连接带连接。

3.2.5 接地装置应优先利用建筑物的自然接地极，当自然接地极的接地电阻达不到要求时应增加人工接地极。

3.2.6　无线电监测设施机房设备接地线严禁与接闪器、铁塔、防雷引下线直接连接。

3.2.7　接地极应符合以下要求。

① 接地极上端距地面宜不小于 0.7m。在寒冷地区，接地极应埋设在冻土层以下。在土壤较薄的石山或碎石多岩地区应根据具体情况确定接地极埋深距离。

② 垂直接地极可采用热镀锌钢材、铜材、铜包钢、非金属接地模块等。垂直接地极的间距不宜小于其长度的两倍，具体数量可根据地网大小、地质环境情况确定。垂直接地极宜设置在地网四角及交叉的连接处。

③ 在大地土壤电阻率较高的地区，当地网接地电阻值难以满足要求时，可向外延伸辐射形接地极，也可采用接地模块、长效降阻剂等方式降低接地电阻。

④ 水平接地极应采用热镀锌扁钢或铜材。水平接地极应与垂直接地极焊接连通。

⑤ 接地极采用热镀锌钢材时，其规格应符合下列要求：

a. 钢管的壁厚不应小于 3.5mm；

b. 角钢不应小于 50mm × 50mm × 5mm；

c. 扁钢不应小于 40mm × 4mm；

d. 圆钢直径不应小于 14mm。

⑥ 接地极采用铜包钢、镀铜钢棒和镀铜圆钢时，其直径不应小于 14mm。镀铜钢棒和镀铜圆钢的镀层厚度不应小于 0.25mm。

⑦ 除了混凝土中的接地极之间的所有焊接点，其他接地极之间的所有焊接点均应进行防腐处理。铜质接地极采用热熔焊时，其焊接点可不进行防腐处理。

⑧ 接地装置的焊接长度，采用扁钢时不应小于其宽度的 2 倍；采用圆钢时不应小于其直径的 10 倍。

3.2.8　接地引入线应符合以下要求。

① 接地引入线应做防腐蚀处理。

② 接地引入线宜采用 40mm × 4mm 或 50mm × 5mm 的热镀锌扁钢或截面积不小于 $50mm^2$ 的多股铜线，且长度不宜超过 30m。

③ 接地引入线不宜与暖气管同沟布放，埋设时应避开污水管道和水沟，其出土部位应有防机械损伤的保护措施和绝缘防腐处理。

④ 与接地汇集线连接的接地引入线应从地网两侧就近引入。

⑤ 高层通信楼地网与垂直接地汇集线连接的接地引入线，应采用截面积不小于 240mm^2 的多股铜线，并应从地网的两个不同方向引接。

⑥ 接地引入线应避免从作为雷电引下线的柱子附近引入。

⑦ 作为接地引入点的楼柱钢筋应选取全程焊接连通的钢筋。

3.2.9　接地汇集线应符合以下要求。

① 接地汇集线宜采用环形接地汇集线或接地排方式。环形接地汇集线宜安装在大楼地下室、底层或相应的机房内，小型机房可将环形接地汇集线安装在走线架上，宜距离墙面（柱面）50mm。接地排可安装在不同楼层的机房内。接地汇集线与接地线采用不同金属材料互连时，应采取防止电化学腐蚀的措施。

② 接地汇集线可采用截面积不小于 90mm^2 的铜排，高层建筑物的垂直接地汇集线应采用截面积不小于 300mm^2 的铜排。

③ 接地汇集线可根据监测机房布置和大楼建筑情况在相应楼层设置。

3.2.10　接地线应符合以下要求。

① 无线电监测站内各类接地线应根据最大故障电流值和材料机械强度确定，宜选用截面积为 16 ～ 95mm^2 的多股铜线。

② 配电室、电力室、发电机室内部主设备的接地线，应采用截面积不小于 16mm^2 的多股铜线。

③ 跨楼层或同楼层布设距离较远的接地线，应采用截面积不小于 70mm^2 的多股铜线。

④ 各层接地汇集线与楼层接地排或设备之间相连接的接地线，距离较短时，宜采用截面积不小于 16mm^2 的多股铜线；距离较长时，宜采用不小于 35mm^2 的多股铜线或增加一个楼层接地排，应先将其与设备间用不小于 16mm^2 的多股铜线连接，再用不小于 35mm^2 的多股铜线与各层楼层接地排进行连接。

⑤ 接收机、通信设备、工控机、数据服务器、环境监控系统、数据采集器等小型设备的接地线，可采用截面积不小于 4mm^2 的多股铜线；接地线较长时应加大其截面积，也可增加一个局部接地排，并应用截面积不小于 16mm^2 的多股铜线连接到

接地排上；当安装在开放式机架内时，应采用截面积不小于 2.5mm^2 的多股铜线接到机架的接地排上，机架接地排应通过 16mm^2 的多股铜线连接到接地汇集线上时。

⑥ 浪涌保护器连接导体应采用铜导线，浪涌保护器连接导体时的最小截面积见表 1。

表 1 浪涌保护器连接导体时的最小截面积

类型		导线截面积 /mm^2	
		SPD 连接相线铜导线	SPD 接地端连接铜导线
交流电源浪涌保护器	第一级	6	10
	第二级	4	6
	第三级	2.5	4
直流电源浪涌保护器		4	6
信号浪涌保护器		1.5	

3.2.11 光传输系统的等电位连接和接地应符合以下要求。

① 无线电监测站内的光缆金属加强芯和金属护层应采用截面积不小于 16mm^2 的多股铜线，并在进线室或分线盒内就近连接到接地排上。

② 光传输机架设备的接地线应采用多股铜线就近接地。

3.2.12 接地线两端的连接点应确保电气接触良好。

3.2.13 由接地汇集线引出的接地线应设明显标志。

3.3 屏蔽及布线

3.3.1 机房屏蔽应符合以下要求。

① 新建无线电监测主机房的屏蔽位置宜选择在建筑物低层中心部位，机房内的设备应尽可能远离机房屏蔽体或结构柱。

② 机房应采用无窗密闭铁门并接地，机房窗户的开孔应采用金属网格屏蔽，铁门及金属屏蔽网格应与环形等电位连接带均匀多点连接。雷电防护等级划分为一类的无线电监测机房可采取 6 面金属网格屏蔽。

3.3.2 金属芯线缆屏蔽应符合以下要求。

① 线缆宜采用屏蔽电缆，当采用非屏蔽电缆时，应采用金属线槽或金属管道屏蔽。

② 电缆屏蔽层、金属线槽或金属管道两端宜在进入建筑物或设备处做等电位连接并接地。

3.3.3 金属芯线缆敷设应符合以下要求。

① 雷电防护等级划分为一类无线电监测站内的户外线缆宜敷设在金属线槽或金属管道内。

② 布置金属芯线缆的路由走向时，应尽量减小由线缆自身形成的感应环路面积。

③ 线缆及线槽的布放宜避免紧靠建筑物外侧的立柱或横梁，无法避免时，应减小沿该立柱或横梁的布线长度。

④ 各类线缆的布放宜远离电力、微波铁塔等可能遭受直击雷的结构物。

⑤ 室内各种线缆的布放宜集中在建筑物的中部。

⑥ 金属芯电缆空线对应在配线架上接地。

3.3.4　光缆敷设应符合以下要求。

① 光缆敷设应避免孤立杆塔及拉线、大树、高耸建筑物及接地保护装置附近、以往曾屡次发生雷害的地点。

② 在雷害严重地段，光缆可采用非金属加强芯或无金属构件的结构形式。

③ 架空光缆宜埋地进入无线电监测站。

3.4　电源系统浪涌防护

3.4.1　高压输电线路与变压器的设置应符合以下要求。

① 从架空高压电力线终端杆引入无线电监测站的高压电力线宜采用铠装电缆，在进入站配电变压器时，高压侧的铠装电缆宜全程埋地引入。

② 当配电变压器设在无线电监测站内的建筑物内部时，高压铠装电缆应埋地引入，且两端铠装层应就近接地。

③ 配电变压器高压侧应在靠近变压器处装设相应系统额定电压等级的交流无间隙氧化锌避雷器，变压器低压侧应加装浪涌保护器（SPD）。

④ 配电变压器高低压侧的 SPD 接地端子、变压器外壳、中性线及电力电缆的铠装层，应就近接地。

⑤ 配电变压器安装在无线电监测站内时，应将变压器的接地极与无线电监测站共用接地装置连通。

⑥ 站内配电设备的不带电部分均应接地。

3.4.2　进、出无线电监测设施机房的低压电源线路宜埋地敷设。

3.4.3 电源线路浪涌保护器的选择。

3.4.3.1 电源浪涌保护器的性能应符合 YD/T 1235.1。

3.4.3.2 正极接地的直流系统中，接地点附近正极对地可不设 SPD。

3.4.3.3 无线电监测设施交流电源应设置浪涌保护器，其有效保护水平 $U_{p/f}$ 应低于被保护设备的额定冲击耐受电压 U_w。雷电防护等级划分为一类的无线电监测设施应在变压器低压侧设置第一级保护，在建筑物入口或机房电源柜处设置有效保护水平不高于 2500V 的交流浪涌保护器作为第二级保护，重要的设备电源端口可附加有效保护水平更低的第三级交流浪涌保护器。雷电防护等级划分为二类的无线电监测设施应至少在变压器低压侧处设置交流浪涌保护器。

3.4.3.4 电源线路浪涌保护器的安装位置与被保护设备间的距离大于 30m 且有效保护水平大于 $U_w/2$ 时，在被保护设备处宜增设浪涌保护器。

3.4.3.5 无线电监测设施宜在直流电源柜输出端口设置直流电源浪涌保护器，其最大持续工作电压不应小于电源系统允许的最大浮充电压，有效保护水平 $U_{p/f}$ 宜低于被保护设备的额定冲击耐受电压 U_w。

3.4.3.6 无线电监测设施电源浪涌保护器的冲击电流和标称放电电流参数的选择应遵照 GB 50689 的规定。

3.4.3.7 当电压开关型浪涌保护器至限压型浪涌保护器之间的线路长度小于 10m、限压型浪涌保护器之间的线路长度小于 5m 时，应在两级浪涌保护器之间加装退耦装置。当浪涌保护器具有能量自动配合功能时，浪涌保护器之间的线路长度不受限制。

3.4.3.8 当监测设施室外天线或其他室外监测设备由监测机房内部向其供电时，应在天线或监测设备的电源端口及监测机房内部供电输出端口增设浪涌保护器。

3.5 信号系统浪涌防护

3.5.1 出入建筑物的各类金属数据线应采用数据线 SPD 保护；防雷等级划分为一类的设备间金属芯网络数据线长度大于 30m 时，宜在两端设备端口采用数据线 SPD；网络数据线用 SPD 的标称放电电流应不小于 2kA。

3.5.2 市话电缆空线对应在配线架上接地。

3.5.3 铁塔或钢杆架设的天线馈线，同轴电缆金属外保护层应在天线侧及进入

建筑物入口外侧就近接地；经走线架上天线塔的馈线，其屏蔽层应在其转弯处上方 0.5 ～ 1m 内做良好接地；当馈线长度大于 60m 时，其屏蔽层宜在天线塔中间部位增加一个与塔身的接地连接点；室外走线架始末两端均应与接闪带或地网相连。

3.5.4 天馈线路宜在设备端口安装标称放电电流不小于 10kA 的 SPD。

3.5.5 信号线路浪涌保护器的选择应符合以下规定。

① 信号线路浪涌保护器应根据线路的工作频率、传输速率、传输带宽、工作电压、接口形式和特性阻抗等参数，选择插入损耗小、分布电容小并与纵向平衡、近端串扰指标适配的浪涌保护器。

② 信号线路浪涌保护器 U_c 应大于线路上的最大工作电压 1.2 倍，U_p 应低于被保护设备的耐冲击电压额定值 U_w；根据雷电过电压、过电流幅值和设备端口耐冲击电压额定值，可设单级浪涌保护器，也可设多级浪涌保护器。

4 综合监测楼防雷与接地

4.1 一般规定

4.1.1 综合监测楼应采用直击雷防护和浪涌防护相结合的综合防雷系统。

4.1.2 综合监测楼电源和信号系统的浪涌防护应符合 5.4 条规定。

4.1.3 无线电监测设施设备由 TN 交流配电系统供电时，从总配电箱引出的配电线路应采用 TN-S 系统的接地形式。

4.2 直击雷防护

4.2.1 综合监测大楼楼顶应设接闪网，房顶女儿墙及屋角、屋脊、檐角等易受雷击的部位应设接闪带，塔楼顶宜设接闪杆。接闪网、接闪带、接闪杆应相互多点焊接连通。

4.2.2 接闪装置保护范围可按滚球法设计。

4.2.3 防雷等级为一类的综合监测大楼屋面接闪网网格尺寸应不大于 5m×5m，网格交叉点应焊接牢靠。

4.2.4 屋顶金属构件，如金属屋顶、水落管、栏杆和遮棚等可作为接闪器使用，作为接闪器使用时，材料规格应符合 GB 50057 的相关要求，金属构件上不应铺设绝热材料，金属屋顶的金属板在屋面边缘应与接闪装置相连。

4.2.5 建筑物防雷引下线可利用大楼外围柱内的主钢筋，主钢筋不应小于两根，钢筋自身上、下连接点应采用搭接焊，且其上端应与房顶接闪装置焊接连通，下端应与地网焊接连通，中间应与各均压带焊接连通。建筑物钢筋电气连通性不符合防雷引下线要求时，应至少设两条专用引下线。

4.3 接地网

4.3.1 综合监测楼应采用共用接地系统，防雷接地电阻不宜大于 10Ω。

4.3.2 综合监测楼内部的接地系统应通过总接地排、楼层接地排、局部接地排、预留在柱内接地端子等将各子接地系统相互连接构成一个完整的等电位连接系统。

4.3.3 变压器不宜设置在综合监测楼内。当变压器必须设置在楼内时，变压器的中性点应与共用接地网双线连接。

4.3.4 综合监测楼宜利用自然接地极，并应符合以下规定。

① 综合监测楼新建时可利用大楼的柱内和地下圈梁内的基础钢筋做自然接地极。柱内和地下圈梁内的对角两条主钢筋在绑扎处宜进行焊接，双面焊接长度大于 6*D*（*D* 为钢筋直径），单面焊接长度大于 12*D*。地桩和地梁每隔 6m 宜设置箍筋与地桩、地梁、主钢筋进行焊接形成的短路环。

② 如果综合监测楼地处高电阻率地区，可以采取深打地基、地基内加金属板或降阻剂、内部和地下钢筋尽量粗密、钢筋绑扎牢固或改为焊接等方式降低接地电阻。

4.3.5 综合监测楼新建或改造时宜在建筑物基础外围 1m 外设置均压环（带），并将基础接地极与均压环（带）多点等电位连接，基础接地增加均压环带如图 1 所示。需进一步降低接地电阻时，均压环（带）宜设置垂直接地极或延伸设置水平接地极。

4.3.6 综合监测楼内部接地应符合以下规定。

① 设备分散、高度较低且建筑物面积较大的综合监测楼可采用环形接地汇集线连接系统。环形接地汇集线连接系统也可以在高层综合监测大楼的某几层或机房使用。

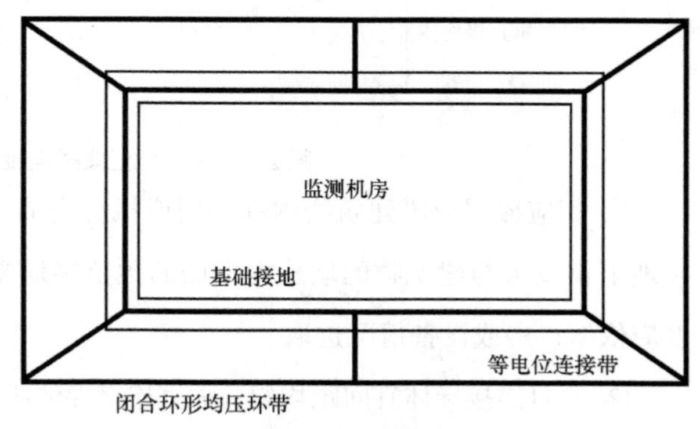

图 1 基础接地增加均压环带

② 监测设备较集中的监测楼可采用垂直主干线接地连接系统。

③ 综合监测楼连接也可混合采用环形接地汇集线连接系统、垂直主干接地线连接系统两种方式。

4.3.7 环形接地汇集线连接系统如图 2 所示，并应符合以下要求。

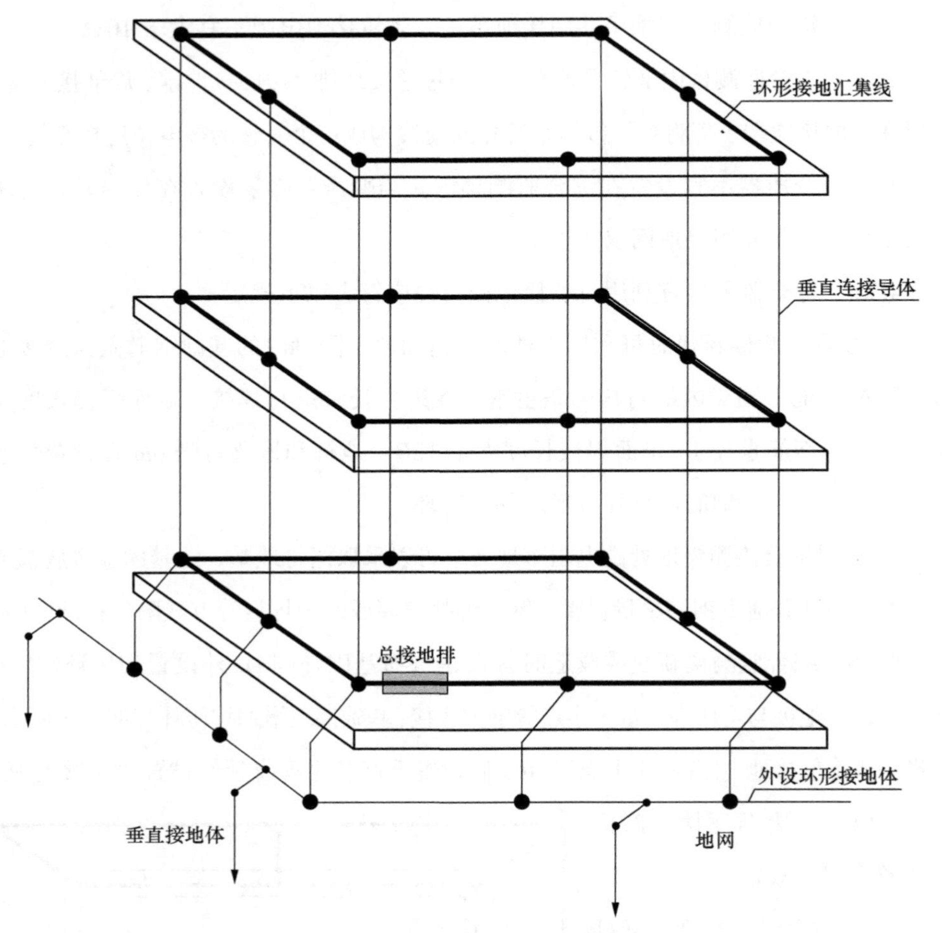

图 2 环形接地汇集线连接系统

① 相应楼层应沿建筑物内部一周或机房内部一周设置环形接地汇集线，环形接地汇集线可与建筑物的墙柱内钢筋的预留接地端子连接，环形接地汇集线的高度应依据机房或设备情况选取。

② 垂直连接导体宜间距均匀。垂直连接导体应与相应楼层或机房环形接地汇集线相连接，垂直连接导体利用建筑物柱内钢筋时，应避免使用外墙柱内钢筋直接连接。

③ 第一层环形接地汇集线宜与基础接地极多点相连，并应将下列物体接到环形接地汇集线上：

——每一个电缆入口设施内的接地排；

——电力电缆的屏蔽层和各类接地线的汇集点；

——构筑物内的各类金属管道系统；

——其他进入建筑物的金属导体。

④ 机房环形接地汇集线应与楼层环形接地汇集线或楼层接地排相连。

4.3.8　垂直主干接地线连接系统如图 3 所示，并应符合下列要求。

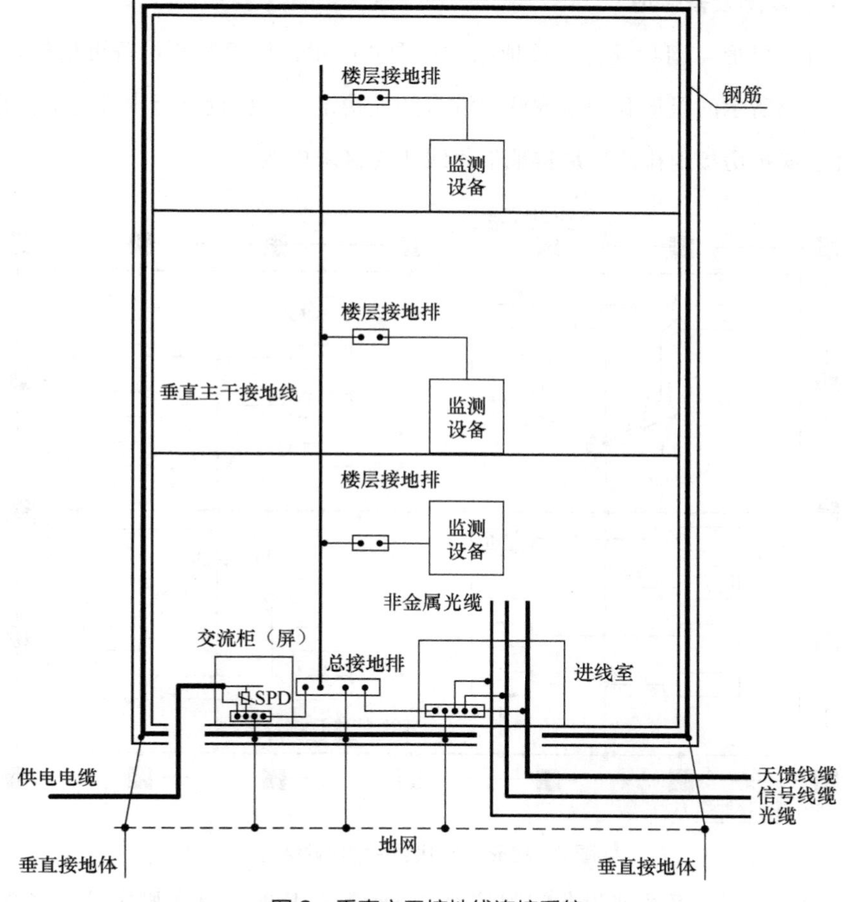

图 3　垂直主干接地线连接系统

① 总接地排宜设置在交流市电的引入点附近，且应与下列设备连接：

——地网的接地引入线；

——电缆入口设施的连接导体；

——电缆屏蔽层和各类接地线的连接导体；

——金属管道和埋地构筑物的连接导体；

——建筑物钢结构；

——一个或多个垂直主干接地线。

② 垂直主干接地线从总接地排连接到建筑物的每一楼层，建筑物的钢结构在电气连通的条件下可作为垂直主干接地线。

4.4 监测设备接地

4.4.1 星形－网状混合型接地结构如图4所示，机房监测设备可根据自身需求选择图4所示的星形和网状或两者混合的连接结构，就近进行内部等电位连接，并与楼层或机房接地排或环形接地汇集线相连接来接地。

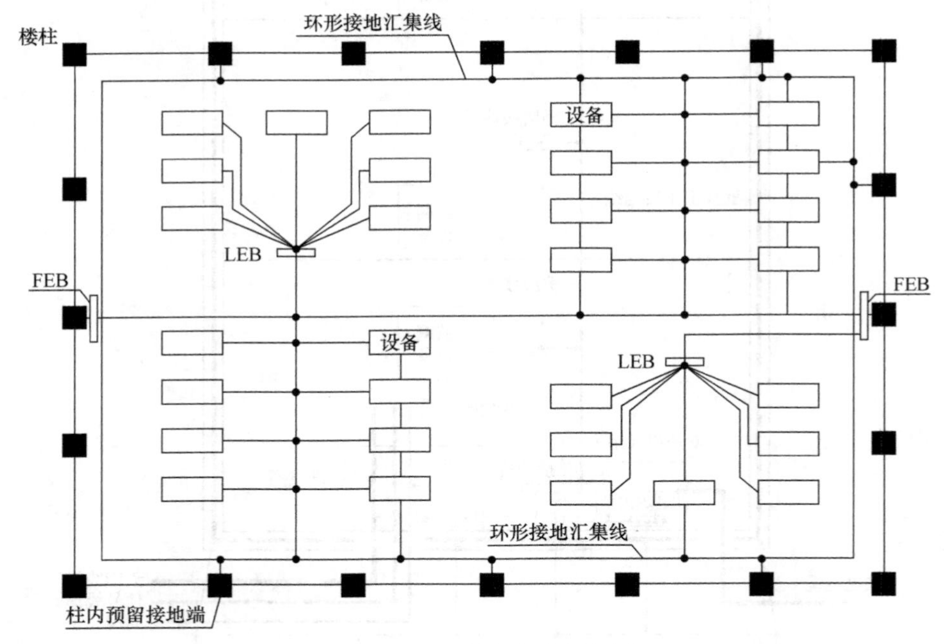

图4 星形－网状混合型接地结构

4.4.2 不同子系统或设备间因接地方式引起干扰时，宜在机房设立多个接地排，不同监测子系统或设备间的接地线应与各自的接地排相连后，再与楼层或机

房接地排或环形接地汇集线连接。

4.5 其他设施的接地

4.5.1 楼顶的各种设施金属外壳应分别与楼顶接闪带或接地预留端子就近连通。

4.5.2 楼顶的监测设备、航空障碍灯、照明灯的电源、信号电缆金属外护层或金属管宜与楼顶接地预留端子就近连通。上下走向的电缆金属外护层或金属管应至少在上下两端就近接地一次。

4.5.3 楼内各层金属管道均应就近接地。大楼所装电梯的滑道上、下两端均应就近接地，且离地面 30m 以上，宜向上每隔一层就近接地一次。

4.5.4 楼内的金属竖井及金属槽道，节与节之间应电气连通。金属竖井上、下两端均应就近接地，且从离地面 30m 处开始，宜向上每隔一层与接地端子就近连接一次。

4.6 屏蔽及布线

4.6.1 综合监测楼机房屏蔽应符合 5.3 的规定。

4.6.2 综合监测大楼的信号竖井宜设计在大楼的中部。

4.6.3 设备机房宜尽量设计在建筑物中间并位于较低楼层，监测设备宜放置在距外墙楼柱 1m 以外的区域，并应避免设备的机柜直接接触外墙。

4.6.4 易受干扰的精密监测设备可采取单独专用金属机柜。

4.6.5 必须布放非屏蔽信号电缆或电力电缆时，应避免在外墙上布放，并将电缆全部穿入屏蔽金属管，金属管两端就近接地。

4.6.6 综合监测楼宜设立电缆进线室，户外电缆金属护层及屏蔽层应按图 3 所示通过接地排与主接地排或环形接地汇集线连接，并应符合以下要求。

① 所有连接应靠近建筑物的外围。

② 入楼前宜在室外设置接地端子板作为各种线缆或线缆走线槽的入户接地点，室外接地端子板应直接与地网连接，接入地网点应该远离防雷引下线。

③ 电缆进线室的连接导体应短、直。

5 小型（前置、遥控）监测站防雷与接地

5.1 一般要求

5.1.1 小型监测站（其机房）防雷接地应在经济合理的基础上，根据运营和

安装环境的特殊性，采用恰当的防雷接地措施。

5.1.2　小型监测站宜利用建筑物原有的防雷装置作为直击雷防护措施。

5.2　直击雷防护

小型监测站直击雷防护应符合以下要求。

① 小型监测站直击雷防护宜首先利用所在建（构）筑物原有的防雷装置结合专设接闪器的方式，天线及设备应在接闪器的保护范围内；保护范围可按滚球法设计。

② 小型监测站设立有天线杆塔时，可利用天线杆塔进行直击雷防护。

③ 小型监测站站址宜避开河边、湖边、山顶、山谷风口等易遭受直击雷的地方；当因环境限制，无法避开时，应提高直击雷防护水平。

④ 接闪器采用圆钢时，其直径不应小于 16mm；采用钢管时，其直径不应小于 25mm，管壁厚度不应小于 2.5mm。

⑤ 接闪器至地网、接地排至地网应设置专门的接地引下线，接地引下线应采用 40mm × 4mm 的热镀锌扁钢或截面积不小于 95mm^2 的多股铜线。

⑥ 小型监测站所在建筑物有完善的防雷引下线或建筑物为钢结构时，接闪器应通过两条不小于 40mm × 4mm 的热镀锌扁钢或截面积不小于 95mm^2 的多股铜线与楼顶预留的端子或接闪带可靠连接。

5.3　接地网

小型监测站的地网应符合以下要求。

① 小型监测站宜采用垂直主干接地线连接系统。

② 小型监测站宜利用建筑基础钢筋作为地网，防雷接地电阻不宜大于 10Ω。当接地电阻不能满足要求时，应增设人工接地极（网），并应根据周围环境和地质条件，选择不同的接地方式。新设地网应与建筑物基础钢筋相连。

③ 防雷等级为一类的小型监测站（机房）使用铁塔（杆）时，宜围绕铁塔（杆）设置封闭环形接地极，并宜与铁塔（杆）地基钢结构可靠焊接连通，在环形接地极的四角还可增设垂直接地极或向外增设辐射型水平接地极。

④ 当小型监测站土壤电阻率大于 1000Ω · m 时，可不对接地电阻予以限制，但地网等效半径应大于 10m，并应在地网周边增设垂直或水平辐射接地极。

5.4 浪涌防护

小型监测站浪涌防护应符合以下要求。

① 防雷等级为一类的小型监测站配电变压器不宜与监测设备在同一机房内。

② 小型监测站应设置专用接地排。监测设备、电源 SPD、信号 SPD 及天馈线 SPD 的接地线应接至专用接地排。

③ 小型监测站电源和信号系统的浪涌防护应符合 5.4 的规定，宜采用两级组合型 SPD。

④ 小型监测站使用铁塔（杆）时，铁塔（杆）上设备引下电缆的屏蔽层应至少在铁塔（杆）顶部、下部与铁塔（杆）进行等电位连接。

⑤ 小型监测站设备的机壳及机架等金属构件应进行接地处理。

⑥ 严禁将缆线系挂在接闪器上。

6 可搬移站防雷与接地

6.1 一般规定

6.1.1 可搬移站应根据使用时间、雷暴风险采取雷电防护措施。

6.1.2 可搬移站防雷设计应根据可搬移站的价值和特点采取综合防护措施，确保可搬移站设备和操作人员的安全。

6.1.3 有条件的情况下，应借助建（构）筑物防雷装置进行雷电防护。

6.2 直击雷防护

可搬移站直击雷防护可采取以下措施。

① 天线系统自身带有接闪装置时，应采用带有外层绝缘的专用引下线并可靠接地。天线系统自身未设接闪装置时，可采用专设接闪器进行防护，接闪器宜与绝缘支撑结构连接，并采用带有外层绝缘的专用引下线可靠接地。

② 直击雷防护采用滚球法设计保护范围。

③ 可搬移站站址宜避开河边、湖边、山顶、山谷风口等易遭受直击雷的地方；当因环境限制，无法避开时，应提高直击雷防护水平。

④ 监测设备外壳应与金属塔杆保持大于 3m 的距离。

⑤ 专用引下线应采用不小于 $50mm^2$ 的多股绝缘铜芯电缆。

6.3　接地网

可搬移站地网应符合以下要求。

① 地面设置的可搬移站宜在天线支架周围或专设接闪器周围设置 4 支以上的垂直接地极，接地极间距宜大于其长度的 2 倍，接地极应相互连接，连接线宜采用截面积不小于 70mm^2 的可拆卸多股铜线。

② 楼顶设置的可搬移站应首先利用所在建筑物接地网。

③ 垂直接地极宜采用经济适用的快装接地极等符合接地极技术要求的接地装置。

④ 防雷接地电阻不宜大于 10Ω，当可搬移站架设地土壤电阻率大于 1000Ω·m 时，可不对接地电阻予以限制，但地网等效半径应大于 10m，并应在地网周边增设垂直或水平辐射接地极。

6.4　浪涌防护

可搬移站浪涌防护应符合以下要求。

① 可搬移站电源和信号系统的浪涌防护应符合 5.4 的规定。

② 外接交流电源（或车载发电机）进入设备处应安装浪涌保护器，其标称放电电流不应小于 40kA(8/20μs)。

③ 设备处宜配置防雷插座，有条件的情况下可使用不间断电源（UPS）。

④ 监测设备宜装入金属机柜，金属机柜应可靠接地。

⑤ 天馈线金属外层应多点接地，设备接入端口宜设置匹配的天馈线 SPD。

7　天线的防雷与接地

7.1　一般规定

7.1.1　无线电监测站天线应设接闪器保护。

7.1.2　接闪器保护范围应按滚球法计算。

7.1.3　接闪器应根据被保护的天线种类和特点进行合理选择，应尽量减少对天线性能的影响。

7.1.4　当被保护的天线占地面积较大且无法用一只接闪器有效保护时，可以使用多接闪器进行联合保护。

7.1.5　独立接闪器与天线体的距离宜大于 3m。

7.1.6　引下线应采用截面积不小于 40mm × 4mm 的热镀锌扁钢或 $95mm^2$ 的多股铜线。

7.1.7　天线的防雷接地装置的防雷接地电阻不宜大于 10Ω，有特殊要求的天线按其要求设计。

7.2　扇锥天线

扇锥天线应采取以下防雷措施。

① 支撑铁塔上可架设接闪器，高度应高于天线体 2 ～ 3m；接闪器可直接焊接到铁塔上。

② 引下线可利用电气贯通良好的天线铁塔（杆），也可专设引下线。

③ 拉线和天线体使用隔离子与铁塔（杆）进行有效隔离。

④ 扇锥天线宜围绕塔（杆）基础设置封闭环形接地极，并宜与塔（杆）钢结构可靠连通，在环形接地极的四角还可增设垂直接地极或向外增设辐射型水平接地极。各支撑铁塔（杆）地网宜用两根 40mm × 4mm 的热镀锌扁钢焊接连通。当支撑铁塔（杆）地网与机房距离较近时，应将支撑铁塔（杆）地网与机房地网互相连接，形成共用地网。

7.3　多模多馈天线

多模多馈天线应采取以下防雷措施。

① 天线主桅杆和支撑杆上可架设接闪器。

② 接闪器应采用专设引下线，引下线应采用截面积不小于 $95mm^2$ 的绝缘多股铜线。

③ 多模多馈天线宜围绕天线主桅杆基础设置环形接地极，并与专设引下线和支撑钢结构可靠连通，环形接地极四角还可增设垂直接地极或向外增设辐射型水平接地极；当多模多馈天线地网与机房距离较近时，应将多模多馈天线地网与机房地网互相连接，形成共用地网。

7.4　笼形天线

笼形天线应采取以下防雷措施。

① 笼形天线宜采用支撑铁塔上架设接闪器的方式进行直击雷防护，接闪器高度应高于天线体 2 ～ 3m。

② 拉线和天线体使用隔离子与支撑铁塔（杆）进行有效隔离。

③ 笼形天线宜围绕塔（杆）基础设置封闭环形接地极，并宜与塔（杆）钢结构可靠连通，在环形接地极的四角还可增设垂直接地极或向外增设辐射型水平接地极；各支撑铁塔（杆）地网宜用两根 40mm × 4mm 的热镀锌扁钢焊接连通，当支撑铁塔（杆）地网与机房距离较近时，应将支撑铁塔（杆）地网与机房地网互相连接，形成共用地网。

7.5 三线式通信天线

倒“V”式架设的三线式通信天线应采取以下防雷措施。

① 天线主桅杆上可架设接闪器。

② 接闪器应采用专设引下线，引下线应采用截面积不小于 95mm^2 的绝缘多股铜线。

③ 倒“V”式架设的三线式通信天线宜围绕天线主桅杆基础设置环形接地极，并与专设引下线和支撑钢结构可靠连通，环形接地极四角还可增设垂直接地极或向外增设辐射型水平接地极；当倒“V”式架设的三线式通信天线地网与机房距离较近时，应与机房地网互相连接，形成共用地网。

平拉式架设的三线式通信天线应采取以下防雷措施。

①三线式通信天线宜采用支撑铁塔上架设接闪器的方式进行直击雷防护，接闪器高度应高于天线体 2 ～ 3m。

② 拉线和天线体使用隔离子与支撑铁塔（杆）进行有效隔离。

③ 三线式通信天线宜围绕塔（杆）基础设置封闭环形接地极，并宜与塔（杆）钢结构可靠连通，在环形接地极的四角还可增设垂直接地极或向外增设辐射型水平接地极；各支撑铁塔（杆）地网宜用两根 40mm × 4mm 的热镀锌扁钢焊接连通，当支撑铁塔（杆）地网与机房距离较近时，应将支撑铁塔（杆）地网与机房地网互相连接，形成共用地网。

7.6 接收天线组（八木、对周等）

接收天线组（八木、对周等）应采取以下防雷措施。

① 接闪器与支撑杆之间应采用非金属杆连接，并具有支撑接闪器和抗风所要求的强度；引下线采用专用屏蔽引下线，穿支撑杆连接至铁塔平台。

② 天线塔位于机房屋顶时，天线塔四脚应与屋顶接闪带或预留接地端子就近焊接连通；建筑物无防雷装置时，天线塔应设置引下线与地网连通，可采用专设引下

线或利用建筑物外侧柱内的钢筋作为引下线，引下线不应少于两根，并对称设置。

③ 天线塔位于机房附近的地面时，宜利用天线塔基础作为接地极，并在基础外设置环形接地网，用 40mm × 4mm 的热镀锌扁钢将环形接地网与天线塔 4 个塔脚基础内的金属构件焊接连通；天线塔地网与机房地网之间可每隔 3 ～ 5m 相互焊接连通一次，且连接点不应少于两点；与监测站其他建筑物距离较近时，天线塔地网应与其他建筑物地网在地下焊接连通。

④ 设备引下电缆宜沿铁塔中部敷设，电缆屏蔽层应至少在铁塔顶部、下部与铁塔进行等电位连接。

7.7 卫星收发天线

卫星收发天线应采取以下防雷措施。

① 位于综合监测楼楼顶的卫星收发天线宜利用所在建筑物现有防雷装置进行直击雷防护。

② 无已有接闪器可利用时，可在卫星收发天线反射面上安装接闪器进行直击雷防护。

③ 接闪器数量、位置和高度等参数应合理设置，避免对天线的发射和接收性能产生影响。

④ 卫星收发天馈线电缆、电源电缆、控制电缆应采用屏蔽措施，电缆屏蔽层应就近与楼内等电位连接排连接接地。

7.8 测向天线（阵）防雷与接地

测向天线（阵）可采取以下防雷措施。

① 接闪器数量、位置和高度等参数应合理设置，减少对天线的发射和接收性能的影响。

② 可采用快速架设的接闪器，雷雨天架设，非雷雨天拆除。

8 移动监测车防雷与接地

8.1 一般规定

8.1.1 移动监测车的防雷设计应充分考虑移动监测车的特点，根据车辆的尺寸、天线架设的高度、内部设备的特征［位置、接口、电磁兼容性（Electro Magnetic Compatibility，EMC）防护、信号走向］等实际情况采取有效的防雷措施，确保雷电天气移动监测车、设备和车内人员的安全。

8.1.2　移动监测车在雷雨天外出工作时，宜避开河边、湖边、山顶、山谷风口等易遭受直击雷的地方。有条件的监测站应使用地下车库或有防雷措施的地面车库停放移动监测车。

8.1.3　车辆在雷雨天工作时，在不影响监测性能的前提下，应合理利用附近建筑物的防雷装置进行直击雷防护。

8.2　直击雷防护

移动监测车应采取以下直击雷防护措施。

① 雷雨天野外固定工作的移动监测车，雷击风险较高时，宜采用接闪器作为直击雷防护，接闪器应根据移动监测车的外形尺寸和车辆上的天线位置及高度布置，接闪器与天线距离应大于 3m；接闪器支架与车体应绝缘。

② 安装在移动监测车上的接闪器可根据车体空间布局，采用拆卸式或升降式，也可采用经实践证明行之有效的其他接闪器。

③ 当移动监测车靠近有避雷装置的高大建筑物或其他设施时，可不架设接闪器，但应与建筑物或设施保持 3m 以上的距离。

④ 引下线应采用不小于 50mm^2 的多股铜芯绝缘电缆。

⑤ 移动监测车接地宜采用方便快速安装和拆卸的快装接地极；快装接地极不宜少于两根，有效长度应大于 0.5m。

⑥ 当移动监测车靠近高大建筑物且利用建筑物防雷设施作为直击雷防护时，可利用建筑物的地网作为防雷接地，将引下线直接与建筑物的防雷地网连接。

8.3　浪涌防护

移动监测车应采取以下浪涌防护措施。

① 外接交流电源（或车载发电机）进入车辆整流设备前应安装浪涌保护器，其标称放电电流不应小于 40kA（8/20μs），浪涌保护器接地线就近与车内接地相连。

② 整流设备输出的直流电源进入无线监测设备前宜安装直流电源浪涌保护器，其标称放电电流不应小于 5kA（8/20μs），直流浪涌保护器地线就近与车内接地排相连。

③ 天线的馈线金属屏蔽层两端应与金属车体进行等电位连接。

④ 天馈线在进入无线监测设备之前宜安装天馈线浪涌保护器，其标称放电电流不应小于 10kA(8/20 μs)，天馈线浪涌保护器就近与车内接地排相连。

⑤ 车内地板应设置接地排，接地排可采用 40mm × 4mm 的热镀锌扁钢，金属车体、设备金属外壳、保护地、直流电源地、防雷地、静电地等就近与接地排相连，连接导体宜采用不小于 $16mm^2$ 的多股铜芯线。

⑥ 接地排应采用不小于 $50mm^2$ 的多股铜芯线与接地极连接。

9 附属设施防雷与接地

9.1 燃油库房

燃油库房应采取以下防雷措施。

① 燃油库房选址应尽量独立，远离天线铁塔、河流和池塘等易受雷击的地点，并远离综合监测楼、机房等场所。

② 燃油库房建筑物直击雷防护应符合 GB 50057 规定的一类建筑物防雷要求。

③ 燃油库房配电箱应设置在建筑物外，电源和信号系统的浪涌防护应符合 5.4 的规定。

9.2 安防设施

安防设施应采取以下防雷措施。

① 室外监控终端设备应采取直击雷防护措施。

② 应分别根据视频信号线路、解码控制信号线路及摄像机供电线路的性能参数选择浪涌保护器进行防护，信号浪涌保护器应满足设备传输速率、带宽要求，并与被保护设备接口兼容。

③ 监控摄像机设备的户外（外场）设备电源系统应采用浪涌保护器保护，其标称放电电流不应小于 10kA(8/20 μs)。

④ 户外摄像机的输出视频接口应设置视频信号线路浪涌保护器，摄像机控制信号线接口处应设置信号线路浪涌保护器，其标称放电电流不应小于 5kA(8/20 μs)。

⑤ 户外供电线路、视频信号线路、控制信号线路应有金属屏蔽层并穿钢管敷设，视频信号线屏蔽层应单端接地，其他线路屏蔽层及钢管应两端接地。

⑥ 接地电阻不宜大于 10Ω。